W0255794

ABHANDLUNGEN DER MATHEMATISCH-PHYSISCHEN KLASSE DER SÄCHSISCHEN AKADEMIE DER WISSENSCHAFTEN ZU LEIPZIG

I. BAND. (1. Bd.)*) **1852.** brosch. Preis ℳ 13.60.

A. F. MÖBIUS, Über die Grundformen der Linien der dritten Ordnung. Mit 1 Tafel 1849. ℳ 2.40.

P. A. HANSEN, Auflösung eines beliebigen Systems von linearischen Gleichungen. — Über die Entwickelung der Größe $(1 - 2aH + a^2)^{-\frac{1}{2}}$ nach den Potenzen von a. 1849. ℳ 1.20

A. SEEBECK, Über die Querschwingungen elast. Stäbe. 1849. ℳ 1.—

C. F. NAUMANN, Über die cyclocentrische Conchospirale u. über das Windungsgesetz von Planorbis Corneus. 1849. ℳ 1.—

W. WEBER, Elektrodynamische Maßbestimmungen (Widerstandsmessungen). 2. Abdruck. 1863. ℳ 3.—

F. REICH, Neue Versuche mit der Drehwage. 1852 ℳ 2.—

M. W. DROBISCH, Zusätze z. Florent. Problem. Mit 1 Taf. 1852. ℳ 1.60.

W. WEBER, Elektrodynamische Maßbestimmungen (Diamagnetismus). Mit 1 Tafel. 2. Abdruck. 1867. ℳ 2.—

II. BAND. (4. Bd.) **1855.** brosch. Preis ℳ 20.—

M. W. DROBISCH, Über musikalische Tonbestimmung und Temperatur. Mit 1 Tafel. 1852. ℳ 3.—

W. HOFMEISTER, Beiträge zur Kenntniss der Gefäßkryptogamen. I. Mit 18 Tafeln. 1852. ℳ 4.—

P. A. HANSEN, Entwickelung des Produkts einer Potenz des Radius Vectors mit dem Sinus oder Cosinus eines Vielfachen der wahren Anomalie in Reihen, die nach den Sinussen oder Cosinussen der Vielfachen der wahren, excentrischen oder mittleren Anomalie fortschreiten. 1853. ℳ 3.—

—— Entwickelung der negativen und ungraden Potenzen der Quadratwurzel der Function $r^2 + r'^2 - 2rr'$ (cos U cos U' + sin U sin U' cos J). 1854. ℳ 3.—

O. SCHLÖMILCH, Über die Bestimmung der Massen und der Trägheitsmomente symmetrischer Rotationskörper von ungleichförmiger Dichtigkeit. 1854. ℳ —.80.

—— Über einige allgemeine Reihenentwickelungen und deren Anwendung auf die elliptischen Funktionen. 1854. ℳ 1.60.

P. A. HANSEN, Die Theorie des Äquatoreals. 1855. ℳ 2.40.

C. F. NAUMANN, Über die Rationalität der Tangenten-Verhältnisse tautozonaler Krystallflächen. 1855. ℳ 1.—

A. F. MÖBIUS, Die Theorie der Kreisverwandtschaft in rein geometrischer Darstellung. 1855. ℳ 2.—

III. BAND. (5. Bd.) **1857.** brosch. Preis ℳ 19.20.

M. W. DROBISCH, Nachträge zur Theorie der musikalischen Tonverhältnisse. 1855. ℳ 1.20.

P. A. HANSEN, Auseinandersetz. einer zweckm. Methode z. Berechn. d. absoluten Störungen d. klein. Planeten. 1. Abhdlg. 1856. ℳ 5.—

R. KOHLRAUSCH und W. WEBER, Elektrodynamische Maßbestimmungen, insbesondere Zurückführung der Stromintensitäts-Messungen auf mechanisches Maß. 2. Abdruck. 1889. ℳ 1.60.

H. D'ARREST, Resultate aus Beobachtungen der Nebelflecken und Sternhaufen. Erste Reihe. 1856. ℳ 2.40.

W. G. HANKEL, Elektr. Untersuchungen. 1. Abhdlg.: Üb. d. Mess. d. atmosph. Elektrizität nach absol. Maße. Mit 2 Taf. 1856. ℳ 6.—

W. HOFMEISTER, Beiträge zur Kenntnis der Gefäßkryptogamen. II. Mit 13 Tafeln. 1857. ℳ 4.—

IV. BAND. (6. Bd.) **1859.** brosch. Preis ℳ 22.50.

P. A. HANSEN, Auseinandersetz. e. zweckmäßig. Methode z. Berechn. d. absoluten Störungen d. klein. Planeten. 2. Abhdlg. 1875. ℳ 4.—

W. G. HANKEL, Elektrisch. Untersuchungen. 2. Abhdlg.: Über die thermo-elektrischen Eigenschaften des Boracites. 1857. ℳ 2.40.

—— Elektrische Untersuchungen 3. Abhdl.: Über Elektrizitätserregung zwischen Metallen und erhitzten Salzen. 1858. ℳ 1.60.

P. A. HANSEN, Theorie der Sonnenfinsternisse und verwandter Erscheinungen. Mit 2 Tafeln. 1858. ℳ 6.—

G. T. FECHNER, Über ein wichtiges psychophysikalisch. Grundgesetz u. dessen Beziehung zur Schätzung der Sterngrößen. 1858. ℳ 2.—

W. HOFMEISTER, Neue Beiträge zur Kenntnis der Embryobildung der Phanerogamen. I. Dikotyledonen m. ursprüngl. einzelligem, nur durch Zellenteilung wachs. Endosperm. Mit 27 Taf. 1859. ℳ 8.—

V. BAND. (7. Bd.) **1861.** brosch. Preis ℳ 24.—

W. G. HANKEL, Elektrische Untersuchungen. 4. Abhdlg.: Über das Verhalten d. Weingeistflamme in elektr. Beziehung. 1859. ℳ 2.—

P. A. HANSEN, Auseinandersetz. einer zweckm. Methode z. Berechn. d. absoluten Störungen d. klein. Planeten. 3. Abhdlg. 1859. ℳ 7.20.

G. T. FECHNER, Üb. ein. Verhält. d. binocularen Sehens. 1860. ℳ 5.60.

G. METTENIUS, 2 Abhdlgen: I. Beiträge zur Anatomie d. Cycadeen. Mit 5 Taf. II. Über Seitenknospen bei Farnen. 1860. ℳ 3.—

W. HOFMEISTER, Neue Beiträge zur Kenntnis der Embryobildung. d. Phanerogamen. II. Monokotyledonen. Mit 25 Taf. 1861. ℳ 8.—

VI. BAND. (9. Bd.) **1864.** brosch. Preis ℳ 19.20.

W. G. HANKEL, Elektrische Untersuchungen. 5. Abhdl.: Maßbestimmungen der elektromotor. Kräfte. 1. Teil. 1861. ℳ 1.60.

—— Messungen über die Absorption der chemischen Strahlen des Sonnenlichtes. 1862. ℳ 1.20.

P. A. HANSEN, Darlegung der theoretischen Berechnungen der in den Mondtafeln angewandten Störungen. 1. Abhdl. 1862. ℳ 9.—

G. METTENIUS, Üb. d. Bau v. Angiopteris. Mit 10 Taf. 1863. ℳ 4.40.

W. WEBER, Elektrodynamische Maßbestimmungen, insbesondere über elektrische Schwingungen. 1864. ℳ 3.—

VII. BAND. (11. Bd.) **1865.** brosch. Preis ℳ 17.—

P. A. HANSEN, Darlegung der theoretischen Berechnung der in den Mondtafeln angewandten Störungen. 2. Abhdl. 1864. ℳ 9.—

G. METTENIUS, Über d. Hymenophyllaceae. Mit 5 Taf. 1864. ℳ 3.60.

P. A. HANSEN, Relationen einesteils zwischen Summen u. Differenzen u. anderntheils zwischen Integralen u. Differentialen. 1865. ℳ 2.—

W. G. HANKEL, Elektrische Untersuchungen. 6. Abhdl.: Maßbestimmungen der elektromotor. Kräfte. 2. Teil. 1865. ℳ 2.80.

VIII. BAND. (13. Bd.) **1869.** brosch. Preis ℳ 24.—

P. A. HANSEN, Geodätische Untersuchungen. 1865. ℳ 5.60.

—— Bestimmung des Längenunterschiedes zwischen den Sternwarten zu Gotha und Leipzig, unter seiner Mitwirkung ausgeführt von Dr. Auwers und Prof. Bruhns im April des Jahres 1865. Mit 1 Figurentafel. 1866. ℳ 2.80.

W. G. HANKEL, Elektrische Untersuchungen. 7. Abhdl.: Über die thermoelektr. Eigensch. d. Bergkrystalles. M. 2 Taf. 1866. ℳ 2.40.

P. A. HANSEN, Tafeln der Egeria mit Zugrundelegung der in den Abhandlungen der K. S. Ges. d. Wissenschaften in Leipzig veröffentlichten Störungen dieses Planeten berechnet und mit einleitenden Aufsätzen versehen. 1867. ℳ 6.80.

—— Von der Methode der kleinsten Quadrate im Allgemeinen und in ihrer Anwendung auf die Geodäsie. 1867. ℳ 6.—

IX. BAND. (14. Bd.) **1871.** brosch. Preis ℳ 18.—

P. A. HANSEN, Fortgesetzte geodätische Untersuchungen, bestehend in zehn Supplementen zur Abhandlung von der Methode der kleinsten Quadrate im Allgemeinen und in ihrer Anwendung auf die Geodäsie. 1868. ℳ 5.40.

—— Entwickelung e. neuen veränd. Verfahrens zur Ausgleichung e. Dreiecksnetzes mit besond. Betracht. d. Falles, in welchem gewisse Winkel vorausbestimmte Werte bekommen sollen. 1869. ℳ 3.—

—— Supplement zu der geodätische Untersuch. benannten Abhandlg. die Reduction d. Winkel ein. sphäroid. Dreiecks betr. 1869. ℳ 2.—

W. G. HANKEL, Elektrische Untersuchungen. 8. Abhdl.: Über die thermoelektr. Eigensch. des Topases. Mit 4 Tafeln. 1870. ℳ 2.40.

P. A. HANSEN, Bestimmung d. Sonnenparallaxe durch Venusvorübergänge vor d. Sonnenscheibe mit besond. Berücksichtig. d. i. J. 1874 eintreffenden Vorüberganges. Mit 2 Planigloben. 1870. ℳ 3.—

G. T. FECHNER, Zur experiment. Ästhetik. 1. Teil. 1871. ℳ 2.—

X. BAND. (15. Bd.) **1874.** brosch. Preis ℳ 21.—

W. WEBER, Elektrodynamische Maßbestimmungen, insbesondere über das Prinzip der Erhaltung der Energie. 1871. ℳ 1.60.

P. A. HANSEN, Untersuchungen des Weges eines Lichtstrahls durch eine belieb. Anzahl v. brechenden sphär. Oberflächen. 1871. ℳ 3.60.

C. BRUHNS und E. WEISS, Bestimmung der Längendifferenz zwischen Leipzig und Wien. 1872. ℳ 2.—

W. G. HANKEL, Elektrische Untersuchungen. 9. Abhdl.: Über die thermoelektr. Eigensch. d. Schwerspathes. M. 4 Taf. 1872. ℳ 2.—

—— Elektrische Untersuchungen. 10. Abhdl.: Über die thermoelektr. Eigenschaften des Aragonites. Mit 3 Tafeln. 1872. ℳ 2.—

C. NEUMANN, Über die den Kräften elektrodynamischen Ursprungs zuzuschreibenden Elementargesetze. 1873. ℳ 3.80

P. A. HANSEN, Von der Bestimmung der Teilungsfehler eines gradlinigen Maßstabes. 1874. ℳ 4.—

—— Über d. Darstellung d. grad. Aufsteigens u. Abweichens d. Mondes in Funktion d. Länge in d. Bahn u. d. Knotenlänge. 1874. ℳ 1.—

—— Dioptr. Untersuchungen mit Berücksicht. d. Farbenzerstreuung u. d. Abweich. wegen Kugelgestalt. 2. Abhdlg. 1874. ℳ 2.—

XI. BAND. (18. Bd.) **1878.** brosch. Preis ℳ 21.—

G. T. FECHNER, Üb. d. Ausgangswert d. kleinst. Abweichungssumme, dess. Bestimmung, Verwendung und Verallgemein. 1874. ℳ 2.—

C. NEUMANN, Über das von Weber für die elektrischen Kräfte aufgestellte Gesetz. 1874. ℳ 3.—

W. G. HANKEL, Elektrische Untersuchungen. 11. Abhdlg.: Über die thermoelektrischen Eigenschaften des Kalkspathes, des Berylles, des Idocrases und des Apophyllites. Mit 3 Tafeln. 1875. ℳ 2.—

P. A. HANSEN, Über die Störungen der großen Planeten, insbesondere des Jupiter. 1875. ℳ 6.—

W. G. HANKEL, Elektrische Untersuchungen. 12. Abhdlg.: Über die thermoelektrischen Eigenschaften des Gypses, des Diopsids, des Orthoklases, des Albits u. des Periklins. Mit 4 Taf. 1875. ℳ 2.—

W. SCHEIBNER, Dioptrische Untersuchungen, insbesondere über das Hansensche Objektiv. 1876. ℳ 3.—

C. NEUMANN, Das Webersche Gesetz bei Zugrundelegung der unitarischen Anschauungsweise. 1876. ℳ 1.—

W. WEBER, Elektrodynam. Maßbestimmungen, insbesondere über die Energie der Wechselwirkung. Mit 1 Tafel. 1878. ℳ 2.—

XII. BAND. (20. Bd.) **1883.** brosch. Preis ℳ 22.—

W. G. HANKEL, Elektrische Untersuchungen. 13. Abhdlg.: Über die thermoelektrischen Eigenschaften des Apatits, Brucits, Coelestins, Prehnits, Natroliths, Skolezits, Datoliths und Axinits. Mit 3 Tafeln. 1878. ℳ 2.—

W. SCHEIBNER, Zur Reduktion elliptischer Integrale in reeller Form. 1879. ℳ 5.—

—— Supplement zur Abhandlung über die Reduktion elliptischer Integrale in reeller Form. 1880. ℳ 1.50.

W. G. HANKEL, Elektr. Untersuchungen. 14. Abhdlg.: Über d. photo- u. thermoelektr. Eigensch. d. Flußspathes. Mit 3 Taf. 1879. ℳ 2.—

C. BRUHNS, Neue Best. d. Längendiff. zwisch. d. Sternwarte in Leipzig u. d. neuen Sternwarte auf d. Türkenschanze in Wien. 1880. ℳ 2.40.

C. NEUMANN, Über die peripolaren Koordinaten. 1880. ℳ 1.50.

—— Die Verteil. d. Elektrizität auf ein. Kugelkalotte. 1880. ℳ 2.40.

W. G. HANKEL, Elektr. Untersuch. 15. Abhdlg.: Über die aktino- und piëzoelektr. Eigenschaften des Bergkrystalles und ihre Beziehung zu den thermoelektrischen. Mit 4 Tafeln. 1881. ℳ 2.—

—— Elektrische Untersuchungen. 16. Abhdlg.: Über die thermoelektr. Eigenschaften d. Helvins, Mellits, Pyromorphits, Mimetesits, Phenakits, Pennins, Dioptases, Strontianits, Witherits, Cerussits, Euklases und Titanits. Mit 3 Tafeln. 1882 ℳ 2.—

—— Elektrische Untersuchungen. 17. Abhdlg.: Über die bei einigen Gasentwickelungen auftretenden Elektrizitäten 1883. ℳ 1.80.

RÖNTGENOGRAPHISCHE FEINBAUSTUDIEN

HERAUSGEGEBEN VON
FRIEDRICH RINNE
INSTITUT FÜR MINERALOGIE UND PETROGRAPHIE
DER UNIVERSITÄT LEIPZIG

Vorgetragen für die Abhandlungen Teil I und II am 7. 6., Teil III am 19. 7., Teil IV am 1. 11. 1920.

Das Manuskript eingeliefert von Teil I und II am 7. 6., von Teil III am 19. 7., von Teil IV am 1. 11. 1920.

Der letzte Bogen druckfertig erklärt am 15. 6. 1921.

ISBN 978-3-663-15259-0 ISBN 978-3-663-15824-0 (eBook)
DOI 10.1007/978-3-663-15824-0

1.

ÜBER DIE RAUMGRUPPE DES OLIVINS

VON

CHARLOTTE BERNDT

MIT 6 FIGUREN.

MITTEILUNG AUS DEM INSTITUT FÜR MINERALOGIE UND PETROGRAPHIE DER UNIVERSITÄT LEIPZIG*)
N. FOLGE (SEIT 1909) NR. 132

*) Leitung der Arbeit durch F. RINNE und E. SCHIEBOLD.

I. Material.

Das Material der Untersuchung bestand aus „orientalischen Olivinen“ von klarer hellgrüner Färbung.

Um ihren Gehalt an FeO annähernd zu bestimmen, wurde der Winkel der optischen Axen im Natriumlicht gemessen. Es ergab sich aus den Mittelwerten $2\,H_a = 99^\circ\,40'$ um $\gamma = a$ und $2\,H_o = 105^\circ\,20'$ $2\,V_\gamma = 87^\circ\,44'$. Nach Untersuchungen von Penfield und E. H. **Forbes** (Lit. 10) sowie M. Stark (Lit. 18) über die Beziehungen des Gehaltes an FeO zu 2V enthalten die vorliegenden Olivine, ca. 7% FeO, wonach das Verhältnis von Mg:Fe 31,09 : 5,44, also rund 6 : 1 ist.

II. Präparate und Apparatur der Röntgenaufnahmen.

Von den Kristallen wurden mit dem Wülfingschen Apparat parallelflächige Schliffe nach folgenden Flächen angefertigt: (100), (010), (001), (110), (130), (011), (021), (101), (111), (131). Auf die Weise wurde erreicht, daß in den Laueaufnahmen die Reflexe aller wichtigen Strukturebenen des Olivins erschienen.

Zur Erzeugung der Lauediagramme dienten die Röntgenstrahlen einer Lilienfeldröhre mit Wolframantikathode. Es betrug die Härte der Röhre 7—8 (Wehneltskala), der Heizstrom besaß 12,5 Amp., der Zündstrom 8,8 Milliamp., der Röntgenstrom 5,8 Milliamp., Dauer der Aufnahmen ca. 20 Min., Plattenmaterial Hauff Ultra-Rapid.

III. Allgemeines über die Deutung der Lauediagramme.

Die Punkte der Lauediagramme wurden mittels der Polarkoordinaten α und φ berechnet; (Lit. 11, 12, 16) α ist der Glanzwinkel, φ das Azimut des gemessenen Reflexes zu einer ausgezeichneten Richtung des Schliffpräparates.

Die allgemeine Berechnungsformel für das rhombische bipyramidale System lautet nach E. Schiebold (Lit. 16):

$$h:k:l = \left(\frac{u\,.\,h_0}{J_0}\frac{\operatorname{tg}\alpha}{\cos\varphi} + \frac{u^2 h_0 l_0}{J_0 E_0}\operatorname{tg}\varphi - \frac{u^2 k_0}{E_0}\right):$$

$$\left(\frac{u\,k_0}{J_0}\frac{\operatorname{tg}\alpha}{\cos\varphi} + \frac{u^2 k_0 l_0}{J_0 E_0}\operatorname{tg}\varphi + \frac{h_0}{E_0}\right):\left(\frac{u\,l_0}{J_0}\frac{\operatorname{tg}\alpha}{\cos\varphi} - \frac{E_0}{J_0}\operatorname{tg}\varphi\right)$$

h_0, k_0, l sind die Indizes der aufgenommenen Fläche.

$$J_0 = \sqrt{h_0^2 v^2 + k_0^2\,u^2 v^2 + l_0^2 u^2}$$

$$E_0 = \sqrt{J_0^2 - u^2 l_0^2}$$

$u = \frac{a}{b}$, $v = \frac{c}{b}$, wenn a : b : c das Axenverhältnis des Kristalles ist.

Die Punkte auf der photographischen Platte wurden zwecks leichterer Identifizierung mit Nummern versehen und die Aufnahmen auf eine Pause übertragen, um auf ihr die Zonen auszuziehen. Im übrigen verhalf eine gnomonische Projektion zur Kontrolle der berechneten Werte.

IV. Deutung der Lauediagramme.

1. Pinakoide.

Diagramm {100}. Die Aufnahme folgt den Symmetriebedingungen der rhombisch-bipyramidalen Klasse. Schwache Punkte treten zwar bisweilen unsymmetrisch auf, das findet indes seine Erklärung in einer geringen Abweichung der Richtung des Primärstrahles von der Flächennormale des Präparates. Durch Schiefe des Schliffes erleiden äußere Punkte in den vier symmetrischen Richtungen eine ungleichmäßige Absorption, derzufolge schwache Intensitäten die Empfindlichkeitsschwelle der photographischen Platte teilweise nicht mehr erreichen. Anderseits bringt es die Art des zugrunde liegenden kontinuierlichen Spektrums mit sich, daß an seiner unteren Grenze ihm von zwei wenig verschiedenen Wellenlängen die eine gerade noch angehört, die andere außerhalb liegt. Das erklärt bei einem etwas schiefen Präparate das unsymmetrische Auftreten von Reflexen im Innern des Diagramms.

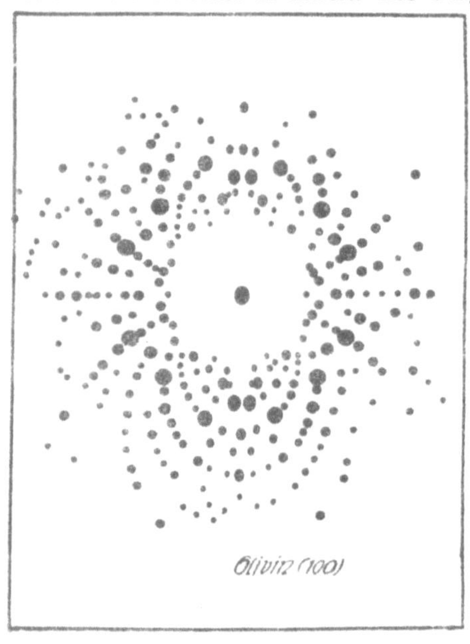

Fig. 1a.

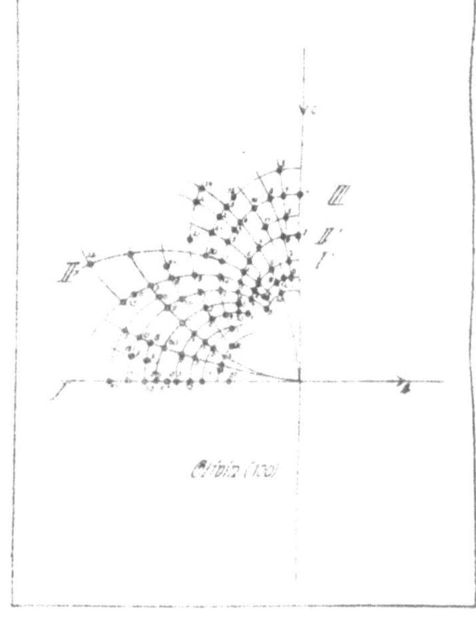

Fig. 1b.

Als Formel für die Berechnung der Reflexe auf {100} wurde benutzt:

$$h:k:l = 1 : \left(-\frac{1}{u} \cos\varphi \cot\alpha\right) : \frac{v}{u}\left(\sin\varphi \cot\alpha\right)$$

Als Nullmeridian diente die b-Axe.

Die Zonen des Diagramms zeigen keine auffallenden Eigenheiten; als wichtigste sind zu nennen: $[001]_{I}$, $[201]_{II}$, $[401]_{III}$, $[501]_{IV}$, $[601]_{V}$. Flächen mit großer Intensität: $(116)_{7}$, $(135)_{17}$, $(174)_{51}$, $(192)_{67}$.

Tabelle 1.

Flächen und Zonen auf (100).

Nr.	Index	Zonen-symbol
1	104	$[0\bar{1}0]$
2	105	
3	217	$[1\bar{2}0]$
4	218	
5	219	
9	238	$[3\bar{2}0]$
10	124	$[2\bar{1}0]$
11	249	
12	127	$[5\bar{2}0]$
13	257	
14	133	$[3\bar{1}0]$
15	267	
16	134	
17	135	
18	136	
19	137	
20	138	
21	276	$[7\bar{2}0]$
22	277	
23	278	
24	287	$[4\bar{1}0]$
25	144	
26	145	
27	296	$[9\bar{2}0]$
28	2. 10. 3	$[5\bar{1}0]$
29	152	
30	2. 10. 7	
31	154	
32	155	
33	156	
34	2. 11. 5	$[11.\bar{2}.0]$
35	2. 12. 3	$[6\bar{1}0]$
37	162	
38	2. 12. 5	
39	163	
40	164	
41	165	
42	166	
43	167	

Nr.	Index	Zonen symbol
44	2. 13. 0	$[13.\bar{2}.0]$
45	2. 13. 2	
46	2. 13. 4	
47	170	$[7.\bar{1}.0]$
48	2. 14. 1	
49	172	
50	2. 14. 5	
51	173	
52	174	
53	175	
54	176	
55	178	
56	2. 15. 0	$[15.\bar{2}.0]$
57	2. 15. 1	
58	2. 15. 2	
59	180	$[8\bar{1}0]$
60	181	
61	182	
62	183	
63	185	
64	2. 17. 0	$[17.\bar{2}.0]$
65	190	$[9\bar{1}0]$
66	191	
67	192	
68	193	
69	194	
70	195	
71	196	
72	1. 10. 0	$[10.\bar{1}.0]$
73	1. 10. 1	
74	1. 10. 2	
75	1. 11. 0	$[11.\bar{1}.0]$
76	1. 11. 2	
77	1. 11. 4	
78	1. 13. 1	$[13.\bar{1}.0]$
79	1. 13. 2	
80	1. 13. 3	

Nr.	Index	Zonen-symbol
44	2. 13. 0	$[001]$
47	170	
56	2. 15. 0	
59	180	
64	2. 17. 0	
65	190	
72	1. 10. 0	
75	1. 11. 0	
81	1. 16. 0	
48	2. 14. 1	$[\bar{1}02]$
57	2. 15. 1	
45	2. 13. 2	$[\bar{1}01]$
58	2. 15. 2	
60	184	
66	191	
73	1. 10. 1	
78	1. 13. 1	
28	2. 10 3	$[\bar{3}02]$
35	2. 12. 3	
29	152	$[\bar{2}01]$
37	162	
46	2. 13. 4	
49	172	
61	182	
67	192	
74	1. 10. 2	
76	1. 11. 2	
79	1. 13. 2	
34	2. 11. 5	$[\bar{5}02]$
38	2. 12. 5	
50	2. 14. 5	
14	133	$[\bar{3}01]$
21	276	
27	296	
39	163	
51	173	
62	183	
68	193	
80	1. 13. 3	

Nr.	Index	Zonen-symbol	Nr.	Index	Zonen-symbol	Nr.	Index	Zonen-symbol
3	217		5	219		8	117	
13	257		11	249	[9̄02]	12	127	
15	267					19	137	[7̄01]
22	277	[7̄02]	2	105		43	167	
24	287		6	115				
30	2. 10. 7		17	135		20	138	
			26	145		55	178	[8̄01]
1	104		32	155	[5̄01]			
4	218		41	165				
9	238		53	175				
10	124		63	185				
16	134		70	195				
23	278	[4̄01]						
25	144		7	116				
31	154		18	136				
40	164		33	156	[6̄01]			
52	174		54	176				
69	194		71	196				
77	1. 11. 4							

Diagramm (010). Der Nullmeridian der Ablesung ist die a-Axe; die Berechnung erfolgte nach der Formel:

$$h : k : l : (u \cos \varphi \cot a) : 1 : (v \sin \varphi \cot a)$$

Das Diagramm hat ein paar stark hervortretende Zonen, dazwischen viele von weniger deutlicher Ausbildung. Von den ersteren sind als besonders reich besetzt zu erwähnen: $[110]_{I}$ $[130]_{II}$ $[021]_{III}$. Punkte mit grosser Intensität: $(112)_{41}$, $(211)_{85}$, $213)_{88}$, $(310)_{95}$, $(311)_{97}$, $(312)_{98}$, $(320)_{66}$, $(321)_{68}$, $(530)_{76}$.

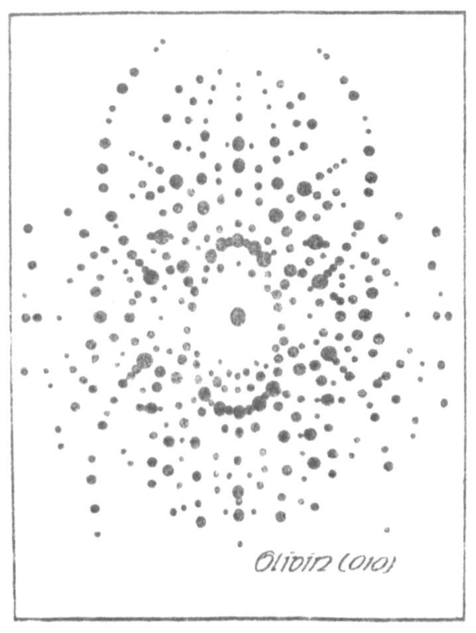

Fig. 2a.

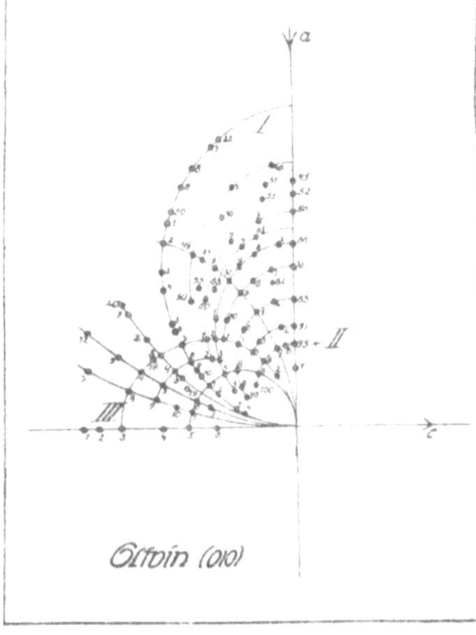

Fig. 2b.

Tabelle 2.

Flächen und Zonen auf (010).

Nr.	Index	Zonen-Symbol	Nr.	Index	Zonen-Symbol	Nr.	Index	Zonen-Symbol
1	035	$[\bar{1}00]$	35	335	$[\bar{1}10]$	69	643	$[\bar{3}20]$
2	047		36	447		70	322	
3	012		37	112		71	323	
4	025		38	337		72	324	
5	013		39	225		73	325	
6	014		40	338		74	326	
7	135	$[\bar{3}10]$	41	113		75	328	
8	136		42	227		76	530	$[\bar{3}50]$
9	137		43	115		77	531	
10	138		44	116		78	532	
11	139		45	760	$[\bar{6}70]$	79	533	
12	123	$[\bar{2}10]$	46	761		80	534	
13	247		47	763		81	536	
14	124		48	764		82	952	$[\bar{5}90]$
15	249		49	766		83	210	$[\bar{1}20]$
16	126		50	768		84	421	
17	127		51	651	$[\bar{5}60]$	85	211	
18	236	$[\bar{3}20]$	52	540	$[\bar{4}50]$	86	423	
19	238		53	541		87	212	
20	345	$[\bar{4}30]$	54	544		88	213	
21	346		55	545		89	214	
22	347		56	430	$[\bar{3}40]$	90	215	
23	348		57	431		91	520	$[\bar{2}50]$
24	349		58	432		92	521	
25	3. 4. 10		59	433		93	523	
26	552	$[\bar{1}10]$	60	434		94	524	
27	221		61	436		96	310	$[\bar{1}30]$
28	553		62	437		97	621	
29	332		63	752	$[\bar{5}70]$	98	311	
30	554		64	753		99	312	
31	665		65	756		100	313	
32	111		66	320	$[\bar{3}20]$	101	410	$[\bar{1}40]$
33	445		67	961		102	412	
34	334		68	321				

Diagramm (001):
Nullmeridian = b-Axe.

Formel: $h : k : l = (\frac{u}{v} \cot \alpha \sin \varphi) : (\frac{1}{v} \cot \alpha \cos \varphi) : 1$

Die Zonen sind ziemlich gleichmässig ausgebildet, mit den meisten Flächen besetzt sind: $[100]_{I}$, $[101]_{II}$, $[102]_{III}$, $[103]_{IV}$, $[104]_{V}$, $[105]_{VI}$, $[203]_{VII}$.

Punkte mit grösster Intensität: $(311)_{70}$, $(361)_{77}$, $(451)_{88}$, $(461)_{89}$, $(551)_{97}$.

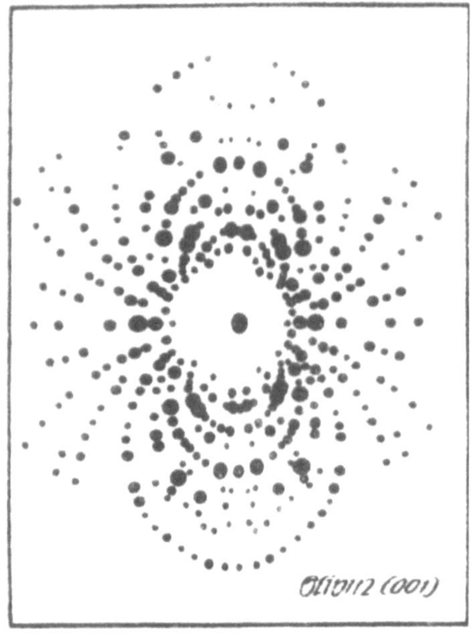

Fig. 3a.

Fig. 3b.

Tabelle 3.

Flächen und Zonen auf (001).

Nr.	Index	Zonen-Symbol	Nr.	Index	Zonen-Symbol	Nr.	Index	Zonen-Symbol
1	051		20	372		44	271	
2	061		23	382		45	281	
3	081		24	392		46	2. 10. 1	$[\bar{1}02]$
4	0. 10. 1	[100]	25	3. 10. 2	$[\bar{2}03]$	47	2. 11. 1	
5	0. 12. 1		26	3. 11. 2		48	2. 12. 1	
6	0. 14. 1		27	3. 13. 2				
			28	3. 14. 2		49	924	
7	1. 11. 2					50	994	$[\bar{4}09]$
8	1. 12. 2	$[\bar{2}01]$	29	7. 10. 4	$[\bar{4}07]$	51	9. 11. 4	
9	1. 13. 2							
			30	201		52	713	
10	141		31	613		53	723	
11	292		32	623		54	743	$[\bar{3}07]$
12	151		33	211		55	753	
13	2. 11. 2		34	854		56	773	
14	2. 13. 2		35	653				
15	171	$[\bar{1}01]$	36	221		57	512	
16	181		37	673	$[\bar{1}02]$	58	532	
17	191		38	683		59	552	
18	1. 10. 1		39	231		60	582	
19	1. 13. 1		40	241		61	592	$[\bar{2}05]$
			41	492		62	5. 11. 2	
21	4. 12. 3	$[\bar{3}04]$	42	251		63	5. 15. 2	
			43	261		64	5. 18. 2	

Nr.	Index	Zonen-Symbol	Nr.	Index	Zonen-Symbol	Nr.	Index	Zonen-Symbol
65	813		78	381		90	481	
66	823	$[\bar{3}08]$	79	3. 10. 1	$[\bar{1}03]$	91	491	$[\bar{1}04]$
67	873		80	3. 12. 1		92	4. 10. 1	
68	883					93	4. 12. 1	
			81	722				
69	301		82	752	$[\bar{2}07]$	94	511	
70	311		83	772		95	521	
71	321					96	541	$[\bar{1}05]$
72	652		84	411		97	551	
73	331	$[\bar{1}03]$	85	421		98	571	
74	672		86	431	$[\bar{1}04]$			
75	341		87	441		99	621	
76	351		88	451		100	631	$[\bar{1}06]$
77	361		89	461		101	651	

2. Prismen.

Die Projektion der c-Axe, die bei den Prismen (011), (021), (101) in die Spur der Symmetrieebene fällt, ist die Ordinate mit dem Azimut $\varphi = 90°$, die Richtung senkrecht dazu, die Spur der Symmetrieebene auf (110) und (130) die Abszisse. Eine beachtenswerte Erscheinung auf den Diagrammen der Prismen sind „Knotenpunkte", in denen sich eine grössere Anzahl von Zonen schneiden, und die Reflexe von Flächen mit einfachen Indizes sind.

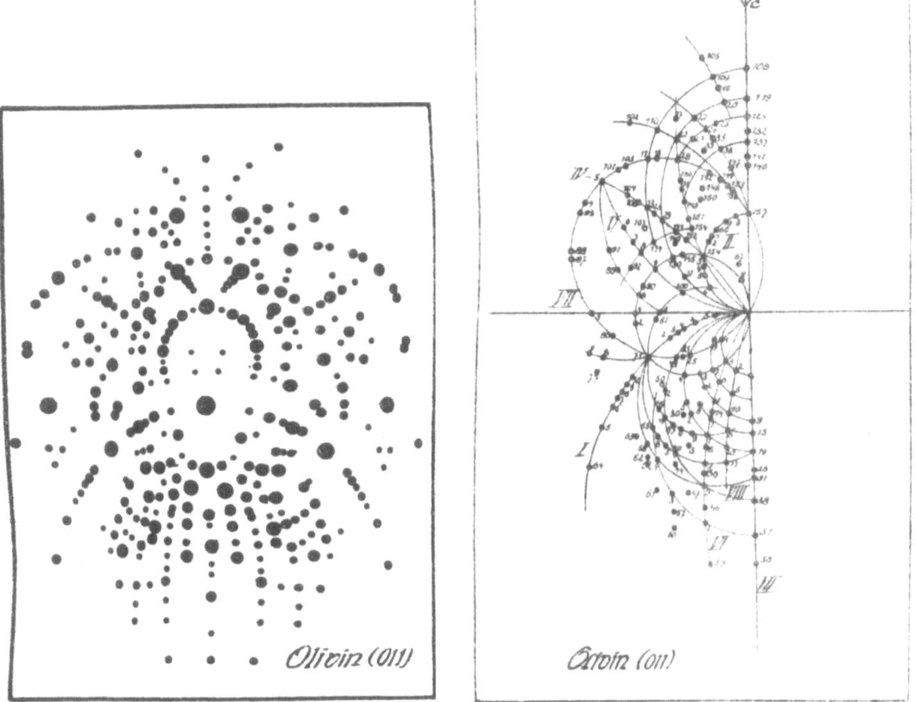

Fig. 4a. Fig. 4b.

Diagramm (011): Die Spur der Symmetrieebene ist die Hauptaxe von zweierlei Zonenscharen. Andere Zonenbüschel schneiden sich in den erwähnten Knotenpunkten.

Ein solcher ist $(0\bar{2}1)_{(157)}$, ein anderer $(\bar{1}10)_{71}$, schliesslich gibt es noch eine Reihe von Zonen, die einem, auf der Verlängerung der Ordinate liegenden Punkte zustreben. Dieser würde der Reflex von (010) sein, er liegt jedoch nicht mehr auf der photographischen Platte.

$$\text{(Formel: } h:k:l = 1 : \left(\frac{v}{J_0}\,\frac{\operatorname{tg}\alpha}{\cos\varphi} + \frac{1}{J_0}\operatorname{tg}\varphi\right) : \left(\frac{v}{J_0}\,\frac{\operatorname{tg}\alpha}{\cos\varphi} - \frac{v^2}{J_0}\operatorname{tg}\varphi\right)$$

Auf den Diagrammen treten folgende Zonen stark hervor: $[001]_{I}$, $[012]_{II}$, sie zeigen sich dadurch aus, dass sich neben ihnen leere „Strassen" hinziehen.

Wichtige andere Zonen: $[100]_{III}$, $[101]_{IV}$, $[011]_{V}$, $[\bar{1}01]_{VI}$, $[112]_{VII}$, $[201]_{VIII}$.

Punkte grosser Intensität: $(0\bar{2}1)_{157}$, $(\bar{1}10)_{71}$, $(\bar{1}\bar{1}1)_{95}$, $(\bar{1}\bar{2}1)_{64}$, $(\bar{1}\bar{3}2)_{128}$, $(\bar{1}74)_{149}$, $(\bar{1}\bar{9}2)_{5}$, $(\bar{1}\bar{9}6)_{125}$, $(\bar{2}\bar{1}1)_{99}$, $(\bar{2}\bar{5}1)_{13}$, $(\bar{3}\bar{1}1)_{100}$, $(\bar{3}\bar{6}\bar{1})_{24}$, $(\bar{3}\bar{7}4)_{151}$.

Tabelle 4.

Flächen und Zonen auf (011).

Nr.	Index	Zonen-Symbol	Nr.	Index	Zonen-Symbol	Nr.	Index	Zonen-Symbol
1. Zonen ⊥ zur Symmetrieebene								
1	$04\bar{1}$	[014]	26	$0.\,13.\,\bar{2}$	[0. 2. 13]	53	$\bar{2}.\,10.\,\bar{1}$	[0. 1. 10]
2	$\bar{1}8\bar{2}$		27	$\bar{1}.\,13.\,\bar{2}$		54	$\bar{3}.\,10.\,\bar{1}$	
3	$\bar{1}4\bar{1}$		28	$\bar{2}.\,13.\,\bar{2}$		55	$\bar{4}.\,10.\,\bar{1}$	
4	$\bar{2}4\bar{1}$		29	$\bar{3}.\,13.\,\bar{2}$		56	$0.\,11.\,\bar{1}$	[0. 1. 11]
5	$\bar{1}9\bar{2}$	[029]	30	$\bar{4}.\,13.\,\bar{2}$		57	$\bar{2}.\,11.\,\bar{1}$	
6	$\bar{2}9\bar{2}$		31	$07\bar{1}$	[017]	58	$\bar{4}.\,11.\,\bar{1}$	
7	$\bar{3}9\bar{2}$		32	$\bar{1}7\bar{1}$		59	$\bar{1}\;12.\,\bar{1}$	[0. 1. 12]
8	$\bar{6}9\bar{2}$		33	$\bar{3}.\,14.\,\bar{2}$		60	$\bar{2}.\,12.\,\bar{1}$	
9	$05\bar{1}$	[015]	34	$\bar{2}7\bar{1}$		61	$\bar{3}.\,12.\,\bar{1}$	
10	$\bar{1}.\,10.\,\bar{2}$		35	$\bar{5}7\bar{1}$		62	$\bar{4}.\,12.\,\bar{1}$	
11	$\bar{1}5\bar{1}$		36	$\bar{2}.\,15.\,\bar{2}$	[0. 2. 15]	63	$\bar{6}.\,14.\,\bar{1}$	[0. 1. 14]
12	$\bar{3}.\,10.\,\bar{2}$		37	$\bar{5}.\,15.\,\bar{2}$		64	$\bar{4}90$	[001]
13	$\bar{2}5\bar{1}$		38	$08\bar{1}$	[018]	65	$\bar{4}70$	
14	$\bar{3}.\,16.\,\bar{3}$	[0. 3. 16]	39	$\bar{1}8\bar{1}$		66	$\bar{5}80$	
15	$0.\,11.\,\bar{2}$	[0. 2. 11]	40	$\bar{2}8\bar{1}$		67	$\bar{2}30$	
16	$\bar{1}.\,11.\,\bar{2}$		41	$\bar{3}\bar{8}\bar{1}$		68	$\bar{5}70$	
17	$\bar{2}.\,11.\,\bar{2}$		42	$\bar{4}8\bar{1}$		69	$\bar{3}40$	
18	$\bar{3}.\,11.\,\bar{2}$		43	$\bar{6}8\bar{1}$		70	$\bar{4}50$	
19	$06\bar{1}$	[016]	44	$\bar{4}.\,17.\,\bar{2}$	[0. 2. 17]	71	$\bar{1}10$	
20	$\bar{1}.\,12.\,\bar{2}$		45	$\bar{5}.\,17.\,\bar{2}$		72	$\bar{4}30$	
21	$\bar{1}6\bar{1}$		46	$\bar{1}9\bar{1}$	[019]	73	$\bar{3}20$	
22	$\bar{3}.\,12.\,2$		47	$\bar{3}.\,18.\,\bar{2}$		74	$\bar{5}30$	
23	$\bar{2}6\bar{1}$		48	$\bar{3}9\bar{1}$		75	$\bar{2}10$	
24	$\bar{3}6\bar{1}$		49	$\bar{4}9\bar{1}$		76	$\bar{3}10$	
25	$\bar{4}6\bar{1}$		50	$\bar{5}9\bar{1}$		77	$\bar{7}71$	$[01\bar{7}]$
			51	$0.\,10.\,\bar{1}$	[0. 1. 10.]	78	$\bar{6}51$	$[01\bar{5}]$
			52	$\bar{1}.\,10.\,\bar{1}$		79	$\bar{5}41$	$[01\bar{4}]$
						80	$\bar{5}31$	$[01\bar{3}]$

Nr.	Index	Zonen-Symbol
81	$\bar{6}21$	[012]
82	$\bar{5}21$	
83	$\bar{3}11$	
84	$\bar{4}11$	[011]
85	$\bar{5}11$	
86	$\bar{3}01$	[010]
87	$\bar{7}\bar{1}4$	[041]
88	$\bar{5}\bar{1}3$	[031]
89	$\bar{4}\bar{1}2$	[021]
90	$\bar{5}\bar{1}2$	
91	$\bar{5}\bar{2}3$	[032]
92	$\bar{6}\bar{2}3$	
93	$\bar{5}\bar{3}4$	[043]
94	$\bar{7}56$	[065]
95	$\bar{1}\bar{1}1$	
96	$\bar{4}\bar{3}3$	
97	$\bar{3}\bar{2}2$	[011]
98	$\bar{5}\bar{3}3$	
99	$\bar{2}\bar{1}1$	
100	$\bar{3}\bar{1}1$	
101	$\bar{6}\bar{8}7$	[078]
102	$\bar{3}\bar{6}5$	
103	$\bar{4}\bar{6}5$	[056]
104	$\bar{5}\bar{6}5$	
105	$\bar{1}\bar{5}4$	
106	$\bar{4}\bar{5}4$	[045]
107	$\bar{5}\bar{5}4$	
108	$0\bar{4}3$	
109	$\bar{1}\bar{8}6$	
110	$\bar{3}\bar{8}6$	
111	$\bar{2}\bar{4}3$	
112	$\bar{5}\bar{8}6$	[034]
113	$\bar{3}\bar{4}3$	
114	$\bar{4}\bar{4}3$	
115	$\bar{8}\bar{4}3$	
116	$\bar{1}.\overline{11}.8$	
117	$\bar{3}.\overline{11}.8$	[0.8.11]
118	$\bar{5}.\overline{11}.8$	
119	$\bar{0}.\overline{10}.7$	
120	$\bar{1}.\overline{10}.7$	
121	$\bar{2}.\overline{10}.7$	[0.7.10]
122	$\bar{3}.\overline{10}.7$	
123	$\bar{7}.\overline{10}.7$	

Nr.	Index	Zonen-Symbol
124	$0\bar{3}2$	
125	$\bar{1}\bar{9}6$	
126	$\bar{1}\bar{6}4$	
127	$\bar{2}\bar{9}6$	
128	$\bar{1}\bar{3}2$	[023]
129	$\bar{2}\bar{3}2$	
130	$\bar{3}\bar{3}2$	
131	$\bar{4}\bar{3}2$	
132	$0.\overline{14}.9$	
133	$\bar{2}.\overline{14}.9$	[0.9.14]
134	$\bar{7}.\overline{14}.9$	
135	$\bar{2}.\overline{11}.7$	[0.7.11]
136	$\bar{4}.\overline{11}.7$	
137	$0\bar{8}5$	
138	$\bar{1}\bar{8}5$	[0.5.8]
139	$\bar{3}\bar{8}5$	
140	$\bar{6}\bar{8}5$	
141	$0\bar{5}3$	
142	$\bar{1}\bar{5}3$	
143	$\bar{2}\bar{5}3$	[035]
144	$\bar{3}\bar{5}3$	
145	$\bar{4}\bar{5}3$	
146	$\bar{0}.\overline{12}.7$	
147	$\bar{1}.\overline{12}.7$	[0.7.12]
148	$\bar{3}.\overline{12}.7$	
149	$\bar{1}\bar{7}4$	
150	$\bar{2}\bar{7}4$	[047]
151	$\bar{3}\bar{7}4$	
152	$\bar{4}\bar{7}4$	
153	$\bar{1}\bar{9}5$	[059]
154	$\bar{4}\bar{9}5$	
155	$\bar{1}.\overline{11}.6$	[0.6.11]
156	$\bar{1}.\overline{13}.7$	[0.7.13]
157	$0\bar{2}1$	
158	$\bar{1}.\overline{10}.5$	
159	$\bar{1}\bar{6}3$	
160	$\bar{1}\bar{4}2$	
161	$\bar{2}\bar{6}3$	
162	$\bar{3}\bar{8}4$	[012]
163	$\bar{1}\bar{2}1$	
164	$\bar{4}\bar{6}3$	
165	$\bar{3}\bar{4}2$	
166	$\bar{2}\bar{2}1$	
167	$\bar{1}\bar{7}3$	[037]
168	$\bar{1}\bar{5}2$	[025]

Nr.	Index	Zonen-Symbol
	II. Zonen durch $\langle 021\rangle_{157}$	
145	$\bar{4}\bar{5}3$	
152	$\bar{4}\bar{7}4$	[148]
154	$\bar{4}\bar{9}5$	
100	$\bar{3}\bar{1}1$	
130	$\bar{3}\bar{3}2$	
140	$\bar{6}\bar{8}5$	[136]
144	$\bar{3}\bar{5}3$	
151	$\bar{3}\bar{7}4$	
73	$\bar{3}20$	
81	$\bar{6}21$	
86	$\bar{3}01$	
92	$\bar{6}\bar{2}3$	[236]
97	$\bar{3}\bar{2}2$	
113	$\bar{3}\bar{4}3$	
139	$\bar{3}\bar{8}5$	
148	$\bar{3}.\overline{12}.7$	
72	$\bar{4}\bar{3}0$	
84	$\bar{4}\bar{1}1$	
89	$\bar{4}\bar{1}2$	
86	$\bar{4}\bar{3}3$	[348]
106	$\bar{4}\bar{5}4$	
136	$\bar{4}.\overline{11}.7$	
82	$\bar{5}21$	
91	$\bar{5}\bar{2}3$	[4.5.10]
112	$\bar{5}\bar{8}6$	
4	$\bar{2}4\bar{1}$	
25	$\bar{4}6\bar{1}$	
35	$\bar{5}7\bar{1}$	
43	$\bar{6}8\bar{1}$	
71	$\bar{1}10$	
80	$\bar{5}31$	
83	$\bar{3}11$	
87	$\bar{7}\bar{1}4$	
88	$\bar{5}\bar{1}3$	
93	$\bar{5}\bar{3}4$	
94	$\bar{7}\bar{5}6$	
95	$\bar{1}\bar{1}2$	[112]
101	$\bar{6}\bar{8}7$	
103	$\bar{4}\bar{6}5$	
111	$\bar{2}\bar{4}3$	
118	$\bar{5}.\overline{11}.8$	
128	$\bar{1}\bar{3}2$	
142	$\bar{1}\bar{5}3$	
149	$\bar{1}\bar{7}4$	
153	$\bar{1}\bar{9}5$	
155	$\bar{1}.\overline{11}.6$	
156	$\bar{1}.\overline{13}.7$	

Nr.	Index	Zonen-Symbol	Nr.	Index	Zonen-Symbol	Nr.	Index	Zonen-Symbol
102	$\bar{3}\bar{6}5$		9	$05\bar{1}$		25	$\bar{4}6\bar{1}$	
110	$\bar{3}\bar{8}6$	[436]	16	$\bar{1}.\,11.\,\bar{2}$		42	$\bar{4}8\bar{1}$	
122	$\bar{3}.\,\overline{10}\,7$		21	$\bar{1}6\bar{1}$		69	$\bar{4}9\bar{1}$	[$10\bar{4}$]
135	$\bar{2}.\,\overline{11}.\,7$		29	$\bar{3}.\,13.\,\bar{2}$	[115]	55	$\bar{4}.\,10.\,\bar{1}$	
127	$\bar{2}\bar{9}6$	[326]	34	$\bar{2}7\bar{1}$		58	$\bar{4}.\,11.\,\bar{1}$	
			37	$\bar{5}.\,15.\,\bar{2}$		62	$\bar{4}.\,12.\,\bar{1}$	
121	$\bar{2}.\,\overline{10}.\,7$		41	$\bar{3}.\,8.\,\bar{1}$				
126	$\bar{1}\bar{6}4$		69	$\bar{4}.\,9.\,\bar{1}$		8	$\bar{6}9\bar{2}$	
133	$\bar{2}.\,\overline{14}.\,9$	[212]				24	$\bar{3}6\bar{1}$	
138	$\bar{1}\bar{8}5$		20	$\bar{1}.\,12.\,\bar{2}$		41	$\bar{3}8\bar{1}$	
147	$\bar{1}.\,\overline{12}.\,7$		28	$\bar{2}.\,13.\,\bar{2}$	[2. 2. 11]	48	$\bar{3}9\bar{1}$	[$10\bar{3}$]
			33	$\bar{3}.\,14.\,\bar{2}$		54	$\bar{3}.\,10.\,\bar{1}$	
105	$\bar{1}\bar{5}4$					61	$\bar{3}.\,11.\,\bar{1}$	
125	$\bar{1}\bar{9}6$	[312]	9	$06\bar{1}$				
III. Zonen durch ⟨110⟩7			27	$\bar{1}.\,13.\,\bar{2}$		4	$\bar{2}4\bar{1}$	
			32	$\bar{1}7\bar{1}$		13	$\bar{2}5\bar{1}$	
3	$\bar{1}4\bar{1}$		40	$\bar{2}8\bar{1}$	[116]	23	$\bar{2}6\bar{1}$	
7	$\bar{3}9\bar{2}$		45	$\bar{5}.\,17.\,\bar{2}$		30	$\bar{4}.\,13.\,\bar{2}$	
13	$\bar{2}5\bar{1}$		48	$\bar{3}9\bar{1}$		34	$\bar{2}.\,7.\,\bar{1}$	
24	$\bar{3}61$		55	$\bar{4}.\,10.\,\bar{1}$		40	$\bar{2}8\bar{1}$	[$10\bar{2}$]
82	$\bar{5}21$		26	$\bar{0}.\,13.\,\bar{2}$		44	$\bar{4}.\,17.\,\bar{2}$	
84	$\bar{4}11$		36	$\bar{2}.\,15.\,\bar{2}$	[2. 2. 13]	53	$\bar{2}.\,10.\,\bar{1}$	
86	$\bar{3}01$	[113]	44	$\bar{4}.\,17.\,\bar{2}$		57	$\bar{2}.\,11.\,\bar{1}$	
90	$\bar{5}\bar{1}2$					60	$\bar{2}.\,12.\,\bar{1}$	
99	$\bar{2}\bar{1}1$		31	$\bar{0}7\bar{1}$				
130	$\bar{3}\bar{3}2$		39	$\bar{1}8\bar{1}$	[117]	7	$\bar{3}9\bar{2}$	
145	$\bar{4}\bar{5}3$		54	$\bar{3}.\,10.\,\bar{1}$		12	$\bar{3}.\,10.\,\bar{2}$	
163	$\bar{1}\bar{2}1$		58	$\bar{4}.\,11.\,\bar{1}$		18	$\bar{3}.\,11.\,\bar{2}$	
			38	$\bar{0}8\bar{1}$		23	$\bar{3}.\,12.\,\bar{2}$	[$20\bar{3}$]
2	$\bar{1}8\bar{2}$		46	$\bar{1}9\bar{1}$		29*	$\bar{3}.\,13.\,\bar{2}$	
6	$\bar{2}9\bar{2}$	[227]	53	$\bar{2}.\,10.\,\bar{1}$	[118]	33	$\bar{3}.\,14.\,\bar{2}$	
12	$\bar{3}.\,10.\,\bar{2}$		62	$\bar{4}.\,12.\,\bar{1}$		47	$\bar{3}.\,18.\,\bar{2}$	
			63	$\bar{6}.\,14.\,\bar{1}$		3	$\bar{1}4\bar{1}$	
1	$04\bar{1}$		52	$\bar{1}.\,10.\,\bar{1}$		6	$\bar{2}9\bar{2}$	
11	$\bar{1}5\bar{1}$		57	$\bar{2}.\,11.\,\bar{1}$	[119]	11	$\bar{1}5\bar{1}$	
18	$\bar{3}.\,11.\,\bar{2}$		61	$\bar{3}.\,12.\,\bar{1}$		14	$\bar{3}.\,16.\,\bar{3}$	[$10\bar{1}$]
23	$\bar{2}6\bar{1}$		51	$0.\,10.\,\bar{1}$		17	$\bar{2}.\,11.\,\bar{2}$	
42	$\bar{4}8\bar{1}$		60	$\bar{2}.\,12.\,\bar{1}$	[1. 1. 10]	21	$\bar{1}.\,6.\,\bar{1}$	
50	$\bar{5}9\bar{1}$	[114]				28	$\bar{2}.\,13.\,\bar{2}$	
81	$\bar{6}21$		56	$\bar{0}.\,11.\,\bar{1}$		32	$\bar{1}7\bar{1}$	
85	$\bar{5}11$		59	$\bar{1}.\,12.\,\bar{1}$	[1. 1. 11]	36	$\bar{2}.\,15.\,\bar{2}$	
100	$\bar{3}\bar{1}1$		**IV. Zonen durch ⟨010⟩**			39	$\bar{1}8\bar{1}$	
115	$\bar{8}\bar{4}3$					46	$\bar{1}9\bar{1}$	
10	$\bar{1}.\,10.\,\bar{2}$		43	$\bar{6}8\bar{1}$		52	$\bar{1}.\,10.\,\bar{1}$	
17	$\bar{2}.\,11.\,\bar{2}$		63	$\bar{6}.\,14.\,\bar{1}$	[$10\bar{6}$]	59	$\bar{1}.\,12.\,\bar{1}$	
22	$\bar{3}.\,12.\,\bar{2}$	[229]				2	$\bar{1}8\bar{2}$	
30	$\bar{4}.\,13.\,\bar{2}$		35	$\bar{5}7\bar{1}$		5	$\bar{1}9\bar{2}$	[$20\bar{1}$]
			50	$\bar{5}9\bar{1}$	[$10\bar{5}$]	10	$\bar{1}.\,10.\,\bar{2}$	

Nr.	Index	Zonen-Symbol	Nr.	Index	Zonen-Symbol	Nr.	Index	Zonen-Symbol
16	$\bar{1}.\ 11.\ \bar{2}$		144	$\bar{3}\bar{5}3$		51	$0.\ 10.\ \bar{1}$	
20	$\bar{1}.\ 12.\ \bar{2}$	$[20\bar{1}]$	152	$\bar{4}\bar{7}4$	[101]	56	$0.\ 11.\ \bar{1}$	
27	$\bar{1}.\ 13.\ \bar{2}$		163	$\bar{1}\bar{2}1$		108	$04\bar{3}$	
						119	$0.\ 10.\ \bar{7}$	
Weitere Zonen			1	$04\bar{1}$		124	$03\bar{2}$	[100]
95	$\bar{1}\bar{1}1$		9	$05\bar{1}$		13?	$0.\ \overline{14}.\ 9$	
104	$\bar{5}\bar{6}5$		15	$0.\ 11.\ \bar{2}$		137	$0\bar{8}5$	
106	$\bar{4}\bar{5}4$		19	$06\bar{1}$	[100]	141	$0\bar{5}3$	
113	$\bar{3}\bar{4}3$	[101]	26	$0.\ 13.\ \bar{2}$		146	$0.\ \overline{12}.\ 7$	
123	$\bar{7}.\ \overline{10}.\ 7$		31	$07\bar{1}$		157	$0\bar{2}1$	
129	$\bar{2}\bar{3}2$		38	$08\bar{1}$				

Das Diagramm des Prismas (021) ist ähnlich dem von (011); die Deutung erfolgte in demselben Sinne.

$$\text{Formel: } h:k:l = 1 : \left(\frac{2\,v}{J_0}\frac{\operatorname{tg}\alpha}{\cos\varphi} + \frac{1}{J_0}\operatorname{tg}\varphi\right) : \left(\frac{v}{J_0}\frac{\operatorname{tg}\alpha}{\cos\varphi} - \frac{2\,v^2}{J_0}\operatorname{tg}\varphi\right)$$

Zonen mit Strassen: $[011]_{I}$, $[012]_{II}$.

Mit Flächen reich besetzte Zonen: $[021]_{III}$, $[001]_{IV}$, $[112]_{V}$, $[111]_{VI}$.

Knotenpunkte: $(02\bar{1})_{93}$, $(01\bar{1})_{1}$.

Punkte grosser Intensität: $(1\bar{1}\bar{1})_{6}$, $(\bar{1}\bar{2}2)_{4}$, $(\bar{1}\bar{3}3)_{3}$, $(\bar{1}2\bar{1})_{98}$, $(\bar{2}\bar{4}5)_{17}$, $(\bar{3}\bar{1}2)_{40}$, $(\bar{3}\bar{3}4)_{22}$, $(\bar{3}5\bar{2})_{85}$. $(\bar{4}8\bar{3})_{81}$.

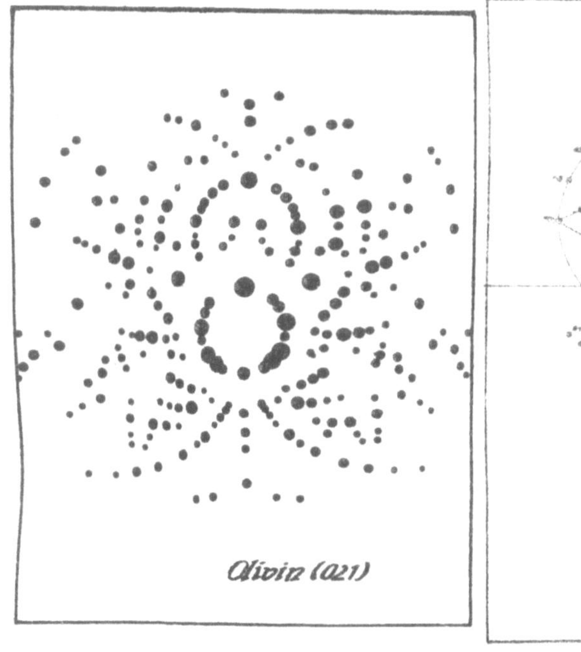

Fig. 5a.

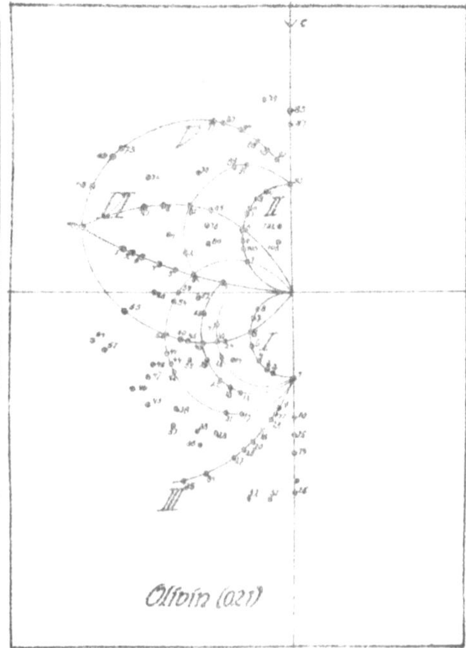

Fig. 5b.

Tabelle 5.

Flächen und Zonen auf (021).

Nr.	Index	Zonensymbol
1	$0\bar{1}1$	[011]
2	$\bar{1}\bar{4}4$	
3	$\bar{1}\bar{3}3$	
4	$\bar{1}\bar{2}2$	
5	$\bar{3}\bar{4}4$	
6	$\bar{1}\bar{1}1$	
7	$\bar{3}\bar{2}2$	
8	$\bar{2}\bar{1}1$	
9	$\bar{1}\bar{7}8$	[87]
10	$0\bar{6}7$	[076]
11	$\bar{1}\bar{6}7$	
12	$\bar{2}\bar{6}7$	
13	$\bar{1}\bar{5}6$	[065]
14	$\bar{5}\bar{5}6$	
15	$0\bar{4}5$	[043]
16	$\bar{1}\bar{4}5$	
17	$\bar{2}\bar{4}5$	
18	$\bar{3}\bar{4}5$	
19	$0\bar{3}4$	[043]
20	$\bar{1}\bar{3}4$	
21	$\bar{2}\bar{3}4$	
22	$\bar{3}\bar{3}4$	
23	$\bar{4}\bar{3}4$	
24	$\bar{5}\bar{3}4$	
25	$\bar{2}\bar{5}7$	[075]
26	$0\bar{2}3$	[032]
27	$\bar{1}\bar{2}3$	
28	$\bar{3}\bar{4}6$	
29	$\bar{3}\bar{2}3$	
30	$\bar{4}\bar{2}3$	
31	$\bar{1}\bar{5}8$	[058]
32	$\bar{1}\bar{3}5$	[053]
33	$\bar{3}\bar{3}5$	
34	$\bar{3}\bar{4}7$	[074]

Nr.	Index	Zonensymbol
35	$\bar{1}\bar{1}2$	[021]
36	$\bar{4}\bar{3}6$	
37	$\bar{3}\bar{2}4$	
38	$\bar{5}\bar{3}6$	
39	$\bar{5}\bar{2}4$	
40	$\bar{3}\bar{1}2$	
41	$\bar{4}\bar{1}2$	
42	$\bar{8}\bar{7}3$	[073]
43	$\bar{3}\bar{1}3$	[031]
44	$\bar{4}\bar{1}3$	
45	$\bar{5}\bar{1}3$	
46	$\bar{9}\bar{2}8$	[041]
47	$\bar{5}\bar{1}4$	
48	$\bar{11}.\ \bar{2}.\ 8$	
49	$\bar{6}\bar{1}4$	
50	$\bar{7}\bar{1}4$	
51	$\bar{3}02$	[010]
52	$\bar{2}01$	
53	$\bar{3}01$	
54	$\bar{4}12$	$[0\bar{2}1]$
55	$\bar{3}11$	$[0\bar{1}1]$
56	$\bar{4}11$	
57	$\bar{5}11$	
58	$\bar{5}21$	$[0\bar{1}2]$
59	$\bar{6}21$	
60	$\bar{1}10$	[001]
61	$\bar{6}50$	
62	$\bar{5}40$	
63	$\bar{4}30$	
64	$\bar{3}20$	
65	$\bar{5}30$	
66	$\bar{2}10$	
67	$\bar{3}10$	
68	$\bar{6}8\bar{1}$	[018]

Nr.	Index	Zonensymbol
69	$\bar{3}5\bar{1}$	[015]
70	$\bar{4}5\bar{1}$	
71	$\bar{5}5\bar{1}$	
72	$\bar{6}5\bar{1}$	
73	$\bar{5}9\bar{2}$	[029]
74	$\bar{5}8\bar{2}$	[014]
75	$\bar{3}4\bar{1}$	
76	$\bar{5}4\bar{1}$	
77	$\bar{4}.\ 14.\ \bar{5}$	[0.5.14]
78	$\bar{6}.\ 14.\ \bar{5}$	
79	$\bar{1}.\ 16.\ \bar{6}$	[038]
80	$\bar{2}8\bar{3}$	
81	$\bar{4}8\bar{3}$	
82	$\bar{6}8\bar{3}$	
83	$05\bar{2}$	[025]
84	$\bar{1}5\bar{2}$	
85	$\bar{3}5\bar{2}$	
86	$\bar{5}5\bar{2}$	
87	$07\bar{3}$	[037]
88	$\bar{1}7\bar{3}$	
89	$\bar{2}7\bar{3}$	
90	$\bar{1}9\bar{4}$	[049]
91	$\bar{2}9\bar{4}$	
92	$\bar{1}.\ 15.\ \bar{7}$	[0.7.15]
93	$02\bar{1}$	[012]
94	$\bar{1}6\bar{3}$	
95	$\bar{1}4\bar{2}$	
96	$\bar{2}6\bar{3}$	
97	$\bar{3}8\bar{4}$	
98	$\bar{1}2\bar{1}$	
99	$\bar{4}6\bar{3}$	
100	$\bar{3}4\bar{2}$	
101	$\bar{2}2\bar{1}$	
102	$\bar{1}7\bar{4}$	[047]
103	$\bar{1}5\bar{3}$	[035]
104	$\bar{2}5\bar{3}$	

Die Deutung des Diagramms (101) ist analog der von (011).

Formel: $h:k:l = \left(\frac{uv}{J_0}\frac{tg\,\alpha}{\cos\varphi} + \frac{u^2}{J_0}\,tg\,\varphi\right) : 1 : \left(\frac{uv}{J_0}\frac{tg\,\alpha}{\cos\varphi} - \frac{v^2}{J_0}\,tg\,\varphi\right)$

Das Interferenzmuster zeichnet sich durch zwei sehr deutliche Zonenscharen um den positiven und negativen Teil der Ordinate aus, sie sind ziemlich gleichmässig mit Flächen besetzt, Knotenpunkte sind nicht vorhanden.

Zonen mit Strassen: $[201]_{I}$, $[101]_{II}$, $[100]_{III}$.

Zonen stärkster Besetzung: $[001]_{IV}$, $[301]_{V}$, $[203]_{VI}$.

Punkte grösster Intensität: $(041)_{66}$, $(061)_{64}$, $(10\bar{1})_{88}$, $(11\bar{1})_{84}$, $(\bar{1}12)_{10}$, $(1\bar{2}2)_{7}$, $(15\bar{1})_{76}$, $(43\bar{4})_{85}$.

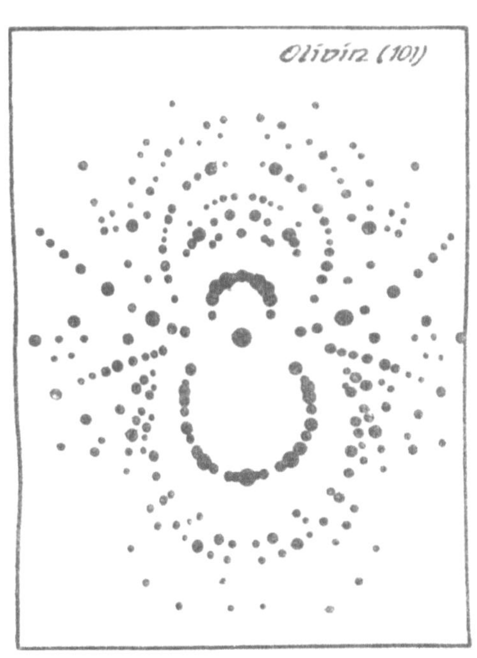

Fig. 6a.

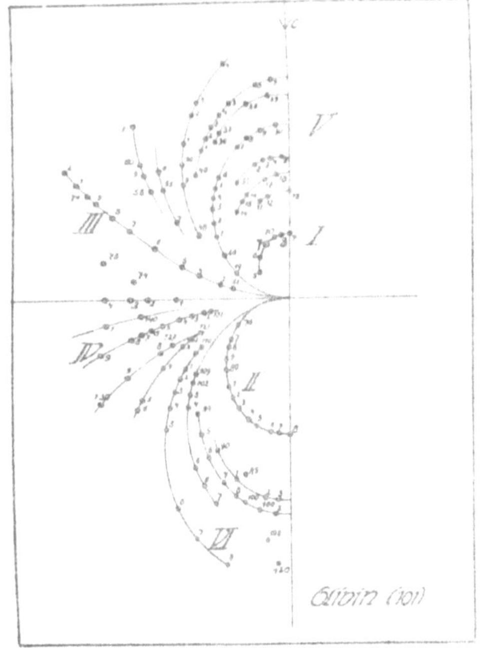

Fig. 6b

Tabelle 6.

Flächen und Zonen auf (101).

Nr.	Index	Zonensymbol	Nr.	Index	Zonensymbol	Nr.	Index	Zonensymbol
5	$\bar{1}52$		17	$\bar{2}25$	[502]	24	$\bar{1}43$	
6	$\bar{1}32$		18	$\bar{2}15$		25	$\bar{2}76$	
7	$\bar{1}22$					26	$\bar{1}33$	
10	$\bar{1}12$	[201]	31	$\bar{3}68$		27	$\bar{1}23$	[301]
8	$\bar{2}14$		32	$\bar{3}48$		28	$\bar{2}36$	
9	$\bar{1}02$		33	$\bar{3}38$	[803]	29	$\bar{1}13$	
			34	$\bar{3}28$		30	$\bar{2}16$	
11	$\bar{3}47$		35	$\bar{3}18$		36	$\bar{3}. 9. 10$	
12	$\bar{3}37$	[703]				37	$\bar{3}. 8. 10$	[10. 0. 3]
13	$\bar{3}07$		19	$\bar{1}93$		38	$\bar{3}. 4. 10$	
			20	$\bar{1}73$		39	$\bar{3}. 2. 10$	
14	$\bar{2}65$		21	$\bar{1}63$	[301]			
15	$\bar{2}55$	[502]	22	$\bar{1}53$		40	$\bar{2}. 10. 7$	
16	$\bar{2}45$		23	$\bar{2}96$		41	$\bar{2}87$	[702]

Nr.	Index	Zonen-Symbol	Nr.	Index	Zonen-Symbol	Nr.	Index	Zonen-Symbol
42	$\bar{2}77$		1	1. 13. 1		120	$71\bar{5}$	[507]
43	$\bar{2}67$		2	1. 10. 1	[101]	109	4. 13. $\bar{3}$	
44	$\bar{2}57$	[702]	3	191		102	4. 12. $\bar{3}$	
45	$\bar{2}47$		4	181		103	4. 11. $\bar{3}$	
46	$\bar{2}27$		140	2. 14. 1	[102]	104	4. 10. $\bar{3}$	[304]
47	$\bar{2}17$		141	2. 13. 1		105	$46\bar{3}$	
48	$\bar{1}$. 11. 4		131	1. 11. 0		106	$45\bar{3}$	
49	$\bar{1}$. 7. 4		132	1. 10. 0		107	$44\bar{3}$	
50	$\bar{1}$. 6. 4		133	190		108	$41\bar{3}$	
51	$\bar{1}54$	[401]	134	180		94	5. 11. $\bar{4}$	
52	$\bar{1}44$		135	170	[001]	95	$59\bar{4}$	
53	$\bar{2}78$		136	2. 13. 0		96	$57\bar{4}$	
54	$\bar{1}24$		137	160		97	$55\bar{4}$	[405]
57	$\bar{1}$. 13. 5		138	2 11. 0		98	$54\bar{4}$	
55	$\bar{1}$. 10. 5	[501]	139	150		99	$53\bar{4}$	
56	$\bar{1}95$		127	3. 16. $\bar{1}$		100	$52\bar{4}$	
58	$\bar{1}$. 13. 6		128	3. 15. $\bar{1}$	[103]	101	$51\bar{4}$	
59	$\bar{1}$. 12. 6		129	3. 12. $\bar{1}$		90	$68\bar{5}$	
60	$\bar{1}$. 11. 6	[601]	130	3. 10. $\bar{1}$		91	$65\bar{5}$	[506]
61	$\bar{1}$. 9. 6		121	2. 12. $\bar{1}$		92	$62\bar{5}$	
62	0. 10. 1		122	2. 11. $\bar{1}$		93	$61\bar{5}$	
63	081		123	2. 10. $\bar{1}$	[102]	89	14. 10. $\overline{11}$	[11. 0. 14]
64	061		124	$28\bar{1}$		76	$15\bar{1}$	
65	051		125	4. 13. $\bar{2}$		77	$29\bar{2}$	
66	041	[100]	126	261		78	3. 10. $\bar{3}$	
67	0. 10. 3		110	3. 14. $\bar{2}$		79	$13\bar{1}$	
68	031		111	3. 13. $\bar{2}$		80	$25\bar{2}$	
69	0. 11. 4		112	3. 11. $\bar{2}$		81	$12\bar{1}$	
70	052		113	3. 10. $\bar{2}$		82	$35\bar{3}$	[101]
73	1. 20. 5	[501]	114	$39\bar{2}$	[203]	83	7. 10. $\bar{7}$	
74	1. 13. 2	[201]	115	$38\bar{2}$		84	$11\bar{1}$	
			116	$37\bar{2}$		85	$43\bar{4}$	
			117	$34\bar{2}$		86	$31\bar{3}$	
			118	$33\bar{2}$		87	$41\bar{4}$	
			119	$32\bar{2}$		88	$10\bar{1}$	

Die wichtigsten Zonen des Diagramms von (110) bilden Büschel um die Abszisse.

$$\text{Formel: } h:k:l = \left(\frac{u}{J_0}\,\frac{\operatorname{tg}\alpha}{\sin\varphi} - \frac{u^2}{J_0}\cot\varphi\right) : \left(\frac{u}{J_0}\,\frac{\operatorname{tg}\alpha}{\sin\varphi} + \frac{1}{J_0}\cot\varphi\right) : \bar{1}$$

Zone mit Strasse: $[100]_{\mathrm{I}}$.

Reich besetzte Zonen: $[310]_{\mathrm{II}}$, $[710]_{\mathrm{III}}$, $[201]_{\mathrm{IV}}$, $[411]_{\mathrm{V}}$, $[511]_{\mathrm{VI}}$.

Knotenpunkte: $(01\bar{1})_{115}$, $(02\bar{1})_{107}$.

Punkte grösster Intensität: $(01\bar{1})_{115}$, $(1\bar{3}\bar{3})_{19}$, $(\bar{1}70)_{151}$, $(\bar{1}9\bar{2})_{145}$, $(2\bar{4}\bar{5})_{57}$, $(3\bar{7}\bar{4})_{45}$.

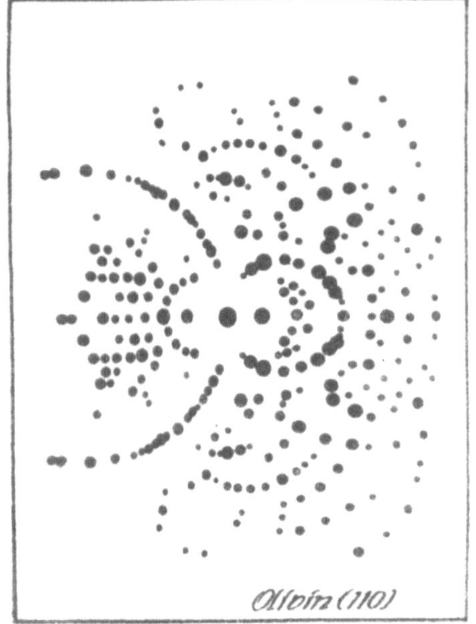

Fig. 7a.

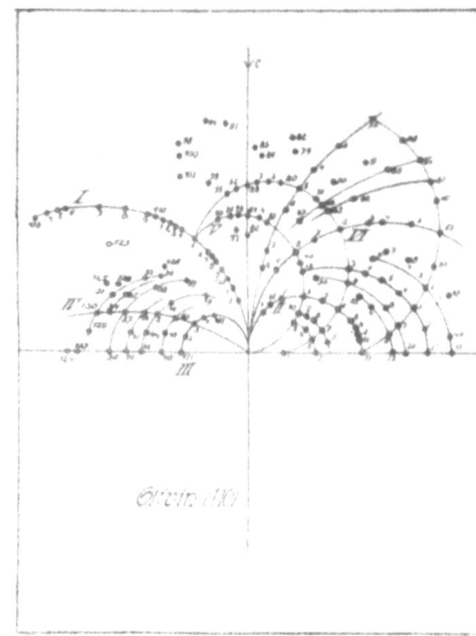

Fig. 7b.

Tabelle 7.

(Flächen und Zonen auf (110).

Nr.	Index	Zonen-Symbol	Nr.	Index	Zonen-Symbol	Nr.	Index	Zonen-Symbol
1	$2\bar{8}\bar{5}$	[410]	26	$3\bar{8}0$		50	$5.\bar{11}.\bar{2}$	[11.5.0]
2	$2\bar{7}0$		27	$3\bar{8}\bar{1}$		51	$5.\bar{11}.\bar{4}$	
3	$2\bar{7}\bar{1}$	[720]	28	$3\bar{8}\bar{2}$	[830]	52	$1\bar{2}\bar{1}$	
4	$2\bar{7}\bar{2}$		29	$3\bar{8}\bar{4}$		53	$4\bar{8}\bar{5}$	
5	$2\bar{7}\bar{3}$		30	$3\bar{8}\bar{6}$		54	$2\bar{4}\bar{3}$	
6	$3.\bar{10}.\bar{1}$		31	$2\bar{5}0$		55	$4\bar{8}\bar{7}$	[210]
7	$3.\bar{10}.\bar{2}$		32	$4.\bar{10}.\bar{1}$		56	$1\bar{2}\bar{2}$	
8	$3.\bar{10}.\bar{3}$	[10.3.0]	33	$2\bar{5}\bar{1}$		57	$2\bar{4}\bar{5}$	
9	$3.\bar{10}.\bar{4}$		34	$4.\bar{10}.\bar{3}$		58	$1\bar{2}\bar{3}$	
10	$3.\bar{10}.\bar{5}$		35	$2\bar{5}\bar{2}$	[520]	59	$1\bar{2}\bar{4}$	
11	$1\bar{3}0$		36	$4.\bar{10}.\bar{5}$		60	$5\bar{9}\bar{6}$	[950]
12	$4.\bar{12}.\bar{1}$		37	$2\bar{5}\bar{3}$		61	$3\bar{5}\bar{4}$	
13	$3\bar{9}\bar{1}$		38	$2\bar{5}\bar{5}$		62	$3\bar{5}\bar{6}$	[530]
14	261		39	$3\bar{7}0$		63	$3\bar{5}\bar{7}$	
15	$3\bar{9}\bar{2}$		40	$6.\bar{14}.\bar{1}$		64	$2\bar{3}\bar{3}$	
16	$1\bar{3}\bar{1}$	[310]	41	$6.\bar{14}.\bar{3}$		65	$4\bar{6}\bar{7}$	
17	$2\bar{6}\bar{3}$		42	$3\bar{7}\bar{2}$		66	$2\bar{3}\bar{5}$	[320]
18	$1\bar{3}\bar{2}$		43	$6.\bar{14}.\bar{5}$	[730]	67	$2\bar{3}\bar{6}$	
19	$1\bar{3}\bar{3}$		44	$3.\bar{7}.\bar{3}$		68	$3\bar{4}\bar{5}$	
20	$1\bar{3}\bar{4}$		45	$3.\bar{7}.\bar{4}$		69	$3\bar{4}\bar{6}$	[430]
21	$1\bar{3}\bar{5}$		46	$3.\bar{7}.\bar{8}$		70	$3\bar{4}\bar{7}$	
22	$4.\bar{11}.0$		47	$4\bar{9}\bar{2}$		71	$3\bar{4}\bar{8}$	
23	$4.\bar{11}.\bar{1}$	[11.4.0]	48	$4\bar{9}\bar{4}$				
24	$4.\bar{11}.\bar{3}$		49	$4\bar{9}\bar{5}$	[940]			
25	$4.\bar{11}.\bar{4}$							

Nr.	Index	Zonen-Symbol
72	$1\bar{1}\bar{2}$	
73	$3\bar{3}\bar{7}$	
74	$3\bar{3}\bar{8}$	
75	$1\bar{1}\bar{3}$	[110]
76	$2\bar{2}\bar{7}$	
77	$1\bar{1}\bar{5}$	
78	$1\bar{1}\bar{6}$	
79	$2\bar{1}\bar{6}$	
80	$2\bar{1}\bar{7}$	[120]
81	$2\bar{1}\bar{9}$	
82	$10\bar{3}$	
83	$10\bar{4}$	[010]
84	$10\bar{5}$	
85	$21\bar{7}$	
86	$21\bar{8}$	[120]
87	$21\bar{9}$	
88	$11\bar{5}$	
89	$11\bar{6}$	[110]
90	$11\bar{7}$	
91	$24\bar{9}$	
92	$12\bar{6}$	[210]
93	$12\bar{7}$	
94	$13\bar{5}$	
95	$13\bar{7}$	[310]
96	$13\bar{8}$	
97	$13\bar{9}$	
98	$15\bar{6}$	
99	$15\bar{8}$	[510]

Nr.	Index	Zonen-Symbol
100	$17\bar{8}$	[710]
101	$1, 7, \overline{12}$	
102	$1, 9, \overline{10}$	[910]
103	$03\bar{1}$	
104	$08\bar{3}$	
105	$05\bar{2}$	
106	$0, 12, \bar{5}$	
107	$02\bar{1}$	
108	$05\bar{3}$	
109	$03\bar{2}$	
110	$07\bar{5}$	
111	$04\bar{3}$	
112	$05\bar{4}$	[100]
113	$06\bar{5}$	
114	$08\bar{7}$	
115	$01\bar{1}$	
116	$06\bar{7}$	
117	$04\bar{5}$	
118	$03\bar{4}$	
119	$02\bar{3}$	
120	$04\bar{7}$	
121	$01\bar{2}$	
122	$02\bar{5}$	
123	$\bar{1}, 21, 8$	[21. 1. 0]
124	$\bar{1}, 15, 0$	
125	$\bar{1}, 15, \bar{4}$	[15. 1. 0]
126	$\bar{1}, 15, \bar{7}$	
127	$\bar{1}, 14, 0$	[14. 1. 0]
128	$\bar{1}, 14, \bar{4}$	

Nr.	Index	Zonen-Symbol
129	$\bar{1}, 13, \bar{1}$	
130	$1, 13, \bar{2}$	
131	$\bar{1}, 13, \bar{3}$	[13. 1. 0]
132	$\bar{1}, 13, \bar{5}$	
133	$\bar{1}, 13, \bar{6}$	
134	$\bar{1}, 12, \bar{3}$	[12. 1. 0]
135	$\bar{1}, 12, \bar{2}$	
136	$\bar{1}, 11, 0$	
137	$\bar{1}, 11, \bar{2}$	[11. 1. 0]
138	$\bar{1}, 11, \bar{4}$	
139	$\bar{1}, 11, \bar{7}$	
140	$\bar{1}, 10, 0$	
141	$\bar{1}, 10, \bar{1}$	[10. 1. 0]
142	$\bar{1}, 10, \bar{2}$	
143	$\bar{1}90$	
144	$\bar{1}9\bar{1}$	
145	$\bar{1}9\bar{2}$	[910]
146	$\bar{1}9\bar{3}$	
147	$\bar{1}9\bar{6}$	
148	$\bar{1}80$	
149	$\bar{1}8\bar{1}$	[810]
150	$\bar{1}8\bar{2}$	
151	$\bar{1}70$	
152	$\bar{1}7\bar{1}$	
153	$\bar{1}7\bar{2}$	[710]
154	$\bar{1}7\bar{3}$	
155	$\bar{1}7\bar{4}$	

Auf dem Diagramm von (130) sind die wichtigen Zonen um die Spur der Symmetrieebene geschart.

Formel: $h:k:l = \left(\frac{u}{E_0}\,\frac{\operatorname{tg}\alpha}{\sin\varphi} - \frac{3u^2 J_0}{E_0}\cot\varphi\right) : \left(\frac{3u}{E_0}\,\frac{\operatorname{tg}\alpha}{\sin\varphi} + \frac{J_0}{E_0^2}\cot\varphi\right) : \bar{1}.$

Zonen mit Strasse: $[110]_{\mathrm{I}}$, $[210]_{\mathrm{II}}$.

Reich besetzte Zonen: $[310]_{\mathrm{III}}$, $[211]_{\mathrm{IV}}$, $[001]_{\mathrm{V}}$.

Punkte grösster Intensität: $(1\bar{1}0)_{33}$, $(1\bar{2}0)_{47}$, $(1\bar{1}\bar{1})_{28}$, $(1\bar{1}\bar{2})_{24}$, $(\bar{1}\bar{2}\bar{2})_{42}$, $(\bar{2}4\bar{1})_{45}$, $(\bar{3}70)_{52}$.

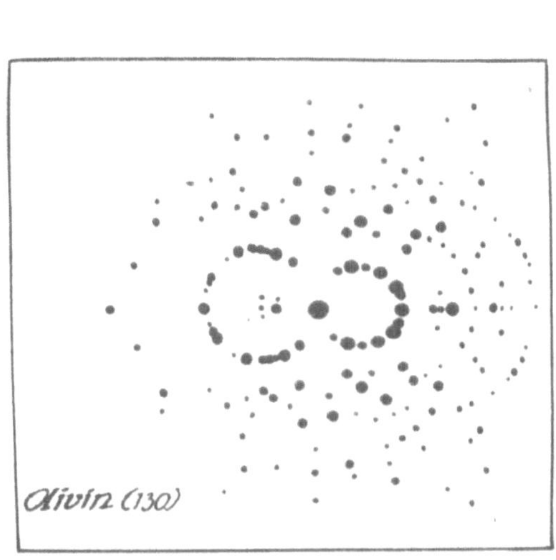

Fig. 8a.

Fig. 8b.

Tabelle 8.

Flächen und Zonen auf (130).

Nr.	Index	Zonen-Symbol	Nr.	Index	Zonen-Symbol	Nr.	Index	Zonen-Symbol
35	$3\bar{4}\bar{4}$		17	$3\bar{2}\bar{6}$		1	$13\bar{9}$	
36	$3\bar{4}\bar{2}$		18	$3\bar{2}\bar{5}$		2	$13\bar{8}$	$[3\bar{1}0]$
37	$3\bar{4}\bar{1}$	[430]	19	$3\bar{2}\bar{4}$	[230]	3	$13\bar{7}$	
38	$3\bar{4}0$		20	$3\bar{2}\bar{2}$				
			16	$3\bar{2}0$		98	$01\bar{3}$	
39	$4\bar{5}\bar{1}$	[540]				99	$02\bar{5}$	
40	$4\bar{5}0$		15	$5\bar{3}\bar{4}$	[350]	100	$04\bar{7}$	[100]
						101	$03\bar{5}$	
34	$1\bar{1}\bar{4}$		12	$2\bar{1}\bar{5}$		102	$02\bar{3}$	
23	$1\bar{1}\bar{3}$		13	$2\bar{1}\bar{4}$	[120]			
24	$1\bar{1}\bar{2}$		14	$2\bar{1}\bar{3}$		97	$\bar{1}7\bar{8}$	[710]
25	$3\bar{3}\bar{5}$							
26	$2\bar{2}\bar{3}$		10	$3\bar{1}\bar{6}$	[130]	96	$\bar{1}6\bar{7}$	[610]
27	$3\bar{3}\bar{4}$							
28	$1\bar{1}\bar{1}$	[110]	11	$5\bar{1}\bar{7}$	[150]	95	$\bar{1}5\bar{8}$	
29	$5\bar{5}\bar{4}$					94	$\bar{1}5\bar{6}$	
30	$5\bar{5}\bar{2}$		6	$10\bar{5}$		92	$\bar{1}5\bar{4}$	[510]
31	$3\bar{3}\bar{1}$		7	$10\bar{4}$		93	$\bar{1}5\bar{3}$	
32	$4\bar{4}\bar{1}$		8	$30\bar{7}$	[010]			
33	$1\bar{1}0$		9	$10\bar{2}$				
						91	$\bar{1}4\bar{6}$	
						88	$\bar{1}4\bar{4}$	
22	$5\bar{4}\bar{5}$	[450]	5	$21\bar{7}$	$[1\bar{2}0]$			
						89	$\bar{2}7\bar{8}$	[410]
21	$7\bar{5}\bar{1}$	[570]	4	$11\bar{6}$	$[1\bar{1}0]$	90	$\bar{1}4\bar{2}$	

Nr.	Index	Zonen-Symbol	Nr.	Index	Zonen-Symbol	Nr.	Index	Zonen-Symbol
84	$\bar{2}7\bar{7}$		78	$\bar{5}.\ 15.\ \bar{2}$		56	$\bar{2}5\bar{1}$	
87	$\bar{2}7\bar{6}$	[720]	81	$\bar{4}.\ 12.\ \bar{1}$	[310]	57	$\bar{4}.\ 10.\ \bar{1}$	[520]
103	$\bar{2}7\bar{4}$		79	$\bar{1}30$		58	$\bar{2}50$	
86	$\bar{3}.\ 10.\ \bar{7}$	[10. 3. 0]	80	$\bar{5}.\ 14.\ 0$	[14. 5. 0]	51	$\bar{3}7\bar{4}$	[730]
85	$\bar{3}.\ 10.\ \bar{5}$		62	$\bar{4}.\ 11.\ 3$		52	$\bar{3}70$	
67	$\bar{1}3\bar{5}$		63	$\bar{4}.\ 11.\ \bar{1}$	[11. 4. 0]	49	$\bar{4}9\bar{1}$	[940]
68	$\bar{1}3\bar{4}$		64	$\bar{4}.\ 10.\ 0$		50	$\bar{4}90$	
69	$\bar{1}3\bar{3}$		61	384		48	$\bar{5}.\ 11.\ 0$	[11. 5. 0]
70	$\bar{2}6\bar{5}$		66	$\bar{3}8\bar{2}$	[830]	41	$\bar{1}2\bar{3}$	
71	$\bar{1}3\bar{2}$		65	$\bar{3}80$		42	$\bar{1}2\bar{2}$	
72	$\bar{2}6\bar{3}$	[310]	60	$\bar{2}5\bar{5}$		43	$\bar{2}4\bar{3}$	
73	$\bar{3}9\bar{4}$		53	$\bar{2}5\bar{3}$		44	$\bar{1}2\bar{1}$	[210]
74	$\bar{1}3\bar{1}$		54	$\bar{4}.\ 10.\ \bar{5}$	520]	45	$\bar{2}4\bar{1}$	
75	$\bar{4}.\ 12.\ \bar{3}$		55	$\bar{2}5\bar{2}$		46	$\bar{3}6\bar{1}$	
76	$\bar{3}9\bar{2}$		59	$\bar{4}.\ 10.\ \bar{3}$		47	$\bar{1}20$	
77	$\bar{2}6\bar{1}$							

3. Pyramiden.

Um die Koordinatenlage in den asymmetrischen Diagrammen der Pyramiden (111) und (131) aufzufinden, war zunächst die Projektion der c-Achse auf den Diagrammen festzustellen. Dazu wurden die Glanzwinkel der Projektionspunkte von Flächen aus den Zonen 110/001 bezw. 130/001 berechnet. Durch Vergleichen dieser mit vorhandenen Reflexen lässt sich die Richtung der c-Achse feststellen. Sie diente als Ordinate. Es wurde weiter die Lage der drei Zonen mit Flächen $h=0$, $k=0$, $l=0$ für die gnomonische sowohl als auch für die Reflexprojektion berechnet. Bei Uebereinstimmung mit den auf den Projektionen gefundenen Zonen war der Beweis für die richtige Orientierung des Diagrammes gegeben.

Die Zonen auf dem Lauediagramm von (111) ordnen sich gnomonisch in drei Büschel, die sich je in einem Punkte schneiden. Diese hervorstechenden Knotenpunkte sind die Reflexe der Flächen $(01\bar{1})_{106}$, $(\bar{1}01)_{49}$ und (010), letztere ist jedoch wegen zu grossen Glanzwinkels nicht auf der photographischen Platte vorhanden.

Schieboldsche Formel:

$$h:k:l=\left(\frac{u}{J_0}\frac{\operatorname{tg}\alpha}{\cos\varphi}+\frac{u^2}{J_0 E_0}\operatorname{tg}\varphi-\frac{u^2}{E_0}\right):\left(\frac{u}{J_0}\frac{\operatorname{tg}\alpha}{\cos\varphi}+\frac{u^2}{J_0 E_0}\operatorname{tg}\varphi+\frac{1}{E_0}\right)$$
$$:\left(\frac{u}{J_0}\frac{\operatorname{tg}\alpha}{\cos\varphi}-\frac{E_0}{J_0}\operatorname{tg}\varphi\right)$$

Zonen mit Strassen: $[100]_{\mathrm{I}}$.

Reich besetzte Zonen: $[101]_{\mathrm{II}}$, $[302]_{\mathrm{III}}$, $[201]_{\mathrm{IV}}$, $[001]_{\mathrm{V}}$, $[314]_{\mathrm{VI}}$.

Ausser den schon angeführten Knotenpunkten sind noch solche von geringerer Bedeutung zu erwähnen:

$(02\bar{1})_{112}$, $(\bar{1}30)_{87}$, $(04\bar{1})_{1}$, $(\bar{1}11)_{33}$, $(11\bar{1})_{53}$.

Punkte grösster Intensität: $(02\bar{1})_{112}$, $(04\bar{1})_{1}$, $(06\bar{1})_{2}$, $(\bar{1}01)_{49}$, $(\bar{1}11)_{33}$, $(\bar{1}31)_{175}$, $(\bar{1}34)_{211}$, $(\bar{1}70)_{183}$, $(\bar{2}41)_{84}$.

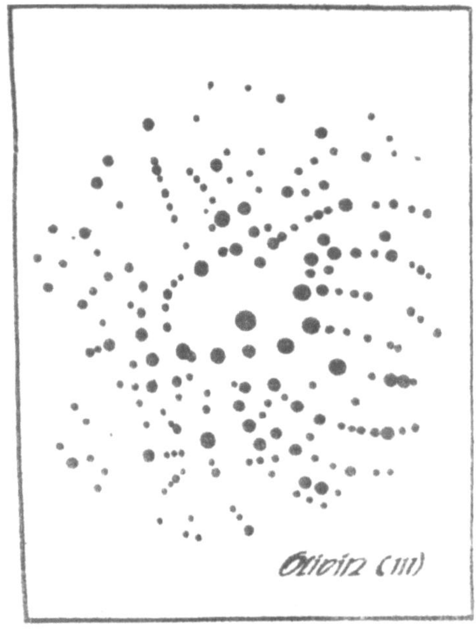

Fig. 9a.

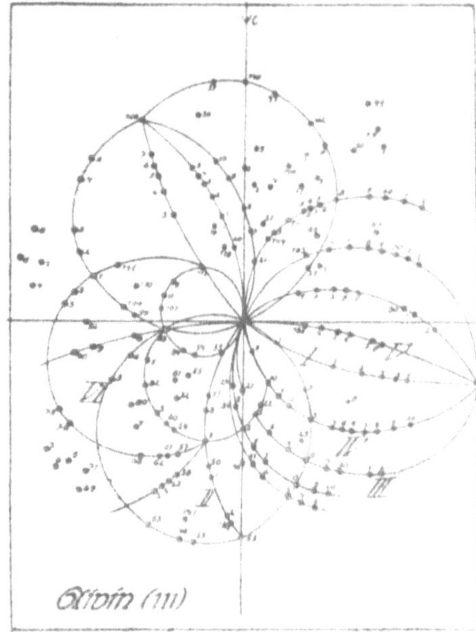

Fig. 9b.

Tabelle 9.

Flächen und Zonen auf (111).

Nr.	Index	Nr.	Index	Nr.	Index	Nr.	Index
1	$04\bar{1}$	25	$23\bar{3}$	49	$\bar{1}01$	74	$\bar{5}53$
2	$06\bar{1}$	26	$24\bar{3}$	50	$\bar{7}27$	75	$\bar{9}94$
3	$08\bar{1}$	27	$25\bar{3}$	51	$\bar{5}25$	78	$\bar{5}52$
4	$0.\ 10.\ \bar{1}$	28	$26\bar{3}$	52	$\bar{4}34$	79	$\bar{6}72$
5	$0.\ 12.\ \bar{1}$	29	$27\bar{3}$	53	$11\bar{1}$	80	$\bar{6}83$
6	$0.\ 15.\ \bar{1}$	30	$28\bar{3}$	54	$\bar{3}52$	81	$\bar{3}42$
7	$19\bar{3}$	31	$2.\ 10.\ \bar{3}$	55	$\bar{4}53$	82	$\bar{2}31$
8	$1.\ 13.\ \bar{3}$	32	$2.\ 11.\ \bar{3}$	56	$\bar{5}34$	83	$\bar{3}15$
9	$12\bar{2}$	33	$\bar{1}11$	57	$\bar{6}25$	84	$\bar{2}41$
10	$13\bar{2}$	34	$32\bar{4}$	58	$\bar{6}15$	85	$\bar{3}61$
11	$27\bar{4}$	35	$33\bar{4}$	59	$\bar{6}\bar{2}5$	86	$\bar{4}81$
12	$14\bar{2}$	36	$34\bar{4}$	60	$\bar{4}33$	87	$\bar{1}30$
13	$15\bar{2}$	37	$35\bar{4}$	61	$\bar{5}24$	88	$\bar{3}80$
14	$16\bar{2}$	38	$37\bar{4}$	62	$\bar{4}23$	89	$\bar{3}70$
15	$2.\ 13.\ \bar{4}$	39	$38\bar{4}$	63	$\bar{5}14$	90	$\bar{4}90$
16	$17\bar{2}$	40	$39\bar{4}$	64	$\bar{4}13$	91	$\bar{1}20$
17	$18\bar{2}$	41	$45\bar{5}$	65	$\bar{9}27$	92	$\bar{4}.\ 11.\ \bar{1}$
18	$\bar{1}9\bar{2}$	42	$46\bar{5}$	66	$\bar{5}\bar{1}4$	93	$\bar{2}6\bar{2}$
19	$1.\ 11.\ \bar{2}$	43	$48\bar{5}$	67	$\bar{3}12$	94	$\bar{3}9\bar{2}$
20	$1.\ 13.\ \bar{2}$	44	$49\bar{5}$	68	$\bar{3}22$	95	$\bar{3}.\ 10.\ \bar{2}$
21	$22\bar{3}$	45	$4.\ 10.\ \bar{5}$	69	$\bar{4}32$	96	$\bar{3}.\ 10.\ \bar{3}$
22	$37\bar{5}$	46	$55\bar{6}$	71	$\bar{6}53$	97	$\bar{2}7\bar{2}$
23	$3.\ \overline{10}.\ 5$	47	$\bar{2}12$	72	$\bar{4}43$	98	$\bar{2}8\bar{3}$
24	$31\bar{4}$	48	$\bar{3}13$	73	$\bar{3}32$	99	$\bar{3}.\ 10.\ \bar{1}$

Nr.	Index	Nr.	Index	Nr.	Index	Nr.	Index
100	$\bar{2}7\bar{1}$	122	$14\bar{5}$	144	$\bar{2}14$	166	$\bar{2}53$
101	$\bar{1}41$	123	$15\bar{6}$	145	$\bar{3}26$	167	$\bar{2}63$
102	$\bar{2}9\bar{3}$	124	$17\bar{8}$	146	$\bar{3}28$	168	$\bar{2}73$
103	$\bar{1}5\bar{2}$	125	$1.\ 9.\ \overline{10}$	147	$\bar{3}38$	169	$\bar{2}83$
104	$\bar{1}7\bar{9}$	126	$\bar{1}02$	148	$\bar{3}48$	170	$\bar{2}.\ 10.\ 3$
105	$\bar{1}9\bar{6}$	127	$\bar{2}\bar{1}5$	149	$\bar{3}78$	171	$\bar{2}.\ 11.\ 3$
106	$\bar{0}1\bar{1}$	128	$\bar{1}\bar{1}3$	150	$\bar{2}45$	172	$\bar{2}.\ 12.\ 3$
107	$\bar{2}8\bar{1}$	129	$12\bar{4}$	151	$\bar{2}55$	173	$\bar{3}44$
108	$\bar{1}5\bar{1}$	130	$13\bar{5}$	152	$\bar{3}37$	174	$\bar{3}84$
109	$\bar{1}7\bar{2}$	131	$\bar{3}07$	153	$\bar{3}47$	175	$\bar{1}31$
110	$\bar{2}9\bar{2}$	132	$\bar{2}\bar{1}6$	154	$\bar{1}12$	178	$\bar{2}92$
111	$\bar{2}.\ 10.\ \bar{3}$	133	$\bar{2}\bar{2}7$	155	$\bar{3}16$	179	$\bar{1}51$
112	$02\bar{1}$	134	$\bar{2}1\bar{5}$	156	$\bar{2}34$	180	$\bar{1}81$
113	$03\bar{2}$	135	$\bar{2}\bar{1}7$	157	$\bar{3}56$	181	$\bar{1}91$
114	$04\bar{3}$	136	$15\bar{8}$	158	$\bar{1}22$	182	$\bar{1}.\ 12.\ 1$
115	$05\bar{4}$	137	$\bar{1}04$	159	$\bar{3}86$	183	$\bar{1}70$
116	$0.\ 11.\ \bar{9}$	138	$\bar{9}\bar{7}9$	160	$\bar{1}32$	184	$\bar{1}80$
117	$07\bar{6}$	139	$14\bar{8}$	161	$\bar{2}74$	185	$\bar{1}.\ 10.\ 0$
118	$14\bar{4}$	140	$\bar{1}\bar{1}5$	162	$\bar{1}42$	186	$\bar{1}.\ 11.\ 0$
119	155	141	$\bar{2}\bar{1}5$	163	$\bar{3}65$	187	$\bar{1}.\ 13.\ 0$
120	$12\bar{3}$	142	$\bar{5}.\ 3.\ 11$	164	$\bar{3}.\ 10.\ 5$	188	$\bar{1}.\ 16.\ 0$
121	$13\bar{4}$	143	$\bar{1}23$	165	$\bar{2}43$		

Nr.	Index	Zonen-symbol	Nr.	Index	Zonen-symbol	Nr.	Index	Zonen-symbol
	Einige Zonen		53	$11\bar{1}$		168	$\bar{2}73$	
1	$04\bar{1}$		182	$\bar{1}.\ 12.\ 1$		167	$\bar{2}63$	
2	$06\bar{1}$		181	$\bar{1}91$		166	$\bar{2}53$	[203]
3	$08\bar{1}$		180	$\bar{1}81$		165	$\bar{2}43$	
4	$0.\ 10.\ \bar{1}$		179	$\bar{1}51$	[101]			
5	$0.\ 12.\ \bar{1}$		178	$\bar{2}92$		9	$12\bar{2}$	
6	$0.\ 15.\ \bar{1}$		177	$\bar{1}41$		10	$13\bar{2}$	
106	$01\bar{1}$	[100]	176	$\bar{2}72$		11	$27\bar{4}$	
117	$07\bar{6}$		175	$\bar{1}31$		12	$14\bar{2}$	
116	$0.\ 11.\ \bar{9}$					13	$15\bar{2}$	
115	$05\bar{4}$		21	$22\bar{3}$		14	$16\bar{2}$	
114	$04\bar{3}$		25	$23\bar{3}$		15	$2.\ 13.\ \bar{4}$	
113	$03\bar{2}$		26	$24\bar{3}$		16	$17\bar{2}$	
112	$02\bar{1}$		27	$25\bar{3}$		17	$18\bar{2}$	
			28	$26\bar{3}$		18	$19\bar{2}$	[201]
33	$\bar{1}11$		29	$27\bar{3}$		19	$1.\ 11.\ \bar{2}$	
47	$\bar{2}12$		30	$28\bar{3}$	[203]	20	$1.\ 13.\ \bar{2}$	
48	$\bar{3}13$		31	$2.\ 10.\ \bar{3}$		162	$\bar{1}42$	
49	$\bar{1}01$		32	$2.\ 11.\ \bar{3}$		161	$\bar{2}74$	
50	$\bar{7}27$	[101]	172	$\bar{2}.\ 12.\ 3$		160	$\bar{1}32$	
51	$\bar{5}25$		171	$\bar{2}.\ 11.\ 3$		159	$\bar{3}86$	
52	$\bar{4}34$		170	$\bar{2}.\ 10.\ 3$		158	$\bar{1}22$	
138	$\bar{9}79$		169	$\bar{2}83$		157	$\bar{8}.\ 13.\ 16$	

Nr.	Index	Zonen-Symbol	Nr.	Index	Zonen-Symbol	Nr.	Index	Zonen-Symbol
156	$\bar{2}34$		91	$\bar{1}20$		28	$26\bar{3}$	
155	$\bar{3}46$		188	$\bar{1}. 16. 0$		38	$37\bar{4}$	
154	$\bar{1}22$		187	$\bar{1}. 13. 0$		48	$48\bar{5}$	
145	$\bar{3}26$	[201]	186	$\bar{1}. 11. 0$	[001]	53	$11\bar{1}$	
144	$\bar{2}14$		185	$\bar{1}. 10. 0$		59	$\bar{6}25$	
126	$\bar{1}02$		184	$\bar{1}80$		66	$\bar{5}\bar{1}4$	[314]
			183	$\bar{1}70$		67	$\bar{3}\bar{1}2$	
87	$\bar{1}30$					83	$\bar{3}\bar{5}1$	
88	$\bar{3}80$		1	$04\bar{1}$		86	$\bar{4}\bar{8}1$	
89	$\bar{3}70$	[001]	7	$19\bar{3}$	[314]	87	$\bar{1}30$	
90	$\bar{4}90$		13	$15\bar{2}$				

Die Deutung des Diagramms von (131) ist analog der von (111).

$$\text{Formel: } h:k:l = \left(\frac{u}{J_0}\frac{\operatorname{tg}\alpha}{\cos\varphi}\frac{u^2}{J_0 E_0}\operatorname{tg}\varphi + \frac{3u^2}{E_0}\right) : \left(-\frac{3u}{J_0}\frac{\operatorname{tg}\alpha}{\cos\varphi} - \frac{3u^2}{J_0 E_0}\operatorname{tg}\varphi + \frac{1}{E_0}\right)$$

$$: \left(\frac{u}{J_0}\frac{\operatorname{tg}\alpha}{\cos\varphi} - \frac{E_0}{J_0}\operatorname{tg}\phi\right)$$

Die Zonen des Diagramms sind sehr reich besetzt und folgen dicht aufeinander. Als Schnittpunkt der grössten Anzahl von Kurven ist der Reflex von $(001)_{107}$ zu nennen; an zweiter Stelle stehen $(101)_{21}$, $(021)_{42}$, $(11\bar{1})_{13}$, $(110)_{30}$, schliesslich seien noch $(2\bar{3}\bar{3})_{122}$, $(122)_{208}$, und $(130)_{86}$ angeführt.

Zonen mit Strassen: $[2\bar{1}1]_{I}$, $[1\bar{1}1]_{II}$.

Reich besetzte Zonen: $[001]_{III}$, $[100]_{IV}$, $[101]_{V}$, $[1\bar{1}0]_{VI}$, $[2\bar{1}0]_{VII}$, $[3\bar{2}0]_{VIII}$ $[4\bar{3}0]_{IX}$, $[2\bar{1}2]_{X}$, $[3\bar{1}2]_{XI}$, $[3\bar{1}1]_{XII}$.

Punkte grösster Intensität: $(10\bar{1})_{21}$, $(110)_{30}$, $(11\bar{1})_{13}$, $(1\bar{1}\bar{2})_{18}$, $(120)_{7}$, $(121)_{35}$, $(1\bar{2}\bar{3})_{17}$, $(131)_{4}$, $(1\bar{3}3)_{196}$, $(174)_{45}$, $(2\bar{1}\bar{3})_{19}$, $(251)_{6}$, $(341)_{32}$, $(34\bar{3})_{132}$, $(35\bar{2})_{115}$, $(352)_{34}$, $(370)_{81}$, $(043)_{44}$.

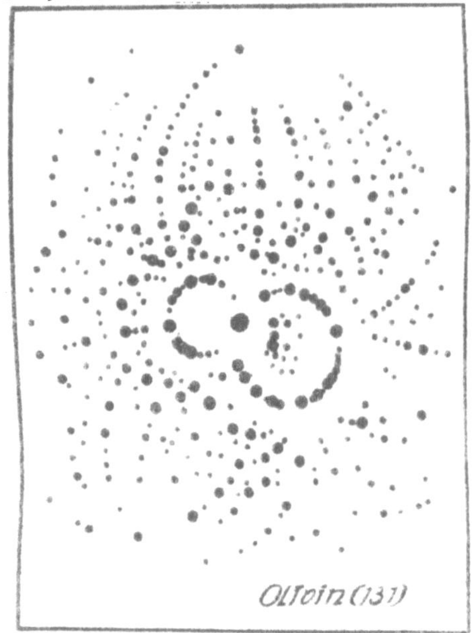

Fig. 10a.

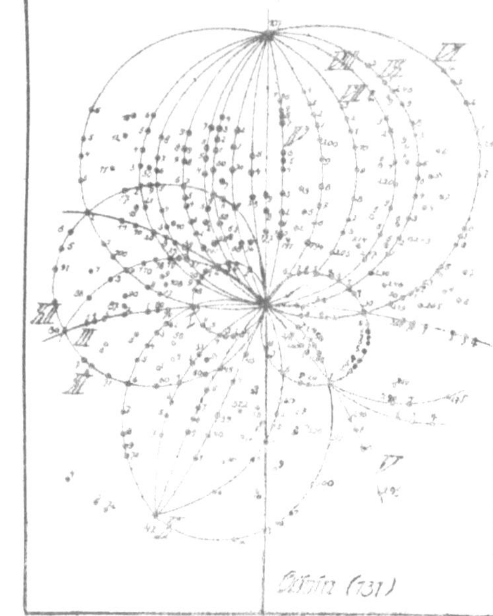

Fig. 10b.

Tabelle 10.

Flächen und Zonen auf (131).

Nr.	Index	Nr.	Index	Nr.	Index	Nr.	Index
1	153	48	1. 13. 7	96	$49\bar{3}$	143	$22\bar{3}$
2	142	49	1. 15. 8	97	$48\bar{1}$	144	$33\bar{5}$
3	273	50	163	98	$36\bar{1}$	145	$55\bar{9}$
4	131	51	294	99	$24\bar{1}$	146	$11\bar{2}$
5	382	52	114	100	$3\bar{6}2$	147	$33\bar{7}$
6	251	53	283	101	$48\bar{3}$	148	$33\bar{8}$
7	120	54	152	102	$12\bar{1}$	149	$11\bar{3}$
8	$35\bar{1}$	55	173	103	$36\bar{4}$	150	$43\bar{6}$
9	$23\bar{1}$	56	194	104	$24\bar{3}$	151	$32\bar{5}$
10	$34\bar{2}$	57	1. 11. 5	105	$36\bar{5}$	152	$43\bar{7}$
11	$67\bar{5}$	58	392	106	$12\bar{2}$	153	$32\bar{6}$
12	$11\bar{1}$	59	272	107	$00\bar{1}$	154	$32\bar{8}$
13	$32\bar{4}$	60	293	108	$59\bar{2}$	155	$32\bar{9}$
14	$21\bar{3}$	61	3. 11. 3	109	$47\bar{2}$	156	$3.\,2.\,\overline{10}$
15	$10\bar{2}$	62	4. 10. 1	110	$59\bar{3}$	157	$3.\,2.\,\overline{11}$
16	$1\bar{3}\bar{4}$	63	381	111	$47\bar{5}$	158	$21\bar{4}$
17	$1\bar{2}\bar{3}$	64	261	112	$35\bar{6}$	159	$21\bar{5}$
18	$1\bar{1}\bar{2}$	65	3. 10. 2	113	$35\bar{7}$	160	$21\bar{6}$
19	$2\bar{1}\bar{3}$	66	141	114	$47\bar{4}$	161	$21\bar{7}$
20	$3\bar{1}\bar{4}$	67	2. 10. 3	115	$35\bar{2}$	162	$21\bar{8}$
21	$10\bar{1}$	68	162	116	$35\bar{3}$	163	$21\bar{9}$
22	$31\bar{2}$	69	183	117	$35\bar{4}$	164	$2.\,1.\,\overline{10}$
23	$52\bar{3}$	70	1. 10. 4	118	$58\bar{6}$	165	$31\bar{6}$
24	$21\bar{1}$	71	281	119	$46\bar{3}$	166	$31\bar{8}$
25	$53\bar{2}$	72	1. 11. 4	120	$23\bar{2}$	167	$31\bar{9}$
26	$32\bar{1}$	73	193	121	$46\bar{5}$	168	$30\bar{7}$
27	$75\bar{2}$	74	172	122	$23\bar{3}$	169	$10\bar{3}$
28	$43\bar{1}$	75	4. 11. 1	123	$46\bar{7}$	170	$10\bar{4}$
29	$54\bar{1}$	76	391	124	$23\bar{4}$	171	$10\bar{5}$
30	110	77	3. 10. 1	125	$46\bar{9}$	172	$10\bar{6}$
31	451	78	271	126	$23\bar{5}$	173	$11\bar{4}$
32	341	79	5. 11. 0	127	$57\bar{4}$	174	$11\bar{5}$
33	231	80	490	128	$57\bar{5}$	175	$11\bar{6}$
34	352	81	370	129	$57\bar{8}$	176	$\bar{1}37$
35	121	82	250	130	$57\bar{9}$	177	$\bar{1}38$
36	253	83	5. 13. 0	131	$68\bar{5}$	178	$\bar{1}39$
37	132	84	4. 11. 0	132	$34\bar{3}$	179	$\bar{1}.\,3.\,10$
38	143	85	380	133	$68\bar{7}$	180	023
39	032	86	130	134	$34\bar{4}$	181	058
40	074	87	$6.\,14.\,\bar{1}$	135	$34\bar{5}$	182	035
41	095	88	$4.\,10.\,\bar{1}$	136	$34\bar{6}$	183	012
42	021	89	$4.\,11.\,\bar{1}$	137	$34\bar{7}$	184	037
43	054	90	$49\bar{1}$	138	$34\bar{8}$	185	038
44	043	91	$38\bar{1}$	139	$67\bar{6}$	186	013
45	174	93	$37\bar{1}$	140	$67\bar{8}$	187	027
46	195	94	$49\bar{2}$	141	$55\bar{6}$	188	014
47	1. 11. 6	95	$37\bar{2}$	142	$33\bar{4}$	189	029

Nr.	Index	Nr.	Index	Nr.	Index	Nr.	Index
190	015	224	236	258	13. 13. 9	290	71$\bar{4}$
191	178	225	574	259	111	291	61$\bar{3}$
192	156	226	575	260	445	292	50$\bar{3}$
193	158	227	577	261	334	293	90$\bar{5}$
194	144	228	579	262	223	294	20$\bar{1}$
195	145	229	5. 7. 11	263	559	295	3$\bar{2}\bar{3}$
196	133	230	683	264	112	296	3$\bar{1}\bar{3}$
197	267	231	342	265	761	297	8$\bar{3}\bar{8}$
198	134	232	685	266	762	298	2$\bar{1}\bar{2}$
199	135	233	343	267	763	299	4$\bar{2}\bar{5}$
200	136	234	687	268	541	300	2$\bar{2}\bar{3}$
201	137	235	344	269	540	301	4$\bar{6}\bar{7}$
202	138	236	689	270	970	302	1$\bar{2}\bar{2}$
203	139	237	345	271	750	303	2$\bar{6}\bar{5}$
204	1. 3. 10	238	6. 8. 11	272	320	304	1$\bar{4}\bar{3}$
205	364	239	346	273	530	306	3$\bar{3}\bar{5}$
206	243	240	347	274	740	307	4$\bar{4}\bar{7}$
207	487	241	348	275	41$\bar{1}$	308	3$\bar{6}\bar{7}$
208	122	242	349	276	31$\bar{3}$	309	3$\bar{8}\bar{8}$
209	245	243	453	277	32$\bar{2}$	310	$\bar{3}$. 10. 9
210	123	244	454	278	33$\bar{1}$	311	4$\bar{6}\bar{9}$
211	3. 6. 10	245	455	279	34$\bar{0}$	312	2$\bar{4}\bar{5}$
212	247	246	672	280	41$\bar{4}$	313	3$\bar{7}\bar{8}$
213	124	247	676	281	42$\bar{3}$	314	1$\bar{3}\bar{3}$
214	353	248	677	282	43$\bar{2}$	315	$\bar{3}$. 11. 0
215	354	249	881	283	61$\bar{6}$	316	$\bar{1}$95
216	355	250	551	284	62$\bar{5}$	317	$\bar{2}$77
217	463	251	11. 11. 3	285	63$\bar{4}$	318	$\bar{1}$44
218	232	252	772	286	66$\bar{1}$	319	$\bar{1}$65
219	465	253	331	287	68$\bar{1}$	320	$\bar{1}$86
220	233	254	773·	288	82$\bar{7}$	321	$\bar{1}$55
221	467	255	11. 11. 5	289	41$\bar{2}$	322	$\bar{1}$76
222	234	256	12. 12. 7				
223	469	257	11. 11. 7				

Nr.	Index	Zonen-Symbol	Nr.	Index	Zonen-Symbol	Nr.	Index	Zonen-Symbol
1—15		[2$\bar{1}$1]	211	3. 6. 10		103	36$\bar{4}$	
			212	247		104	24$\bar{3}$	
16—38		[1$\bar{1}$1]	213	124		105	36$\bar{5}$	[2$\bar{1}$0]
35	121		7	120		106	12$\bar{2}$	
205	364		97	48$\bar{1}$	[2$\bar{1}$0]	107	001	
206	243		98	36$\bar{1}$		264	112	
207	487	[2$\bar{1}$0]	99	24$\bar{1}$		263	559	
208	122		100	36$\bar{2}$		262	223	[1$\bar{1}$0]
209	245		101	48$\bar{3}$		261	334	
210	123		102	12$\bar{1}$		260	445	

Nr.	Index	Zonen-Symbol	Nr.	Index	Zonen-Symbol	Nr.	Index	Zonen-Symbol
259	111		251	11. 11 3.		142	$33\bar{4}$	
258	13. 13. 9		250	559		143	$22\bar{3}$	
257	11. 11. 7		249	881		144	$33\bar{5}$	
256	12. 12. 7	$[1\bar{1}0]$	30	110	$[1\bar{1}0]$	145	$55\bar{9}$	$[1\bar{1}0]$
255	11. 11. 5		286	$66\bar{1}$		146	$11\bar{2}$	
254	773		278	$33\bar{1}$		147	$33\bar{7}$	
253	331		12	$11\bar{1}$		148	$33\bar{8}$	
252	772		141	$55\bar{6}$		149	$11\bar{3}$	

V. Die Ergebnisse der Laueaufnahmen.

Tabelle 11.

Zusammenstellung der auf den Lauediagrammen gefundenen Strukturebenen {h k l}.

001	015	301	410	1. 12. 1	144	1. 11. 6	271	215	311	373	3. 10. 7
011	025	302	430	1. 13. 1	154	1. 12. 6	281	225	321	3. 10. 3	3. 12. 7
021	035	307	450	102	164	1. 13. 6	2. 10. 1	235	331	3. 11. 3	318
031	045	503	470	112	174	1. 16. 6	2. 11. 1	245	341	3. 16. 3	328
041	065	905	490	122	194	117	2. 12. 1	255	351	314	338
051	075	—	4. 11. 0	132	1. 10. 4	127	2. 13. 1	265	361	324	348
061	085	110	520	142	1. 11. 4	137	2. 14. 1	285	371	334	368
071	095	120	530	152	1. 14. 4	1. 10. 7	212	2. 11. 5	381	344	378
081	0. 12. 5	130	540	162	1. 15. 4	1. 11. 7	232	2. 12. 5	391	354	319
0. 10. 1	076	150	570	172	105	1. 12. 7	252	2. 14. 5	3. 10. 1	364	329
0. 11. 1	027	160	580	182	115	1. 13. 7	272	216	3. 12. 1	374	349
0. 12. 1	037	170	5. 11. 0	192	135	1. 15. 7	292	236	3. 15. 1	384	3. 10. 9
0. 14. 1	047	180	5. 13. 0	1. 11. 2	145	138	2. 11. 2	276	3. 16. 1	394	3. 2. 10
0. 15. 1	067	190	5. 14. 0	1. 12. 2	155	148	2. 13. 2	296	312	3. 10. 4	3. 4. 10
012	087	1. 10. 0	650	1. 13. 2	165	158	2. 15. 2	217	322	325	3. 6. 10
032	0. 10. 7	1. 11. 0	740	103	175	1. 11. 8	213	227	332	335	3. 8. 10
052	0. 12. 7	1. 13. 0	750	113	185	1. 15. 8	223	247	342	345	3. 11. 10
0. 11. 2	038	1. 14. 0	760	123	195	1. 21. 8	233	257	352	355	3. 2. 11
0. 13. 2	058	1. 15. 0	970	133	1. 10. 5	139	243	267	362	365	3. 8. 14
013	029	1. 16. 0	—	143	1. 11. 5	1. 3. 10	253	277	372	385	—
023	0. 11. 9	210	101	153	1. 13. 5	1. 9. 10	263	287	382	3. 10. 5	411
043	0. 14. 9	230	111	163	1. 20. 5	1. 7. 12	273	2. 10. 7	392	316	421
053	—	250	121	173	106	—	283	2. 11. 7	3. 10. 2	326	431
073	101	270	131	183	116	201	293	218	3. 11. 2	346	441
083	102	2. 13. 0	141	193	126	211	2. 10. 3	238	3. 12. 2	356	451
0. 10. 3	103	2. 15. 0	151	1. 12. 3	136	221	2. 11. 3	278	3. 13. 2	386	461
014	104	2. 17. 0	161	1. 13. 3	146	231	2. 12. 3	219	3. 14. 2	307	471
034	105	310	171	104	156	241	214	249	3. 18. 2	337	481
054	106	320	181	114	166	251	234	2. 14. 9	313	347	491
074	201	340	191	124	176	261	274	2. 1. 10	323	357	4. 10. 1
0. 11. 4		370	1. 10. 1	134	186		294	—	343	367	4. 11. 1
		380			196		2. 13. 4		353		4. 12. 1

412	414	437	582	594	5.3.11	683	6.8.11	715	854	11.11.3
432	434	447	592	5.11.4	5.7.11	6.14.3	———	756	827	11.11.5
472	454	467	5.11.2	525	———	614	761	766	838	11.11.7
492	474	487	5.15.2	545	621	634	771	727	———	11.2.8
4.13.2	494	4.10.7	5.17.2	565	651	615	722	7.10.7	961	———
4.17.2	4.11.4	4.11.7	503	575	661	625	752	768	952	12.12.7
413	425	469	513	536	681	655	762	7.14.9	9.10.2	———
423	445	———	523	556	691	665	772	———	924	13.13.9
433	455	511	533	586	6.14.1	675	713	881	994	———
443	465	521	553	596	652	685	723	813	9.11.4	14.10.11
453	475	531	593	517	672	6.14.5	743	823	927	
463	485	541	514	577	692	616	753	843	928	
483	495	551	524	578	613	676	763	873	———	
493	4.10.5	571	534	5.11.8	623	677	773	883		
4.10.3	4.14.5	591	544	559	643	687	714			
4.11.3	436	512	554	579	653	678	764			
4.12.3		532	574		673	689	7.10.4			
4.13.3		552								

Da nach der Symmetrie der rhombisch-bipyramidalen Klasse Flächen mit negativen Indizes denen mit lauter positiven gleichwertig sind, so sind bei der vorstehenden Zusammenstellung alle Vorzeichen weggelassen.

Bezeichnend für die systematische Uebersicht aller gefundenen Strukturebenen ist das Fehlen jeglichen Hinweises auf die charakteristischen Eigenschaften der flächen- oder innenzentrierten Raumgitter. Es ist deshalb berechtigt, den Olivin einem einfach eckenbesetzten Gittertyp zuzuordnen. (Lit. 9.)

VI. Drehspektrogramme.

1. Methode der Aufnahmen.

Zur Erzeugung der Spektrogramme diente die durch einen c.0,4 mm weiten Spalt abgeblendete K-Strahlung einer Molybdänantikathode. Spalt und Drehungsachse des orientierten Schliffes waren auf einem Goniometer parallel justiert, das zugleich als Träger der photographischen Kassette diente.

2. Beschreibung der Spektrogramme.

Außer dem „Hauptspektrum", das von der Schlifffläche des Präparates erzeugt wird, erschienen „Nebenspektren", die von schrägen Strukturebenen des Kristalles herrühren. Man kann sie mit Vorteil zur Strukturdeutung heranziehen. (Vergl. Lit. 17.)

3. Deutung der Spektrogramme.

Bedeuten: n die Ordnungszahl, λ die Wellenlänge, r die „Röntgenperiode“ [1]), α den Glanzwinkel, so kann aus der Formel: $n\lambda = 2r\sin\alpha$ bei gegebenem λ die Röntgenperiode berechnet werden. Zur Ermittelung von $\sphericalangle\alpha$ nach der Formel $\mathrm{tg}\, 2\alpha = \varrho/R$ mißt man den Abstand der Spektrallinie (ϱ) vom Einstich des Primärstrahles und den der Drehachse des Schliffes von der Schichtseite der photographischen Platte (R). Die Nebenspektren werden bei dem Verfahren von E. Schiebold (Lit. 15) auf dieselbe Weise gedeutet. Dazu wird ein Polarkoordinatensystem (ϱ, φ) in der photographischen Platte benutzt. Der Richtungswinkel φ ist mit dem bei der Drehung konstanten Winkel ($90-\delta$), den die Normale der jeweils reflektierenden Skrukturebene mit der Drehachse einschließt, verbunden durch die Gleichung: $\sin\delta = \sin\varphi\cos\alpha$. Da nun andererseits δ und α, sowie die Identitätsperiode (d)[1]) aus den Indizes {h k l} der Strukturebene berechnet werden können, so führt der Vergleich von gemessenem (δ, r) mit berechetem (δ, d) zur eindeutigen Festlegung derselben. In Tabelle (12) ist diese Zusammenstellung durchgeführt.

Hierzu ist folgendes zu bemerken: Es wurden Spektrogramme von den Schliffen parallel: (100), Drehung um b-Achse Pl. 4 [1a]; (100), Drehung um c-Achse Pl. 297c [1b]; desgl. Pl. 292c [1c]; (010), Drehung um a-Achse Pl. 287c [2a]; (010), Drehung um c-Achse Pl. 18 [2b]; (001), Drehung um b-Achse Pl. 6 [3a]; desgl. 296_B [3b]; (110), Drehung um c-Achse Pl. 24 [4a]; desgl. Pl. 22 [4b]; desgl. Pl. 17 [4c]; (120), Drehung um c-Achse Pl. 25 [5]; (101), Drehung um b-Achse Pl. 11 [6]; (011), Drehung um a-Achse Pl. 28 [7]; (111), Drehung um Projektion der c-Achse Pl. 15 [8]; (131), Drehung um Projektion der c-Achse Pl. 26 [9] in mehrfacher Zahl angefertigt. In Spalte 1 stehen die Indizes der gefundenen Strukturebenen, wobei die Ordnung des Spektrums wie üblich durch Vervielfachung der Indizes angegeben ist. Die 2. und 3. Spalte enthalten die gemessenen Röntgen- und berechneten Identitätsperioden[1]) und entsprechend die Spalten 4 und 5 die δ-Werte. Die r gem. sind Mittelwerte aus den beiden Komponenten der K-Strahlung, ihr mittlerer Fehler beträgt c. 1,5 %; die Genauigkeit der δ-Werte ist geringer, der mittlere Fehler kann auf c. 3 % geschätzt werden.

Tabelle 12.

Zusammenstellung der in den Drehungsspektrogrammen vom Olivin auftretenden Strukturebenen.

Index	r gem.	d ber.	δ gem.	δ ber.	Index	r gem.	d ber.	δ gem.	δ ber.	Index	r gem.	d ber.	δ gem.	δ ber.
1a.					130	2.750	2.820	52° 50′	54° 26′	101	3.880	3.793	40° 30′	38° 27′
200	2.389	2.420	0	0	230	1.972	1.985	32 55	34 54	103	1.820	1.875	70 00	67 14
400	1.146	1.210	0	0	330	1.435	1.463	25 40	23 46					
210	2.302	2.359	13° 20′	13° 07′	240	1.732	1.772	42 40	42 50	1 c.				
310	1.570	1.596	9 15	9 01	340	1.347	1.372	30 30	31 02	200	2.466	2.420	0	0
120	3.355	3.544	42 25	42 50	1b.					400	1.200	1.210	0	0
220	2.042	2.195	24 40	24 48	300[2])	1.616	1.613	0	0	101	3.798	3.793	40 00	38 27
320	1.520	1.542	17 00	17 15	400	1.216	1.210	0	0	202	1.872	1.896	39 30	38 27

1) Als „Identitätsperiode“ (d) wird der kleinste Abstand paralleler identischer Strukturebenen bezeichnet, als „Röntgenperiode“ (r) der kleinste Abstand paralleler gleichbelasteter Strukturebenen. Es ist stets $r \leq d$. (Vergl. Lit. 9. S. 488, 489.)

2) Wegen sehr geringer Intensität nicht mit Sicherheit erkennbar.

Index	r gem.	d ber.	δ gem.	δ ber.
2a.				
020	5.328	5.200	0	0
120	3.572	3.544	47° 30′	48° 11′
130	2.858	2.820	36 12	36 22
140	2.304	2.291	29 00	28 48
150	1.914	1.911	23 50	23 42
160	1.615	1.632	20 30	20 04
170	1.414	1.421	17 40	17 22
180	1.244	1.256	15 20	15 18
240	1.783	1.772	47 00	48 11
280	1.137	1.145	29 05	28 48
360	1.141	1.181	48 20	48 11
2b.				
020	5.13	5.20	0	0
021	3.812	3.956	41 30	40 26
041	2.356	2.392	22 25	23 05
061	1.634	1.667	15 05	15 47
042	1.916	1.978	41 10	40 26
062	1.480	1.507	32 05	34 42
082	1.139	1.196	21 50	23 05
063	1.287	1.319	40 20	40 26
3a.				
002	3.105	3.048	0	0
004	1.523	1.524	0	0
021	3.846	3.956	52 20	49 32
042	1.936	1.978	53 00	49 32
062	1.413	1.507	63 50	62 01
041	2.222	2.392	69 50	68 30
043	1.559	1.602	41 30	40 11
3b.				
002	3.053	3.048	0	0
003*	2.106	2.032	0	0
021	3.894	3.956	49 40	49 32
022	2.590	2.630	30 00	30 23
023	1.772	1.894	19 50	21 22
042	1.960	1.978	49 30	49 32
4a.				
260	1.272	1.410	0	0
111	3.175	3.563	35 22	35 44
112	2.338	2.510	54 00	55 12
222	1.650	1.782	35 05	35 44
331	1.319	1.425	13 10	13 31
332	1.230	1.321	28 10	25 38

Index	r gem.	d ber.	δ gem.	δ ber.
333	1.118	1.188	36° 15′	35° 44′
263	1.060	1.158	34 10	34 44
4b.				
130	2.665	2.820	0	0
131	2.240	2.559	23 10	24 48
133	1.600	1.649	57 55	44 12
111	3.115	3.563	38 45	35 44
112	2.515	2.505	54 30	55 12
113	1.875	1.841	66 40	64 52
222	1.790	1.782	36 10	35 44
260	1.360	1.410	0	0
330	1.460	1.463	0	0
331	1.427	1.425	14 40	13 31
332	1.365	1.321	28 25	25 38
4c.				
111	3.380	3.563	36 05	35 44
112	2.535	2.505	54 50	55 12
221	2.065	2.066	22 30	19 48
222	1.717	1.782	35 05	35 44
223	1.540	1.492	47 00	47 12
224	1.180	1.252	54 50	55 12
330	1.420	1.463	0	0
331	1.379	1.425	13 20	13 31
332	1.335	1.321	26 55	25 38
5.				
120	3.615	3.544	0	0
121	3.190	3.064	30 40	30 09
112	2.372	2.505	56 20	55 12
113	1.896	1.841	66 00	64 52
222	1.718	1.782	32 20	35 44
240	1.805	1.772	0	0
241	1.720	1.749	16 30	15 54
242	1.665	1.532	32 20	30 09
302*	1.334	1.427	26 45	27 56
304*	1.068	1.110	43 55	46 42
331	1.272	1.425	13 20	13 31
333	1.125	1.188	34 20	35 44
6.				
101	3.566	3.793	0	0
111	3.378	3.563	19 50	20 02
222	1.710	1.782	20 40	20 02
131	2.408	2.559	50 00	47 34
241	1.567	1.749	44.40	42 17

Index	r gem.	d ber.	δ gem.	δ ber.
7.				
021	3.925	3.956	0	0
041	2.432	2.392	0	0
061	1.521	1.667	0	0
131	2.616	2.559	33° 25′	32° 33′
241	1.716	1.749	46 40	47 21
331	1.433	1.425	64 30	64 00
020	5.350	5.20	0	0
120	3.532	3.544	46 40	48 11
130	2.854	2.820	35 30	36 22
140	2.318	2.291	28 30	28 48
150	1.906	1.911	23 05	23 42
210	2.419	2.359	75 30	82 43
240	1.765	1.772	47 40	48 11
8.				
111	3.648	3.563	0	0
112	2.551	2.505	+20° 30′	+19° 28′
121	2.226	3.064	+ 2 30	+ 3 19
123	1.691	1.764	+27 40	+25 19
124	1.516	1.401	+33 00	+31 44
210	2.398	2.359	−41 30	−34 52
212	2.00	1.866	0	+ 2 36
221	1.98	2.066	−17 00	−15 58
222	1.802	1.782	0	0
320	1.568	1.542	−37 30	−35 23
32$\bar{2}$	1.377	1.376	−65 10	−62 00
9.				
1$\bar{1}$0*	4.332	4.390	0	0
1$\bar{2}\bar{1}$	2.943	3.064	−57 50	−54 13
1$\bar{2}$2	2.303	2.312	+25 05	+24 49
1$\bar{3}$0	2.763	2.820	−24 40	−24 48
1$\bar{3}$1	2.548	2.559	0	0
1$\bar{3}$2	2.075	2.071	+18 40	+17 56
1$\bar{3}$3	1.699	1.649	+24 25	+23 18
1$\bar{3}$4	1.330	1.341	+39 15	+36 46
1$\bar{3}$5	1.155	1.120	+45 10	+41 46
1$\bar{6}\bar{1}$	1.502	1.576	−43 00	−38 37
1$\bar{6}$1	1.510	1.576	− 9 30	− 8 55
1$\bar{6}$3	1.238	1.273	+14 00	+14 41
2$\bar{4}\bar{2}$	1.522	1.532	−56 50	−54 13
2$\bar{4}\bar{1}$	1.671	1.749	−40 40	−41 45
2$\bar{4}$0	1.754	1.772	−26 05	−24 16
2$\bar{4}$4	1.146	1.156	+25 00	+24 49
2$\bar{6}$2	1.271	1.279	0	0
3$\bar{6}\bar{1}$	1.146	1.160	−37 50	−35 11
3$\bar{6}$0	1.180	1.181	−26 05	−24 16

Außer den Spektren (300) (C03) (302) (304) (110), die wegen sehr geringer Intensität unsicher sind, zeigt der Vergleich der berechneten und gemessenen Werte innerhalb der Fehlergrenzen die eindeutige Zuordnung der Spektren zu relativ einfachen Strukturebenen.

* Wegen sehr geringer Intensität nicht mit Sicherheit erkennbar.

4. Die Dimensionen des Parallelepipeds.

Zur Bestimmung der Dimensionen sind in Tabelle (13) nochmals die an den 3 Pinakoiden, sowie einfachsten Prismen und Bipyramiden beobachteten Röntgenperioden der Spektren in den verschiedenen Ordnungen zusammengestellt. Die Zahlen sind Mittelwerte aus Tabelle (12) unter Berücksichtigung des Gewichtes der Messungen. In Spalte (6) steht der daraus berechnete Mittelwert für das I. Spektrum.

Tabelle 13.

Ebene	Ordnung				Mittel	d ber.	Rel. Intensität			
	I.	II.	III.	IV.			I.	II.	III.	IV.
100	—	2.427	1.616*	1.204	4.839	4.840	—	4	1	4
001	—	3.062	2.106*	1.523	6.100	6.100	—	8	1	8
010	—	5.200	—	—	10.40	10.40	—	6	—	—
110	4.332*	2.152	1.440	—	4.319	4.390	1	2	5	—
120	3.519	1.769	1.174	—	3.516	3.544	7	8	4	—
130	2.806	1.360	—	—	2.763	2.820	8	5	—	—
101	3.746	1.872	—	—	3.745	3.793	5	4	—	—
011	—	2.590	—	—	5.180	5.260	—	2	—	—
021	3.866	1.937	1.287	—	3.867	3.956	7	3	7	—
111	3.442	1.717	1.122	—	3.413	3.563	4	8	3	—
131	2.524	1.271	—	—	2.533	2.559	7	2	—	—

* unsicher.

Es bedeuten: 1 = s. s. s. gerade noch wahrnehmbar; 2 = s. s., 3 = s. schwach; 4 = m. — s., 5 = m. mittel; 6 = m. st., 7 = st. stark; 8 = st. st. sehr stark

Das Verhältnis der Zahlen 4.839 : 10.40 : 6.100 stimmt innerhalb der Fehlergrenzen mit dem kristallographischen Achsenverhältnis 0.4657 : 1 : 0.5865 überein. Man kann demnach **das Parallelflach mit den Kanten $a = 4{,}84 \times 10^{-8}$ cm $b = 10{,}40 \times 10^{-8}$ cm $c = 6{,}10 \times 10^{-8}$ cm als Elementarparallelepiped** wählen. Daraus berechnen sich in bekannter Weise die d-Werte der übrigen Strukturebenen. (Vgl. Spalte 7.) Die Uebereinstimmung von Spalte (6) und (7), sowie in ausgedehnter Weise die Tabelle (12) zeigen, daß das Elementarparallelflach die richtigen Dimensionen besitzt.

5. Anzahl der Moleküle im Elementarparallelepiped.

Sie berechnet sich nach der Formel:

$$n = \frac{\text{Vol.} \times \text{spez. Gew.}}{\text{Mol.Gew.} \times 1{,}66 \times 10^{-24}} \qquad \text{Vol.} = a\,b\,c = 4{,}84 \,.\, 10{,}40 \,.\, 6{,}10 \times 10^{-24} \text{ ccm}$$

Da nach den eingangs angeführten Bestimmungen das Verhältnis von Fe : Mg = 1 : 6 ist, so ist das Molekulargewicht des benutzten Olivins

$$\frac{1}{7}(6\,Mg_2\,SiO_4 + 1\,Fe_2\,SiO_4) = 149{,}95, \text{ mithin } n = \frac{4{,}84 \,.\, 10{,}40 \,.\, 6{,}10 \,.\, 3{,}3}{149{,}95 \,.\, 1{,}66} = 4.07; \text{ d. h.}$$

in einem Elementarparallelepiped sind 4 Moleküle Olivin enthalten.*

* Die Abweichung von der Zahl 4 dürfte in Messungsfehlern der Röntgenperioden sowie der Bestimmung des spezifischen und Zusammensetzung des Mischkristalles begründet sein.

6. Die Raumgruppe des Olivins.

a) Herleitung aus den Spektrogrammen.

Bei Betrachtung der Tabelle (12) erkennt man, daß die Bipyramiden ohne Ausnahme normale Röntgenperioden besitzen. Mithin ist dem Olivin ein einfach primitives Parallelepiped zuzuordnen, das den Raumgruppen $\mathfrak{V}_h^1 - \mathfrak{V}_h^{16}$ zugrunde liegt.

Zur weiteren Differenzierung innerhalb dieser 16 Raumgruppen betrachten wir die Röntgenperioden der 3 Pinakoide und der Prismen. Eine eindeutige Festlegung der Raumgruppe scheitert an der Unsicherheit der wegen ihrer sehr geringen Schwärzung nicht deutlich erkennbaren Spektren (3C0) (003) (302) (304).

Aus der Tabelle (12) erkennt man mit voller Sicherheit:

1) in der Zone der {h k 0} Flächen sind alle Röntgenperioden normal (z. B. Nr. 2a.) r gem. stets = d ber.

2) in der Zone der {0 k l} Flächen, treten nur solche auf, deren zweiter Index k gerade ist (z. B. 021, 041, 061, 042, 063 usw. unter Nr. 2b).

3) Dies gilt nicht für die Flächen {h 0 l} (vgl. 101, 103 unter Nr. 1b).

Eine eingehende Diskussion (vgl. auch Lit. 9, S. 496) **führt mit Notwendigkeit darauf, daß nur die Raumgruppen $\mathfrak{V}_h^5$, $\mathfrak{V}_h^7$, $\mathfrak{V}_h^{16}$ zutreffen.**

α) Legt man nur die mit Sicherheit erkannten Spektren zugrunde, so folgen aus der Tabelle (12) noch die Bedingungen:

4) Die Pinakoide {100} {010} {001} besitzen $r = \frac{1}{2} d$, was in den Indizes (200) (400) (020) (002) (004) zum Ausdruck kommt.

5) Die Prismen {h 0 l} zeigen die Eigentümlichkeit, daß h + l gerade ist.

Die Bedingungen 1—5 sind nur mit der Gruppe $\mathfrak{V}_h^{16}$ verträglich.

β) Bei Zugrundelegung auch der unsicheren Spektren genügen die Raumgruppen $\mathfrak{V}_h^5$ und $\mathfrak{V}_h^7$ den Bedingungen. Eine sichere Entscheidung zwischen beiden läßt sich indessen aus obigen Gründen jetzt noch nicht treffen.

b) Kriterien der Lauediagramme und der Indizesfelder.

Unter Hinweis auf die Diskussion der Tabelle (11), die eine Zusammenstellung aller in den hergestellten Lauediagrammen auftretenden Strukturflächen gibt (S. 26, 27), folgt aus den Lauediagrammen mit Sicherheit, daß dem Olivin ein einfach primitives Gitter zugeordnet werden muß, also nur die Raumgruppen $\mathfrak{V}_h^1$ bis $\mathfrak{V}_h^{16}$ in Betracht kommen. Auch die übrigen Kriterien der drei obigen Gruppen finden sich, wenn auch mit entsprechend geringerer Schärfe erfüllt, wenn man nur stets die Flächen mit höchsten Indizes betrachtet.

Noch deutlicher als an Tabelle (11) kann dies Verhalten an den Indizesfeldern (Lit. 1) der 3 Pinakoide studiert werden.

Anmerkung: Die Grenzen der Felder sind berechnet 1) aus der kleinsten Wellenlänge des die Lauediagramme erzeugenden kontinuierlichen Spektrums, 2) aus den kleinsten und größten Glanzwinkeln und 3) aus dem größten Wert von J^2 (Inhalt des Elementarparallelogrammes der Gitterebene h k l), den die Indizes ergeben. (Lorentzfaktor.) In den Zeichnungen sind die möglichen Flächen als Punkte, die vorhandenen als Kreuze eingetragen. Haben zwei Flächen denselben Wert von J^2, so ist dasjenige Flächensymbol, für welches das Kreuz gilt, unterstrichen. (Wegen der herrschenden Druckschwierigkeiten sind diese Zeichnungen lediglich den Institutsakten einverleibt.)

7. Die Bauteile des Olivins.

Das Elementarparallelepiped enthält nach 5. 4 Moleküle Olivin $(Mg, Fe)_2 SiO_4$. Abgesehen von den vikariierenden Eisenatomen, die dem Mischungsverhältnis 1:6 entsprechend die Mg-Atome in unregelmäßiger Weise ersetzen (Lit. 6,13), stehen 8 Mg-, 4 Si-, 16 O-Atome zur Verfügung.

Entsprechend der gewöhnlichen Auffassung als Orthosilikat müßten sämtliche 16 0-Atome gleichwertig im Raumgitter verteilt sein. Die angegebenen Raumgruppen besitzen indessen im höchsten Falle nur 8 gleichwertige Punktlagen.* Es können deshalb nicht alle 16 0-Atome gleichwertig sein, d. h. aus einer einzigen Punktlage (m, n, p) abgeleitet werden, vielmehr sind sie in zweimal 8 aufzuteilen. In welcher Weise dies im einzelnen geschieht, kann noch nicht mit Sicherheit angegeben werden, wahrscheinlich sind Mg 0 und $Si\,0_2$ Baugruppen am Aufbau beteiligt. Als Resultat ergibt sich: **Der Olivin ist kein Orthosilikat, aber auch kein Metasilikat,** als welche er im üblichen chemischen Sinne aufgefasst wird (Lit. 19). Im letzteren Falle wären 12-zählige Punktlagen erforderlich, die in keiner der 28 Gruppen der rhombisch-bipyramidalen Klasse existieren. Am wahrscheinlichsten ist eine Strukturformel 4 $(Mg\,0 \,.\, Mg\,0 \,.\, Si\,0_2)$, die im Hinblick auf die Röntgenuntersuchungen Vegards über die Zirkongruppe (Lit. 20) in dieser ein Gegenstück findet.

* Dies ist für sämtliche Gruppen $\mathfrak{V}_h^1$–$\mathfrak{V}_h^{16}$ der Fall. (Lit. 9 S. 405).

Literatur.

1. G. Aminoff, Die Struktur des Pyrochroit. 1919.
2. W. H. u. W. L. Bragg, X-Rays and Crystal structure, London 1915.
3. W. H. Bragg, Phil. Mag. 1915 II. p. 305.
4. W. L. Bragg, Proc. Royal Soc. (A) 89, p. 248. 1913.
5. C. Hintze, Handbuch der Mineralogie, Leipzig 1897.
6. M. v. Laue, Festschrift der Dozenten der Univ. Zürich. 1914.
7. Ders., Ann. d. Phys. 56. 1918 p. 497—506.
8. E. Marx, Handbuch der Radiologie Bd. V. Leipzig 1919.
9. P. Niggli, Geometrie Kristallographie des Diskontinuums. Leipzig 1919.
10. Penfield u. E. H. Forbes, Zeitschr. f. Min. u. Krist. 46 p. 147.
11. F. Rinne, Sitzungsber. d. math.-phys. Klasse d. Kgl. Sächs. Ges. d. Wissensch. zu Leipzig. Bd. 67, 19. Juli 1915.
12. Ders., ebenda, Bd. 68. 25. Oktober 1915.
13. Ders., Zentralblatt f. Min. usw. 1919. Nr. 11, 12, S. 161—172.
14. Ders., Die Kristalle als Vorbilder des feinbaulichen Wesens der Materie. Berlin, Gebr. Borntraeger 1921.
15. Ders., Einführung in die krist. Formenlehre u. elem. Anl. zu krist.-opt. sowie röntgenogr. Untersuchungen. Leipzig 1919. (Drehmethode von E. Schiebold, S. 198 ff.)
16. E. Schiebold, Die Verwendung der Lauediagramme zur Bestimmung der Struktur des Kalkspates. Diss. Leipzig 1919 u. Abh. d. math.-phys. Klasse d. Sächs. Akad. d. Wiss. XXXVI. Bd. II. S. 69—213.
17. E. Seemann, Vollständige Spektraldiagramme v. Kristallen. Phys. Zeitschr. XX. 1919. S. 169.
18. M. Stark, Zusammenhang des Winkels der opt. Axen mit dem Verhältnis von Forsterit und Fayalit-Silikat beim Olivin. Tscherm. min. u. petr. Mitteil. Bd. 23, 1904. S. 451.
19. G. Tschermak, Sitzungsber. d. Kais. Akad. d. Wiss. in Wien, naturwiss. Abt. I 125 Bd. 1. u. 2. Heft, Wien 1916.
20. L. Vegard, Phil. Mag. July 1916. Nr. 187 p. 65. Nov. 1916. Nr. 191 p. 505.

2.

ÜBER DIE KRISTALLSTRUKTUR DES KOBALTGLANZES

VON

MAX MECHLING

MIT 5 FIGUREN

MITTEILUNG AUS DEM INSTITUT FÜR MINERALOGIE UND PETROGRAPHIE DER UNIVERSITÄT LEIPZIG*)
N. FOLGE (SEIT 1909) NR. 133

*) Leitung der Arbeit durch F. RINNE und E. SCHIEBOLD. Abgeschlossen August 1920.

Es ist üblich, den Kobaltglanz der dyakisdodekaedrischen Klasse des isometrischen Systems zuzuzählen. Die hauptsächlichsten Formen, in denen er auftritt, sind der Würfel {100}, das Oktaeder {111} und das Pentagondodekaeder {210}, seltener sind das Rhombendodekaeder {110}, ferner die Formen {320}, {410}, {221}, {433}, {211}, {522}, {321}, {432}. Der Habitus der Kobaltglanzkristalle ist würfelig, oktaedrisch oder pyritoedrisch. Schien somit die Tatsache der Zugehörigkeit des Kobaltglanzes zur pinakoidalen Stufe des isometrischen Systems festzustehen, so fehlte doch noch eine kritische Untersuchung in der Hinsicht, sei es unter Heranziehung der Aetzerscheinungen, sei es auf röntgenometrischem Wege. Der letztere ist in vorliegender Studie eingeschlagen, wie er entsprechend beim Eisenkies und Hauerit von W. H. und W. L. Bragg (Lit. 2) sowie P. P. Ewald (Lit. 3) begangen ist. Ihre Forschungen haben die Zugehörigkeit dieser Minerale zur dyakisdodekaedrischen Klasse bestätigt. Den Ullmannit weist Bragg (Lit. 2) der kubischen Tetartoedrie zu. Hinsichtlich des Kobaltglanzes spricht Bragg (Lit. 2) auf Grund von theoretischen Erwägungen die Vermutung aus, daß diesem Mineral eine niedrigere Symmetrie zukomme, als gemeinhin angenommen wird, es also aus der dyakisdodekaedrischen in die tetraedrisch-pentagondodekaedrische Klasse zu versetzen sei.

In der vorliegenden Arbeit ist der Versuch gemacht, die Berechtigung dieser Vermutung nachzuprüfen und die Kristallstruktur des Kobaltglanzes mit Hilfe von Lauediagrammen und Drehspektralaufnahmen zu bestimmen.

Als Material standen mir Kobaltglanzkristalle von Tunaberg zur Verfügung. Sie hatten einen Durchmesser von ca. 1 cm, an ihnen waren die Formen {100}, {111} und {210} ausgebildet. Es wurden Schliffe nach den kristallographischen Hauptebenen hergestellt.

Die Aufnahme der Lauediagramme geschah im weißen Röntgenlichte mit Hilfe einer Lilienfeldröhre mit Wolframantikathode (Lit. 14). Die Drehspektralaufnahmen wurden mit der dichromatischen Röntgenstrahlung einer Röhre mit Molybdänantikathode hergestellt. (Lit. 16).

Lauediagramme.

Die Photogramme nach dem Laue-Verfahren geben infolge der zentrischen Symmetrie des Laue-Effektes im vorliegenden Falle keinen eindeutigen Aufschluß über die Zugehörigkeit zu einer bestimmten Kristallklasse, sie sind sowohl mit der Annahme dyakisdodekaedrischer als auch tetraedrisch-pentagondodekaedrischer Symmetrie verträglich. Die Entscheidung liefert erst die Auswertung der Drehspektralaufnahmen.

Das Lauediagramm auf {100} Fig. 1 wurde unter Zugrundelegung der Formel (Lit. 14) berechnet: $h : k : l = 1 : \cos \varphi \operatorname{cotg} \alpha : \sin \varphi \operatorname{cotg} \alpha$, worin φ und α Polarkoordinaten bedeuten. Die Abkürzungen sind:

α = Glanzwinkel der reflektierenden Fläche, λ = reflektierte Wellenlänge in 10^{-8} cm, d = Gitterkonstante der Netzebenserie in 10^{-8} cm, i = gemessene Intensität in relativen Einheiten.

Tabelle 1.

Ungerade Indices:

Nr.	Index	α	λ	d	i	Nr.	Index	α	λ	i
1	175	7°0'	0,159	0,653	8	10	157	6°40'	0,151	8
2	173	7°50'	0,199	0,736	10	31	137	7°40'	0,196	10
4	171	8°50'	0,243	0,792	5	86	117	8°40'	0,241	5
13	153	9°40'	0,320	0,955	5	33	135	10°0'	0,330	5
15	151	11°0'	0,416	1,090	11	88	115	11°10'	0,420	11
39	131	17°40'	1,033	1,701	1	105	113	17°40'	1,033	1
42	391	18°30'	0,342	0,512	4	97	319	18°30'	0,342	4
51	3. 11. 3	14°50'	0,245	0,479	3	91	3. 3. 11	15°0'	0,248	3
52	3. 11. 5	14°0'	0,219	0,452	4	83	3. 5. 11	14°0'	0,219	4
36*	133	13°20'	0,599	1,300	8	—	—	—	—	—
68*	377	17°0'	0,318	0,544	5	—	—	—	—	—

Tabelle 2.

Zwei gleiche Indices:

Nr.	Index	α	λ	d	i	Nr.	Index	α	λ	i
4	171	8°50'	0,243	0,792	5	86	117	8°40'	0,234	5
6	161	9°40'	0,307	0,917	11	87	116	9°40'	0,307	11
15	151	11°0'	0,416	1,090	11	88	115	11°10'	0,420	11
28	141	13°40'	0,627	1,330	8	90	114	13°40'	0,627	8
39	131	17°40'	1,033	1,701	1	105	113	17°40'	1,033	1
51	3. 11. 3	14°50'	0,245	0,479	3	91	3. 3. 11	15°0'	0,248	3
55	3. 10. 3	16°0'	0,287	0,519	4	92	3. 3. 10	16°10'	0,289	4
20	292	12°50'	0,266	0,601	3	89	229	12°40'	0,263	3
33*	144	10°0'	0,342	0,983	6	—	—	—	—	—
36*	133	13°20'	0,599	1,301	8	—	—	—	—	—
45*	277	11°30'	0,222	0,560	5	—	—	—	—	—
67*	255	16°0'	0,425	0,769	2	—	—	—	—	—
68*	377	17°0'	0,318	0,544	5	—	—	—	—	—
80*	122	21°30'	0,302	0,413	5	—	—	—	—	—

* Auf den Spuren der Rhombendodekaederebenen liegende Punkte können in einem Quadranten nur einmal auftreten.

Tabelle 3.

Flächen mit einem Index = 0.

Nr.	Index	α	λ	d	i	Nr.	Index	α	λ	i
—	—	—	—	—	—	98	107	8°20′	0,230	4
5	160	9°50′	0,316	0,929	12	—	—	—	—	—
17	150	11°30′	0,441	1,110	5	100	105	11°30′	0,441	7
30	140	14°0′	0,663	1,370	8	102	104	14°0′	0,663	7
43	130	18°30′	1,134	1,790	5	104	103	18°30′	1,134	6
49	270	16°0′	0,427	0,776	4	103	207	16°0′	0,427	7
57*	310	16°50′	0,315	0,544	4	—	—	—	—	—
—	—	—	—	—	—	101	209	12°40′	0,269	6
—	—	—	—	—	—	99	2. 0. 11	10°30′	0,163	7

Tabelle 4.

Gemischte Indices:

Nr.	Index	α	λ	d	i	Nr.	Index	α	λ	i
3	172	8°10′	0,218	0,769	9	70	127	8°0′	0,214	11
7	163	8°30′	0,245	0,833	11	32	136	8°40′	0,250	10
8	164	7°50′	0,210	0,776	12	—	—	—	—	—
9	165	7°10′	0,178	0,718	6	11	156	7°20′	0,183	9
12	154	8°30′	0,267	0,872	3	—	—	—	—	—
14	152	10°30′	0,374	1,030	10	73	125	10°40′	0,381	9
16	2. 10. 1	11°20′	0,216	0,554	3	—	—	—	—	—
18	2. 11. 1	10°20′	0,181	0,505	4	—	—	—	—	—
19	291	12°30′	0,261	0,607	4	93	219	12°30′	0,261	8
21	295	11°10′	0,208	0,538	3	64	259	11°10′	0,208	6
23	287	10°50′	0,197	0,524	6	—	—	—	—	—
24	143	11°30′	0,441	1,110	6	34	134	11°30′	0,441	6
25	285	12°0′	0,243	0,586	7	—	—	—	—	—
26	142	12°40′	0,540	1,235	5	75	124	12°40′	0,540	7
27	283	13°10′	0,291	0,643	9	—	—	—	—	—
29	281	14°0′	0,329	0,680	8	—	—	—	—	—
35	267	12°30′	0,259	0,599	3	—	—	—	—	—
37	265	14°50′	0,358	0,701	6	66	256	15°0′	0,368	6
38	132	15°40′	0,815	1,510	8	77	123	15°30′	0,806	5
40	392	18°0′	0,358	0,582	4	—	—	—	—	—
41	261	18°20′	0,554	0,883	2	—	—	—	—	—
44	279	10°0′	0,169	0,487	5	—	—	—	—	—
46	275	13°10′	0,291	0,640	9	65	257	13°20′	0,295	4
47	273	14°50′	0,368	0,718	6	84	237	14°50′	0,368	5
48	271	15°50′	0,420	0,769	4	—	—	—	—	—
53	3. 10. 5	14°0′	0,236	0,487	3	—	—	—	—	—
54	3. 10. 4	15°30′	0,269	0,505	4	—	—	—	—	—
56	3. 10. 1	16°40′	0,309	0,539	2	96	3. 1. 10	16°50′	0,312	3
59	251	20°40′	0,723	1,027	2	—	—	—	—	—
63	253	19°0′	0,596	0,917	3	81	235	18°40′	0,584	5
69	128	7°0′	0,165	0,680	8	—	—	—	—	—
71	126	9°10′	0,281	0,883	5	—	—	—	—	—
72	2. 4. 11	10°0′	0,165	0,475	4	—	—	—	—	—
74	249	11°40′	0,226	0,560	4	—	—	—	—	—
76	247	14°0′	0,329	0,680	10	—	—	—	—	—
85	239	12°0′	0,241	0,583	8	—	—	—	—	—

* Vergl. Anmerkung Seite 40.

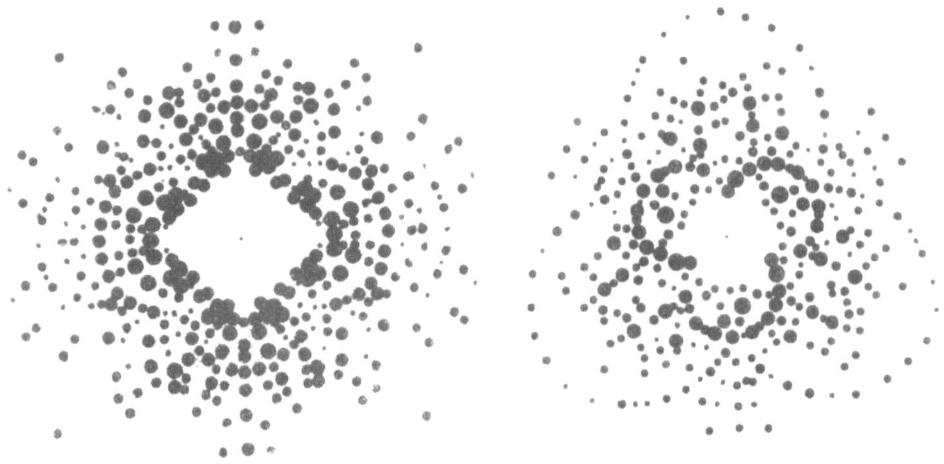

Fig. 1.
Kobaltglanz. Lauediagramm von {001}

Fig. 2.
Kobaltglanz. Lauediagramm von {111}

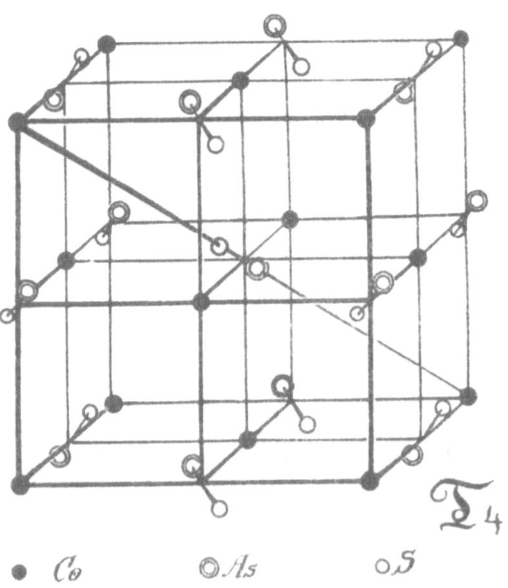

Fig. 3.
Elementarkörper des Kobaltglanzes.

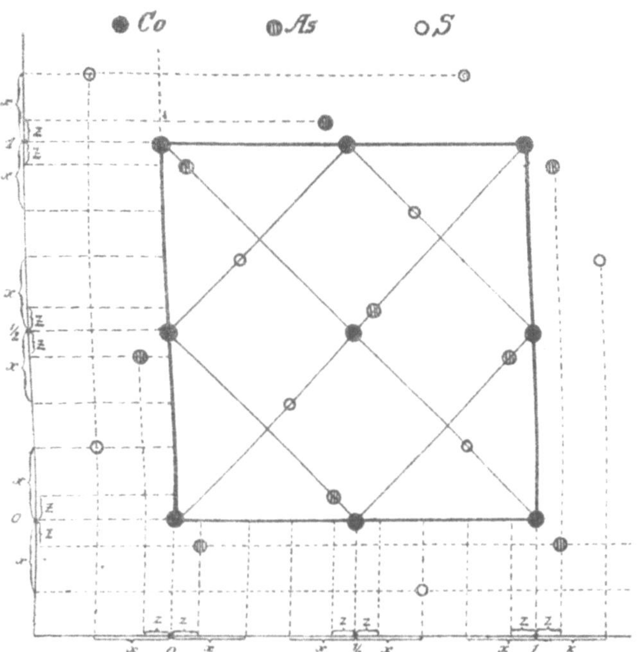

Fig. 4.
Schema der Atomverteilung im Kobaltglanz.

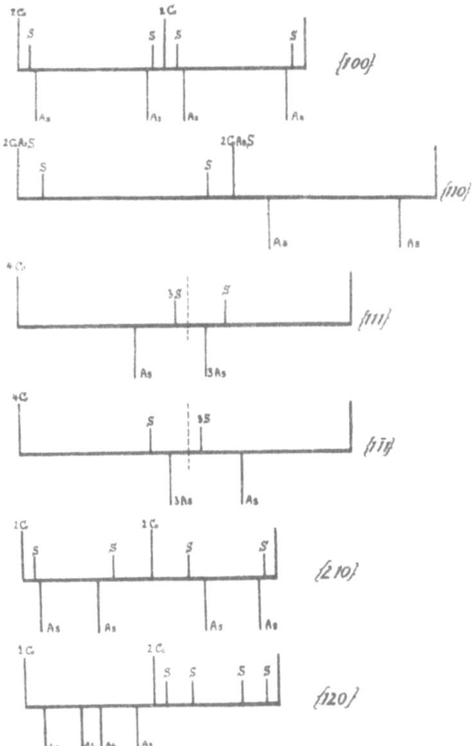

Fig. 5.
Belastungsschemata wichtiger Ebenen im Kobaltglanz.

Das Lauediagramm {111} Fig. 2 zeigt das Fehlen von Symmetrieebenen, dafür aber die jedem isometrischen Körper zukommende Trigyre, entspricht also den Symmetriebedingungen beider Kristallklassen, die für den Kobaltglanz in Frage kommen. Die Indices wurden bestimmt nach der Formel (Lit. 14).

$$h:k:l = \left(\frac{\operatorname{tg}\alpha}{\cos\varphi} + \frac{\operatorname{tg}\varphi}{\sqrt{2}} - \frac{\sqrt{3}}{\sqrt{2}}\right) : \left(\frac{\operatorname{tg}\alpha}{\cos\varphi} + \frac{\operatorname{tg}\alpha}{\sqrt{2}} + \frac{\sqrt{3}}{\sqrt{2}}\right) : \left(\frac{\operatorname{tg}\alpha}{\cos\varphi} - \sqrt{2}\operatorname{tg}\alpha\right)$$

Tabelle 5.

Ungerade Indices:

Nr.	Index	α	λ	d	i	Nr.	Index	α	λ	i
1	$33\bar{5}$	5°20′	0,159	0,861	11	16	$3\bar{5}3$	5°20′	0,159	11
3	$31\bar{3}$	7°40′	0,345	1,301	10	14	$3\bar{3}1$	7°40′	0,345	10
6	$9\bar{1}\bar{5}$	9°30′	0,180	0,549	7	11	$9\bar{5}\bar{1}$	9°20′	0,178	7
17	$5\bar{1}\bar{3}$	5°30′	0,183	0,955	3	32	$5\bar{3}\bar{1}$	5°20′	0,935	3
19	$11.\bar{3}.\bar{5}$	8°20′	0,396	0,452	8	34	$11.\bar{5}.\bar{3}$	8°10′	0,392	8
22	$7\bar{3}\bar{1}$	13°0′	0,330	0,736	7	36	$7\bar{1}\bar{3}$	13°0′	0,330	7
29	$7\bar{5}3$	18°50′	0,393	0,620	2	42	$73\bar{5}$	19°0′	0,401	2
31	$1\bar{1}1$	19°30′	2,125	3,270	4	44	$11\bar{1}$	20°0′	2,136	4
40	$51\bar{3}$	17°0′	0,553	0,954	2	26	$5\bar{3}1$	16°40′	0,545	2
47	$53\bar{5}$	13°20′	0,339	0,736	9	61	$5\bar{5}3$	13°0′	0,331	9
50	$73\bar{7}$	9°50′	0,184	0,544	4	59	$7\bar{7}3$	9°30′	0,178	4
79	$9\bar{3}\bar{1}$	17°30′	0,355	0,592	4	86	$9\bar{1}\bar{3}$	17°30′	0,355	4
91	$7\bar{5}1$	11°20′	0,256	0,652	9	106	$71\bar{5}$	11°30′	0,258	9
98	$9\bar{7}3$	14°0′	0,232	0,479	3	108	$93\bar{7}$	14°0′	0,232	3
9	$3\bar{1}\bar{1}$	9°50′	0,581	1,701	9	—	—	—	—	—

Tabelle 6.

2 gleiche Indices:

Nr.	Index	α	λ	d	i	Nr.	Index	α	λ	i
1	$33\bar{5}$	5°20′	0,159	0,861	11	16	$3\bar{5}3$	5°20′	0.159	11
44	$11\bar{1}$	20°0′	2 136	3,270	4	31	$1\bar{1}1$	19°50′	2,125	4
55	$55\bar{4}$	13°30′	0,323	0,696	3	68	$5\bar{4}5$	13°10′	0,312	3
56	$22\bar{3}$	8°0′	0,380	1,370	5	70	$2\bar{3}2$	7°50′	0,374	5
112	$33\bar{4}$	11°20′	0,382	0,969	3	69	$3\bar{4}3$	11°10′	0,378	3
9*	$3\bar{1}\bar{1}$	9°50′	0,581	1,701	9	—	—	—	—	—
74*	$5\bar{2}\bar{2}$	5°30′	0,189	0,983	4	—	—	—	—	—
75*	$10.\bar{3}.\bar{3}$	12°0′	0,214	0,519	3	—	—	—	—	—
76*	$7\bar{2}\bar{2}$	14°0′	0,360	0,748	4	—	—	—	—	—
77*	$4\bar{1}\bar{1}$	15°40′	0,718	1,330	4	—	—	—	—	—

Tabelle 7.

Flächen mit einem Index = 0.

Nr.	Index	α	λ	d	i	Nr.	Index	α	λ	i
5	$30\bar{2}$	9°10′	0,499	1,570	9	12	$3\bar{2}0$	9°0′	0,489	11
38	$20\bar{1}$	15°0′	1,298	2,520	6	24	$2\bar{1}0$	14°40′	1,275	4
72	$40\bar{3}$	6°30′	0,255	1,130	8	71	$4\bar{3}0$	6°20′	0,249	6
102	$50\bar{3}$	11°30′	0,389	0,969	4	90	$5\bar{3}0$	11°40′	0,398	2

* Vergl. Anmerkung Seite 4.

Tabelle 8.

Gemischte Indices:

Nr.	Index	α	λ	d	i	Nr.	Index	α	λ	i
2	$32\bar{4}$	6°20′	0,231	1,050	14	15	$3\bar{4}2$	6°0′	0,226	3
4	$61\bar{5}$	8°30′	0,211	0,718	8	13	$6\bar{5}1$	8°10′	0,209	8
7	$6\bar{1}\bar{3}$	9°50′	0,283	0,833	9	10	$6\bar{3}\bar{1}$	9°30′	0,273	11
18	$4\bar{1}\bar{2}$	7°0′	0,299	1,230	13	33	$4\bar{2}\bar{1}$	7°0′	0,299	3
20*	$8\bar{3}\bar{2}$	11°10′	0,248	0,644	8	—	—	—	—	—
21	$5\bar{2}\bar{1}$	12°0′	0,427	1,030	4	35	$5\bar{1}\bar{2}$	12°0′	0,427	3
23	$9\bar{4}\bar{1}$	13°30′	0,571	0,265	1	37	$9\bar{1}\bar{4}$	13°40′	0,269	2
25	$7\bar{4}1$	16°0′	0,383	0,696	5	39	$7\bar{1}\bar{4}$	16°10′	0,386	6
27	$8\bar{5}2$	17°10′	0,345	0,586	1	—	—	—	—	—
28	$3\bar{2}1$	17°40′	0,918	3,020	4	41	$31\bar{2}$	18°0′	0,925	3
30	$5\bar{4}3$	19°0′	0,518	0,799	2	43	$53\bar{4}$	19°10′	0,525	3
45	$43\bar{4}$	15°20′	0,462	0,883	5	63	$4\bar{4}3$	15°0′	0,451	4
46	$32\bar{3}$	14°20′	0,592	1,210	5	62	$3\bar{3}2$	14°0′	0,585	4
48	$74\bar{7}$	12°20′	0,224	0,528	3	—	—	—	—	—
49	$21\bar{2}$	11°0′	0,720	1,883	9	60	$2\bar{2}1$	10°50′	0,712	8
51	$52\bar{5}$	9°0′	0,234	0,769	8	58	$5\bar{5}2$	8°50′	0,231	9
52	$53\bar{6}$	8°0′	0,190	0,675	4	64	$5\bar{6}3$	7°50′	0,186	8
53	$43\bar{5}$	10°0′	0,276	0,799	6	—	—	—	—	—
57	$4\bar{4}1$	5°30′	0,983	0,189	4	—	—	—	—	—
65	$45\bar{6}$	11°0′	0,244	0,643	7	—	—	—	—	—
66	$56\bar{7}$	12°30′	0,233	0,539	7	—	—	—	—	—
73	$71\bar{6}$	7°20′	0,156	0,610	3	—	—	—	—	—
80	$6\bar{2}\bar{1}$	15°30′	0,469	0,883	2	84	$6\bar{1}\bar{2}$	15°30′	0,469	3
82	$9\bar{3}\bar{2}$	13°30′	0,272	0,583	4	83	$9\bar{2}\bar{3}$	13°30′	0,272	2
85	$10.\ 1\ \bar{4}$	15°0′	0,282	0,549	4	—	—	—	—	—
92	$5\bar{4}1$	10°0′	0,302	0,872	2	104	$51\bar{4}$	9°50′	0,297	6
94	$61\bar{4}$	13°30′	0,361	0,776	4	—	—	—	—	—
95	431	12°40′	0,486	1,110	3	107	$41\bar{3}$	13°0′	0,499	2
97	$72\bar{5}$	15°0′	0,331	0,640	4	—	—	—	—	—
100	476	16°30′	0,318	0,560	4	—	—	—	—	—
110	$5\bar{6}\bar{3}$	16°0′	0,372	0,675	4	—	—	—	—	—
111	$4\bar{5}\bar{2}$	16°0′	0,463	0,842	3	—	—	—	—	—

Indicesfeld.

Auf Grund der Lauediagramme wurden die Indicesfelder für {100} und {111} in der üblichen Weise berechnet (Lit. 1), und zwar aus der minimalen Wellenlänge, dem maximalen Glanzwinkel und dem Lorentzfaktor. Sie bestätigen die Ergebnisse der weiteren Strukturanalyse. An geeigneter Stelle wird darauf hingewiesen werden.

Für {100} gelten die Beziehungen:

$$\sin 7^\circ < \sin \alpha = \frac{1}{J}; \; < \sin 2^\circ 130'; \; 0{,}151 < \lambda = \frac{2\,al}{J^2}; \; J^2 \max = 155$$

Für {111} sind die entsprechenden Beziehungen:

$$\sin 5^\circ 20' < \sin \alpha = \frac{h+k+l}{J\sqrt{3}} < 20^\circ 0'; \; 0{,}159 < \lambda = \frac{2a}{J^2} \cdot \frac{h+k+l}{\sqrt{3}}; \; J^2 \max = 150.$$

* Vergl. Anmerkung Seite 4.

Gitterkonstante.

Um über die absoluten Dimensionen des dem Kobaltglanz zu Grunde liegenden Gitters etwas aussagen zu können, wurden mehrere Spektralaufnahmen in dichromatischer Röntgenstrahlung angefertigt, zunächst nach {100}. Auf Grund der Braggschen Gleichung $n \cdot \lambda = 2\,r \sin\alpha$ und der bekannten Wellenlänge λ der k α — u. kβ — Strahlung einer Molybdänantikathode ($\lambda_\alpha = 0{,}713 \cdot 10^{-8}$ cm) ($\lambda_\beta = 0{,}633 \cdot 10^{-8}$) ergab sich als Mittel aus mehreren Aufnahmen die Gitterkonstante parallel {100} zu $a = 5{,}65 \cdot 10^{-8} \pm 0{,}02$ cm. Dieser Wert wird durch das Indicesfeld bestätigt, indem tatsächlich alle gefundenen Gitterebenen innerhalb des durch diesen Wert angegebenen Bereichs fallen.

Anzahl der Moleküle im Elementarwürfel.

Aus der bekannten Gitterkonstanten a berechnet sich die Anzahl der Moleküle im Elementarwürfel wie folgt. Wenn bedeuten:

n = Anzahl der Moleküle, Co As S = Molekulargewicht von Kobaltglanz, $1{,}64 \cdot 10^{-24}$ g = absolutes Gewicht eines Wasserstoffatoms, 6,0 = spezifisches Gewicht von Kobaltglanz, so besteht die Beziehung:

$$a^3 = \frac{n \cdot \mathrm{Co\,As\,S} \cdot 1{,}64 \cdot 10^{-24}}{6{,}0}\ \mathrm{cm}^3$$

Hieraus folgt der Wert n = 3,97. Im Elementarwürfel sind also 4 Moleküle enthalten. Der genaue Wert der Gitterkonstanten a' bei genau 4 Molekülen berechnet sich dann zu $a' = 5{,}66 \times 10^{-8}$ cm.

Röntgenperioden.

Zur Bestimmung der Raumgruppe, welcher der Kobaltglanz angehört, wurden weitere Spektralaufnahmen nach den kristallographischen Hauptebenen angefertigt. Aus ihnen konnten die Röntgenperioden nach (100), (110) und (111) berechnet werden. Die Messungen und Berechnungen ergaben das in folgender Tabelle zusammengefasste Resultat.

Röntgenperioden an Co As S (Molybdän-K-Strahlung.)

	I. Spektrum		II. Spektrum						
Ebene	kα	kβ	kα	kβ	r. gem.	d. ber.	Intensität	gem.Verh.	ber. Ver.
100	7°16′	6°26′	14°38′	12°58′	2,821	2,830	1. Spektr. stark 2. „ schwach	1	1
110	4°58′	4°25′	9°55′	8°50′	4,117	4,002	1. Sp. sehr schw. 2. Spektr. stark	: 1,459	$: \sqrt{2}$
111	6°10′	5°19′	12°30′	11°6′	3,286	3,271	1. Spektr. stark 2. „ schwach	: 1,164	$: \frac{2}{\sqrt{3}}$

Die Uebereinstimmung zwischen den berechneten und den gemessenen Werten ist genügend, um das Verhältnis der Röntgenperioden als eindeutig festliegend anzunehmen.

Raumgruppe.

Dem gefundenen Verhältnis der Röntgenperioden entsprechen folgende Raumgruppen: In der dyakisdodekaedrischen Klasse $\mathfrak{T}_h^2$ und in der tetraedrisch pentagondodekaedrischen Klasse $\mathfrak{T}^4$.

Die Raumgruppe $\mathfrak{T}_h^2$ muss aber aus folgenden Gründen ausscheiden.

$\mathfrak{T}_h^2$ enthält nach Niggli (Lit. 11, Seite 363 und 410) nur 2 vierzählige Punktlagen ohne Freiheitsgrad, das sind

$$\tfrac{1}{4}\,\tfrac{1}{4}\,\tfrac{1}{4};\ \tfrac{3}{4}\,\tfrac{3}{4}\,\tfrac{1}{4};\ \tfrac{3}{4}\,\tfrac{1}{4}\,\tfrac{3}{4};\ \tfrac{1}{4}\,\tfrac{3}{4}\,\tfrac{3}{4}.\quad \tfrac{3}{4}\,\tfrac{3}{4}\,\tfrac{3}{4};\ \tfrac{1}{4}\,\tfrac{1}{4}\,\tfrac{3}{4};\ \tfrac{1}{4}\,\tfrac{3}{4}\,\tfrac{1}{4};\ \tfrac{3}{4}\,\tfrac{1}{4}\,\tfrac{1}{4}$$

mit der Symmetriebedingung C_{3i}.

Ausserdem besitzt diese Gruppe noch eine 2zählige Punktlage, nämlich 000 $\frac{1}{2}\,\frac{1}{2}\,\frac{1}{2}$ mit der Symmetriebedingung T, schliesslich eine sechszählige Punktlage

$$\tfrac{1}{2}\,\tfrac{1}{2}\,0;\ \tfrac{1}{2}\,0\,\tfrac{1}{2};\ 0\,\tfrac{1}{2}\,\tfrac{1}{2};\ \tfrac{1}{2}\,0\,0;\ 0\,\tfrac{1}{2}\,0;\ 0\,0\,\tfrac{1}{2}$$

mit der Symmetriebedingung V.

Da wir nach dem Vorhergehenden 4 Moleküle Co As S im Elementarwürfel unterzubringen haben, werden also 3 vierzählige Punktlagen gefordert, diese sind aber in der Gruppe $\mathfrak{T}_h^2$ nicht möglich.

M i t h i n b l e i b t f ü r d e n K o b a l t g l a n z a l s e i n z i g m ö g l i c h e R a u m g r u p p e $\mathfrak{T}^4$ ü b r i g.

Die Raumgruppe $\mathfrak{T}^4$ besitzt viererlei Scharen sich nicht schneidender (windschiefer) gleichwertiger trigonaler Drehungsachsen $[111]^{00}$ $[1\bar{1}1]^{\frac{1}{2}\frac{1}{2}}$ $[11\bar{1}]^{\frac{1}{2}0}$ $[1\bar{1}\bar{1}]^{0\frac{1}{2}}$, sowie 8 trigonale Schraubenachsen und 12 digonale Schraubenachsen parallel den Würfelkanten:

$$[100]^{\frac{1}{4}0}\quad [100]^{\frac{3}{4}\frac{1}{2}}\quad {}^{0\frac{1}{4}}[010]\quad {}^{\frac{1}{2}\frac{3}{4}}[010]\quad [001]_{\frac{1}{4}0}\quad [001]_{\frac{3}{4}\frac{1}{2}}\quad [100]^{\frac{3}{4}0}\quad [100]^{\frac{1}{4}\frac{1}{2}}\quad {}^{0\frac{3}{4}}[0\bar{1}0]$$

$${}^{\frac{1}{2}\frac{1}{4}}[010]\quad [001]_{\frac{3}{4}0}\quad [001]_{\frac{1}{4}\frac{1}{2}}$$

Punktlagen ohne Freiheitsgrad sind nicht vorhanden, solche mit einem Freiheitsgrad liegen auf den trigonalen Achsen. Ihre Zähligkeit ist gleich 4 mit der Symmetriebedingung C_3. Die Ausgangslage kann beliebig gewählt werden.

Es ist in Analogie mit Eisenkies zu vermuten, dass die Kobaltatome ein flächenzentriertes Gitter bilden, während die Arsen- und Schwefelatome hantelartig paarweise auf den trigonalen Achsen liegen, welche jetzt im Gegensatz zu Eisenkies d u r c h d i e V e r s c h i e d e n h e i t v o n A r s e n u n d S c h w e f e l p o l a r s i n d. Die Struktur des Kobaltglanzes würde demnach aus der des Eisenkieses hervorgehen, wenn man die Hälfte der Schwefelatome durch Arsenatome ersetzt. An sich ist in dieser Raumgruppe auch die Möglichkeit vorhanden, dass die Kobaltatome selbst eine geringe Abweichung von der Null-Lage zeigen, also nicht genau ein flächenzentriertes Gitter bilden, wie das bereits R. Gross bei dem von ihm theoretisch aufgestellten Fall des Ni SbS erörtert hat (Lit. 6). Auch dann noch würden die Symmetriebedingungen von $\mathfrak{T}^4$ erfüllt sein. Diese Abweichung wäre dadurch zu erklären, dass die Kobaltatome im Gegensatz zum Eisenkies abwechselnd von je 3 Schwefel- und 3 Arsenatomen umgeben sind, welche verschiedene Anziehungskraft auf sie ausüben. Es wurde bei der Berechnung des Strukturfaktors auf diese Möglichkeit Rücksicht genommen. Indessen darf man wohl aus der nach {100} vollkommenen Spaltbarkeit schliessen, dass die Kobaltatome sehr nahe ein flächenzentriertes Gitter bilden müssen. Auch das röntgenometrische Verhalten bestätigt diese Annahme (vergl. die Indicesfelder, wo ungerade Indices häufig auftreten).

Strukturfaktor.

Nachdem nunmehr die Raumgruppe für Kobaltglanz bestimmt ist, lassen sich die Koordinaten der einzelnen Atome wie folgt festlegen. Eine von den flächenzentrierten Punktlagen wählen wir dabei als Koordinatenursprung 000. Dann haben die Co-, S- und As-Atome folgende Lagen:

Co:	S:	As:
$s \quad s \quad s$	$\frac{1}{2}+x,\ \frac{1}{2}+x,\ \frac{1}{2}+x$	$\frac{1}{2}+z,\ \frac{1}{2}+z,\ \frac{1}{2}+z$
$\frac{1}{2}+s,\ \frac{1}{2}-s,\ -s$	$x,\ -x,\ \frac{1}{2}-x$	$z,\ -z,\ \frac{1}{2}-z$
$-s,\ \frac{1}{2}+s,\ \frac{1}{2}-s$	$\frac{1}{2}-x,\ x,\ -x$	$\frac{1}{2}-z,\ z,\ -z$
$\frac{1}{2}-s,\ -s,\ \frac{1}{2}+s$	$-x,\ \frac{1}{2}-x,\ x$	$-z,\ \frac{1}{2}-z,\ z$

Hierbei ist z in Analogie mit Eisenkies als negativer Wert aufzufassen.

Der lineare Abstand der Atome von bestimmten Fixpunkten ist dann z. B. folgender:

$s\sqrt{3}$ = Abstand eines Co-Atoms vom Nullpunkt

$(\frac{1}{2}+x)\sqrt{3}$ = „ „ S- „ „ „ $x > 0$

$(\frac{1}{2}+z)\sqrt{3}$ = „ „ As- „ „ „ $z < 0$

Die Werte sind alle bezogen auf die Kantenlänge a des Elementarwürfels ($a = 5{,}65 \cdot 10^{-8}$ cm) als Einheit.

Der Strukturfaktor einer Gitterebene (h k l) besteht in einem System ineinander gestellter (im vorliegenden Falle 12) einfacher Gitter aus einer Summe von Cosinus- und einer Summe von Sinus-Gliedern. Die Intensität ist der Summe der Quadrate beider Ausdrücke proportional.

$$J = C_n^2 + S_n^2, \text{ wobei } C_n = \sum_1^m a_i \cos 2\pi n \frac{x}{d} \qquad S_n = \sum_1^m a_i \sin 2\pi n \frac{x}{d}$$

d = Abstand zweier identischer Gitterebenen der Schar (h k l)

a_i = Belastung der i-ten Ebene einer Ebenenserie (i = 0,1, 2, 3 . . . .)

m = Anzahl aller Ebenen einer Ebenenserie

$\frac{x}{d}$ = Abstand einer Zwischenebene von der Nullebene (Ebene i = 0)

n = Ordnungszahl der Interferenz.

Setzt man der Reihe nach die Koordinatenwerte der Atome in obige Formeln ein, so nehmen die Summen folgende Werte an:

$$\begin{aligned} C_n = \ & Co\,(\cos 2\pi\, nsx_1 + \cos \pi n (h+k) \cos 2\pi\, nsx_2 + \cos \pi n (k+l) \\ & \cos 2\pi\, nsx_3 + \cos \pi n (l+h) \cos 2\pi\, nsx_4) \\ & + S\ (\cos \pi n (h+k+l) \cos 2\pi\, nxx_1 + \cos \pi nl \cos 2\pi\, nxx_2 + \cos \pi nh \\ & \cos 2\pi\, nxx_3 + \cos \pi nk \cos 2\pi\, nxx_4) \\ & + As\,(\cos \pi n (h+k+l) \cos 2\pi\, nzx_1 + \cos \pi nl \cos 2\pi\, nzx_2 + \cos \pi nh \\ & \cos 2\pi\, nzx_3 + \cos \pi nk \cos 2\pi\, nzx_4) \\ S_n = \ & Co\,(\sin 2\pi\, nsx_1 + \cos \pi n (h+k) \sin 2\pi\, nsx_2 + \cos \pi n (k+l) \sin \\ & 2\pi\, nsx_3 + \cos \pi n (l+h) \sin 2\pi\, nsx_4) \\ & + S\ (\cos \pi n (h+k+l) \sin 2\pi\, nxx_1 + \cos \pi nl \sin 2\pi\, nxx_2 + \cos \pi nh \\ & \sin 2\pi\, nxx_3 + \cos \pi nk \sin 2\pi\, nxx_4) \\ & + As\,(\cos \pi n (h+k+l) \sin 2\pi\, nzx_1 + \cos \pi nl \sin 2\pi\, nzx_2 + \cos \pi nh \\ & \sin 2\pi\, nzx_3 + \cos \pi nk \sin 2\pi\, nzx_4). \end{aligned}$$

Hierbei sind folgende Abkürzungen gemacht worden:

$$x_1 = h + k + l; \quad x_2 = h - k - l; \quad x_3 = k - l - h; \quad x_4 = l - h - k$$

Eine Zusammenstellung der Ergebnisse der Diskussion des Strukturfaktors ergibt folgende einfachen Kriterien für das angenommene Strukturmodell.

1. Bei korrelaten Formen mit nur ungeraden Indices treten keine Intensitätsunterschiede auf, vgl. Tabelle I und V.
2. Ebenen mit 2 gleichen Indices verhalten sich ebenso, vgl. Tabelle II und VI.
3. Ebenen mit einem Index = 0 treten mit von Null verschiedener Intensität auf, korrelate Formen zeigen Schwärzungsunterschiede, vgl. Tabelle III und VII.
4. Ebenen mit gemischten Indices zeigen im allgemeinen Schwärzungsunterschiede, vgl. Tabelle IV und VIII.

Dass diese Kriterien am Kobaltglanz tatsächlich erfüllt sind, zeigen die Intensitätsmessungen, deren Ergebnis für jeden Interferenzpunkt in den Indicestabellen der Lauediagramme aufgeführt wurde.

Somit ist auch aus dem Strukturfaktor der Beweis erbracht, dass der Kobaltglanz der Raumgruppe $\mathfrak{T}^4$ angehört, dass er also aus der dyakisdodekaedrischen Klasse in die tetraedrisch-pentagondodekaedrische Klasse zu versetzen ist.

Belastung der wichtigsten Gitterebenen.

Eine Ebene (hkl) enthält das Atom mit den allgemeinen Koordinaten m, n, p wenn folgende Gleichung erfüllt ist:

$hm + kn + lp = N$ $\quad (N = 1, 2, 3 \ldots\ldots\ldots)$, ist N aber $\frac{x}{d}$ so liegt das Atom in $\frac{x}{d}$ des primitiven Abstandes (Lit. 11) vgl. S. 10.

Setzt man für (hkl) die Indices der im Eingang der Arbeit aufgeführten wichtigsten Wachstumsflächen des Kobaltglanzes ein, so erhält man die in der beigegebenen Figur aufgestellten Belastungsschemata. Ihre Betrachtung erklärt — auch schon ohne weiteres Eingehen auf die speziellen Koordinatenwerte der S- und As-Atome — einige Eigentümlichkeiten des Kobaltglanzes.

1. Die auffallende Schwächung des 1. Spektrums von {110}. Die Co As S in 0 und ½ heben sich auf, die übrig bleibenden S- und As-Atome wirken gegeneinander, schwächen sich also.
2. Die scheinbare Oktantengleichheit von Kobaltglanz. Die Verteilung der Zwischenebenen beim positiven und negativen Tetraeder ist die gleiche nur in umgekehrter Reihenfolge. Beide Formen haben also die gleiche Möglichkeit der Ausbildung.
3. Die Formen {210}, {230}, {410} mit gemischten vorderen Indices besitzen eine symmetrische Anordnung ihrer Zwischenebenen. In der dyakisdodekaedrischen Klasse müsste das aber ganz allgemein für die Pentagondodekaeder der Fall sein. Auch hieraus erhellt die scheinbare zentrische Symmetrie des Kobaltglanzes, seine korrelaten Formen zeigen diese Symmetrie nur in bezug auf den halben d-Wert. Infolgedessen tritt verschiedene Intensität bei solchen Formen auf.

4. Die korrelaten tetraedrischen Pentagondodekaeder {321} und {231} zeigen eine verschiedene Anordnung der Zwischenebenen, müssen also auch beim Röntgen-Effekt eine verschiedene Intensität liefern. Vgl. Strukturfaktor. Ihr häufigeres Auftreten könnte daran liegen, dass sie Zwischenebenen mit relativ starker Belastung besitzen.
5. Die Formen mit zwei gleichen Indices finden sich häufig, können indessen nicht zur Bestimmung der Kristallklasse benützt werden, da sie in beiden Klassen — wenn auch mit verschiedener Flächensymmetrie — mit gleichwertiger Flächenzahl auftreten.

Literaturverzeichnis.

1. G. Aminoff Die Struktur des Pyrochroit. 1919.
2. W. H. Bragg u. W. L. Bragg X-Rays and Crystal structure, London 1915.
3. P. P. Ewald Ann. d. Physik 44, 1183, 1914.
4. „ Phys. Zeitschrift XIV 465, 1913.
5. „ Ann. d. Physik 44, 257, 1914.
6. R. Gross Jahrbuch der Radioakt. u. Elektronik Bd. XV, Heft 4.
7. E. Hintze Handbuch der Mineralogie, 1912.
8. E. Hupka Interferenz der Röntgenstrahlen, 1914.
9. Th. Liebisch Grundriss der phys. Krist. Leipzig 1896.
10. E. Marx Handbuch der Radioaktivität Bd. V.
11. P. Niggli Geometr. Krist. des Diskontinuums, Leipzig 1919.
12. F. Rinne Leipz. Ber. 67, 303—340, 68, 11—45, 1915.
13. „ Neues Jahrbuch usw. 1916 II, 63, 68, 85.
14. E. Schiebold Die Verwendung der Lauediagramme zur Bestimmung der Struktur des Kalkspates, Leipz. Diss. 1919.
15. G. Tschermak Lehrbuch der Mineralogie 1915.
16. F. Rinne Einführung in die krist. Formenlehre usw. Leipzig 1919. (Drehverfahren nach E. Schiebold, S. 199.)
17. „ Die Kristalle als Vorbilder des feinbaulichen Wesens der Materie. Berlin, Gebr. Bornträger 1921.

3.

RÖNTGENOGRAPHISCHE UNTERSUCHUNGEN AM KARBORUND

VON

HERMANN ESPIG

MIT 11 FIGUREN

MITTEILUNG AUS DEM INSTITUT FÜR MINERALOGIE UND PETROGRAPHIE DER UNIVERSITÄT LEIPZIG*)
N. FOLGE (SEIT 1909) NR. 134

*) Leitung der Arbeit durch F. RINNE und E. SCHIEBOLD.

Vorwort.

Das Karbid des Siliziums, das Karborund, ist aus mehreren Gründen ein interessantes Studienobjekt für den Kristallographen. Einmal ist es ein typisches Beispiel der Isotypie im Sinne F. Rinnes (Lit. 17 c). Die Annäherung an isometrische Winkelverhältnisse ist eine sehr grosse, insofern $\sphericalangle (10\bar{1}1):(0001) = 70^\circ 33' 36''$ des Karborunds dem sehr nahe stehenden Werte des $\sphericalangle (111):(111) = 70^\circ 31' 44''$ am Tetraeder entspricht. Sodann sei auf die merkwürdigen Beziehungen des Karborunds zum Diamant hingewiesen, die besonders deutlich im Röntgendiagramm zum Ausdruck kommen, wie es zuerst von F. Rinne festgestellt worden ist. (Lit. 17c, 106). Besonders bedeutsam ist ferner die am Karborund von H. Baumhauer aufgefundene Tatsache der Polytypie, insofern 3 „Typen“ oder Modifikationen des Karborunds existieren, die sich in einfacher Weise auf dasselbe Achsenverhältnis beziehen lassen, sich aber morphologisch voneinander unterscheiden. Jedem Typ kommt eine bestimmte primäre Formenreihe zu.

Diese Verhältnisse regten zu der vorliegenden röntgenographischen Untersuchung an. Es gelang die Struktur des beim vorliegenden Material häufigsten zweiten Typs vollständig zu bestimmen.

I. Flächenentwicklung und Ätzversuche.

Das Material der Untersuchung entstammt den Sammlungen der mineralogischen Institute in Leipzig und Hannover (Vorstand Prof. Erdmannsdoerffer), ferner aus dem Besitz von Prof. Baumhauer, von Geh. Rat Keilhack, sowie der Deutschen Karborundumwerke (Firma W. A. Derrick, Berlin). Den genannten Herren sei auch hier bestens gedankt.

Die Ausbildung der meisten Kristalle ist flach tafelförmig; eine Endfläche ist spiegelglatt und glänzend, während die entgegengesetzte weit weniger gut ausgebildet ist, und die sich ihr anschliessenden Flächen der Zone $(0001):(10\bar{1}0)$ meist treppenförmig oder verrundet und undeutlich sind. Die Polarität der Hauptachse zeigt sich weiter in dem Auftreten von Zwillingen nach (0001), mit einspringenden Winkeln, wobei gewöhnlich die glänzenden Endflächen nach aussen gekehrt sind. Die von Becke (Lit. 3,537) beschriebenen Zwillinge, deren Endflächen Winkel von $70°33'$ bilden, sind im vorliegenden Material nicht selten.

Es wurden 44 Kristalle nach ihrer äusseren Entwicklung untersucht. Sämtliche beobachteten Flächen gehörten der Zone $(0001):(10\bar{1}0)$ an. Die S. 3 erwähnte Einteilung der Karborundkristalle in 3 Typen (Lit. 2a, b) wurde völlig bestätigt. Dem I. oder trigonalen Typ gehörten 11 Kristalle zu. Nur 2 Kristalle erwiesen sich vom III., hexagonalen Typ, alle übrigen sind dem II., ebenfalls hexagonalen Typ zuzurechnen, der weitaus am häufigsten vorkommt. In einigen Fällen wurde Verwachsung von Typ I und II beobachtet, wobei gewöhnlich Typ II überwog.

Die hier verwendeten Bravaisschen Indices beziehen sich auf das Achsenverhältnis $a:c = 1:2{,}4538$, welches zunächst zur Vergleichung mit den von Baumhauer angegebenen Flächen gewählt wurde, im Laufe der Untersuchung sich aber auch als das den absoluten Dimensionen des Elementarprismas vom Karborund entsprechende A.-V. erwies. Der Neigungswinkel der Grundform $(10\bar{1}\bar{1}):(0001)$ wurde aus 98 Messungen zu $70°33'36''$ gefunden. (Vergl. S. 1).

Kristall 1. sehr flächenreicher trigonaler blauschwarzer Kristall. Eine Unterscheidung von + und — Formen ist nicht ausgeführt, die Indices geben lediglich die Achsenschnitte an. Die mit ? versehenen Formen sind sehr schmal oder solche, die breite verschwommene Reflexe liefern, sich also nicht sicher bestimmen liessen.

Zone I. (0001), $(50\bar{5}9)$?, $(50\bar{5}7)$, $(10\bar{1}1)$, $(50\bar{5}4)$, $(70\bar{7}4)$, $(70\bar{7}1)$, $(70\bar{7}\bar{2})$, $(70\bar{7}\bar{5})$, $(50\bar{5}\bar{8})$, $(10\bar{1}\bar{2})$, $(000\bar{1})$.

Zone II. (0001), $(70\bar{7}5)$, $(11.0.\bar{11}.5)$, $(70\bar{7}2)$, $(50\bar{5}\bar{1})$, $(50\bar{5}\bar{4})$, $(10\bar{1}\bar{1})$, $(7.0.\bar{7}.\bar{10})$, $(10\bar{1}\bar{4})$, $(000\bar{1})$.

Zone III. (0001), $(50\bar{5}8)$, $(10\bar{1}1)$, $(70\bar{7}5)$, $(70\bar{7}2)$, $(10\bar{1}0)$?, $(70\bar{7}\bar{4})$, $(10\bar{1}\bar{1})$, $(70\bar{7}.\bar{10})$, $(50\bar{5}\bar{9})$, $(000\bar{1})$.

Kristall 2, Typ II, hat die Flächen (0001), $(10\bar{1}2)$, $(20\bar{2}3)$, $(10\bar{1}1)$, $(20\bar{2}1)$, $(10\bar{1}0)$ und die entsprechenden Gegenflächen am unteren Pol, dazu einmal $(50\bar{5}8)$, ist also äusserlich holoedrisch. Diese Flächenanordnung ist fast an jedem Kristall des II. Typs anzutreffen; $(10\bar{1}2)$ ist weniger häufig. Daher sind im folgenden nur solche Kristalle ausführlicher beschrieben, die abweichende Kombinationen zeigen.

Kristall 3, Typ I und II. $(50\bar{5}1)$, $(50\bar{5}2)$, $(50\bar{5}4)$, $(50\bar{5}8)$, $(5.0.\bar{5}.11)$ und die Flächen des II. Typs.

Kristall 4, 5, 6, Typ II; Nr. 7 Typ I und II; Nr. 8 Typ II; Nr. 9 Typ II; Nr. 10 (Zwilling), Typ II mit (5051); Nr. 12, ein sehr dünner hellgrüner Kristall, Typ I und II (0001), $(50\bar{5}7)$, $(10\bar{1}1)$, $(20\bar{2}1)$, $(20\bar{2}3)$, $(000\bar{1})$; Nr. 13, vorwiegend Typ I, Nr. 14, 15, 16, Typ II, Nr. 17 und 18 Kristallbruchstücke mit interessanter Streifung, Typ I; Nr. 19, Typ I; Nr. 20, Typ II; Nr. 21, Typ I; Nr. 22, Typ II; Nr. 23, Typ II.

Nr. 24, Typ I und II; Nr. 25, Typ I; Nr. 26 bis 36, Typ II; Nr. 37, Typ I; Nr. 38 und 39, Typ II; Nr. 40, Kristallbruchstück mit Streifung Typ I; Nr. 41 bis 44, Typ I; grüne Kristalle vom Niagarawerk. Bei diesen Kristallen zeigt sich ein Einfluss der Färbung insofern, als die übrigen Kristalle derselben Stufe bläulichgrün gefärbt sind und dem II. Typ zugehören, die Kristalle des I. Typs aber gelblichgrün aussehen.

Nr. 41, Zwilling nach (0001); (0001), $(50\bar{5}7)$, $(50\bar{5}4)$, $(50\bar{5}1)$, $(10\bar{1}0)$, $(50\bar{5}\bar{2})$, $(20\bar{2}\bar{1})$, $(10\bar{1}\bar{1})$, $(50\bar{5}\bar{8})$, $(000\bar{1})$.

Nr. 42: (0001), $(50\bar{5}8)$, $(50\bar{5}7)$, $(10\bar{1}1)$, $(50\bar{5}4)$, $(50\bar{5}2)$, $(50\bar{5}\bar{1})$, $(50\bar{5}\bar{4})$, $(50\bar{5}\bar{8})$, $(10\bar{1}\bar{2})$.

Nr. 43: (0001), $(7.\,0.\,\bar{7}.\,10)$, $(10\bar{1}1)$, $(20\bar{2}1)$, $(10\bar{1}\bar{1})$, $(20\bar{2}\bar{3})$, $(50\bar{5}\bar{8})$, $(000\bar{1})$.

Nr. 44: (0001), $(5.\,0.\,\bar{5}.\,11)$, $(50\bar{5}8)$, $(10\bar{1}1)$, $(50\bar{5}2)$, $(10.\,0.\,\overline{10}.\,1)$?, $(50\bar{5}\bar{7})$, $(20\bar{2}\bar{3})$. $(10\bar{1}\bar{2})$, $(000\bar{1})$; $(000\bar{1})$, $(50\bar{5}\bar{7})$, $(10\bar{1}1)$, $(50\bar{5}4)$, $(70\bar{7}4)$, $(50\bar{5}1)$, $(50\bar{5}2)$, $(10\bar{1}\bar{1})$, $(50\bar{5}\bar{8})$, $(000\bar{1})$.

Dazu kommen noch 10 von Baumhauer übermittelte Kristalle, von denen ein Kristall Typ I, 2 Kristalle Typ III und 7 Kristalle Typ II zeigten.

Kristall B, Typ III, kurzprismatischer Habitus. (0001), $(20\bar{2}3)$, $(40\bar{4}3)$, $(10\bar{1}0)$, $(40\bar{4}\bar{3})$, $(20\bar{2}\bar{3})$; (0001), $(20\bar{2}3)$, $(40\bar{4}3)$, $(10\bar{1}0)$, $(40\bar{4}\bar{3})$, $(20\bar{2}\bar{3})$; (0001), $(20\bar{2}3)$, $(20\bar{2}\bar{3})$, $(40\bar{4}\bar{3})$.

Kristall C, Typ III, flachtafelförmig.

(0001), $(20\bar{2}3)$, $(40\bar{4}3)$, $(10\bar{1}0)$, $(20\bar{2}\bar{3})$, $(40\bar{4}\bar{9})$, $(000\bar{1})$; (0001), $(20\bar{2}3)$, $(40\bar{4}3)$, $(10\bar{1}0)$, $(20\bar{2}\bar{3})$, $(40\bar{4}\bar{9})$, $(000\bar{1})$.

Kristall A, Typ I, starke Streifung parallel der Kombinationskante mit (0001). Kristall D bis K, Typ II.

Eine Tabelle diene zur Uebersicht über die auftretenden Flächen. Sie erstreckt sich auf 41 Kristalle.

	0001	$10\bar{1}2$	$20\bar{2}3$	$10\bar{1}1$	$20\bar{2}1$	$10\bar{1}0$	$50\bar{5}1$
Anzahl Krist. mit	41	26	36	38	35	32	10
% der Krist.	100	63,4	84,1	84,1	81,7	39	12,2

Um über die Zuordnung zu einer bestimmten Symmetrieklasse Aufschluss zu erhalten, wurden Aetzversuche angestellt. Am besten bewährte sich eine Schmelze aus Aetzkali, Natriumnitrat und Soda zur Rotglut erhitzt. Die Dauer der Einwirkung betrug ca. 5 Minuten. Dabei trat das schon mehrfach beobachtete verschiedene Verhalten von oberer und unterer Endfläche deutlich hervor, indem die spiegelglatte Fläche keine oder undeutliche Figuren lieferte, die Gegenfläche aber glänzende vertiefte Pyramiden, und zwar beim I. Typ sechseckige Vertiefungen mit je 3 langen und 3 kurzen Seiten, bei Typ II dagegen regelmässige Sechsecke, deren Umgrenzung in beiden Fällen parallel den Kanten der Endfläche war. (Lit. 3,537; 2, 250; 18). Es wurde versucht, die Indices der Aetzfiguren zu bestimmen. Zur Messung am Goniometer waren die Figuren zu klein, doch wurden unter dem Mikroskop mit Hilfe eines Drehapparates und Reflexion eines beleuchteten Spaltes Näherungswerte erhalten. So ergaben sich für die hexagonalen Figuren Neigungswinkel von 28,8° gegen (0001) entsprechend $(10\bar{1}5)$, ferner 15° 30′ entsprechend $(1.\,0.\,\bar{1}.\,10)$ und 21° entsprechend $(2.\,0.\,\bar{2}.\,15)$. Die trigonalen Figuren scheinen die Kombination $(2.\,0.\,\bar{2}.\,15)$ $(01\bar{1}5)$ zu bilden. Die beiden Kristalle von Typ III lieferten keine deutlichen Aetzfiguren.

Auf Grund der Aetzversuche konnte man also Typ I der ditrigonal-pyramidalen Klasse zurechnen, obwohl die Flächenverteilung durchaus ditrigonal-skalenoedrisch ist, Typ II dagegen der dihexagonal-pyramidalen; doch hat Baumhauer in 2 Fällen an Typ II trigonale natürliche Wachstumsfiguren beobachtet. (Lit. 2b, 259). Näheres über seine Symmetrieverhältnisse wird weiter unten auf Grund der röntgenographischen Studien berichtet.

Auf eine Untersuchung der Pyroelektrizität wurde verzichtet, da Untersuchungen von Weigel (Lit. 19) zeigten, dass die gute Leitfähigkeit des Karborund das Auftreten entgegengesetzter Ladungen unmöglich macht.

II. Herstellung und Auswertung der Lauediagramme.

Für die Lauediagramme nach (0001) wurden dünne tafelförmige Kristalle unmittelbar benutzt. Von Hauer und Koller ist bereits festgestellt, dass jeder der 3 Typen ein anderes Röntgenogramm nach der Endfläche liefert (Lit. 11,260) An mehreren Kristallen des 2. Typs ist versucht worden, durch Dünnerschleifen trigonale Diagramme zu erhalten. Das war nicht der Fall. Eine Zwillingsbildung von trigonalen Lamellen kommt also für die Entstehung von Diagrammen des II. Typs nicht in Frage, vielmehr ergab eine Aufnahme des Zwillingskristalls Nr. 41 ein für den I. Typ charakteristisches Diagramm.

Von Typ III konnte wegen Mangel an Material kein weiterer Schliff studiert werden. Ferner wurde ein Kristall des II. Typs auf einem Drehapparat um eine a-Achse um je $19^\circ 45'$ aus der Normalstellung der Endfläche nach beiden Seiten gedreht und zwei entsprechende Aufnahmen gemacht. Im ganzen standen mit Einrechnung einiger früher im Leipziger Mineralogischen Institut gemachten Aufnahmen 49 Diagramme zur Verfügung, von welchen 21 zur Deutung der Indices verwendet wurden.

Die Aufnahmen erfolgten mit einer Lilienfeldröhre mit Wolfram-Antikathode Belichtungszeit durchschnittlich 25—30 Minuten.

Diagramme nach (0001).

Die Berechnung der Indices aus den Polarkoordinaten erfolgte nach der Formel von E. Schiebold:

$$h : i : l = \frac{-\cos(120-\varphi)\operatorname{cotg}\alpha}{c} : \frac{-\cos\varphi\cdot\operatorname{cotg}\alpha}{c} : 1$$

Die Diagramme wurden dabei so aufgestellt, dass eine Zwischenachse, auf welcher die Reflexe der Flächen $(h.\, h.\, \overline{2\,h}.\, l)$ liegen, horizontal verläuft, und von dieser Achse aus wird φ im Uhrzeigersinn gezählt. Zur Herstellung der gnomonischen Projektion wurde ein „Winkelnetz der Reflexprojektion" benutzt. (Lit. 17b).

Diagramme parallel (0001) Typ I.

Die Symmetrie ist ditrigonal, besonders ausgeprägt durch die Punkte (0551) und $(\bar{5}052)$, durch welche eine wichtige Zone verläuft. Die Mehrzahl aller Punkte verteilt sich auf 3 Zonen: [130], [120], [230]. Die „Rhomboederbedingung" (Lit. 18,53) $h - i - l = 3p$ wird nur von ca. 30 % der Flächen erfüllt.

Diagramme parallel (0001) Typ II.

Platte Nr. 7 ist als Kopie wiedergegeben. (Fig. 1). Die Symmetrie ist dihexagonal. Die Indices der auftretenden Flächen sind von denen des ersten Typs nicht sehr verschieden. Am auffälligsten ist das völlige Fehlen der Flächen $(50\bar{5}2)$ und $(50\bar{5}1)$, nur auf einem Diagramm trat $(50\bar{5}2)$ sehr schwach auf. Es machen sich hier die 3 Zonengeraden $[1\bar{3}0]$, $[1\bar{2}0]$, $[2\bar{3}0]$ stark bemerkbar. Die allgemeinen Flächen sind mit denen vom Typ I grösstenteils identisch.

Diagramme parallel (0001) Typ III.

Die Symmetrie ist hexagonal, jedoch sind die auftretenden Flächen wesentlich verschieden von denen des Typs II. Auffällig ist die schwache Besetzung der Zonenkurve durch $(22\bar{4}3)$ und $(10\bar{1}\bar{1})$, im Gegensatz zur Kurve durch $(22\bar{4}3)$ und $(40\bar{4}3)$, was beim II. Typ umgekehrt ist; merkwürdig ist das Fehlen von $(20\bar{2}1)$. Endlich ist das häufige Auftreten von durch 3 teilbaren Werten von l beachtenswert.

Diagramm parallel $(10\bar{1}0)$ (Fig. 2).

Diese Diagramme zeigen eine vertikale Symmetrieebene. Wider Erwarten tritt beim ersten Typ auch eine von rechts nach links verlaufende Symmetrieebene dazu. In der Annahme, das diese Erscheinung auf Zwillingsbildung beruhe, wurden 2 Präparate hergestellt, jedoch zeigten beide den gleichen Röntgeneffekt. Wir beschränken uns bei allen 4 Diagrammen auf einen Quadranten der Platte. In Fig. 2 ist eine Kopie eines Diagramms parallel $(10\bar{1}0)$ von Typ II wiedergegeben. Die Pyramiden erster Stellung liegen auf der Y-Achse sowie auf den beiden charakteristischen Zonenbögen von fast halbkreisförmiger Gestalt. Die beiden dichtbesetzten vollständigen Zonenellipsen enthalten die Flächen $(\bar{h} \cdot 4h \cdot \overline{3h}\, l)$ und $(\bar{h} \cdot 3\, h \cdot \bar{2}\, \bar{h} \cdot l)$. Nur lückenhaft besetzt ist dagegen bei allen drei Typen die Zone der Flächen $(\bar{h} \cdot 5h \cdot \overline{4h} \cdot l)$, wo l nur als durch 3 teilbare Zahl oder Null auftritt, eine Eigentümlichkeit, die in der Struktur des Karborunds ihre Erklärung findet. Die Berechnung der Indices geschah nach der Formel:

$$h : i : l = \left(\frac{\sqrt{3}}{2} \cdot \frac{\operatorname{tg} \alpha}{\cos \varphi} - \frac{1}{2}\right) : 1 : \left(\frac{-c}{a} \operatorname{tg} \varphi\right)$$

Es ist bemerkenswert, in wie hohem Masse sich die Diagramme der verschiedenen Typen hier gleichen, während die Diagramme nach (0001) so verschieden sind.

Diagramme parallel $(20\bar{2}3)$.

Auf beiden Diagrammen verläuft eine Symmetrieebene von oben nach unten. Die Koordinaten-Achsen legen wir parallel und senkrecht zur Symmetrieebene. Die Schieboldsche Formel zur Indices-Berechnung ist für eine allgemeine Fläche h o $\bar{h}$ l)

$$h : i : l = \left(A_1 \cdot \frac{\operatorname{tg} \alpha}{\cos \varphi} + B_1 \operatorname{tg} \varphi - {}^1/_2\right) : 1 : \left(A_3 \frac{\operatorname{tg} \alpha}{\cos \varphi} - B_3 \operatorname{tg} \varphi\right)$$

Die Konstanten sind

$$A_1 = \frac{\sqrt{3}}{2} \sin \omega_3 = 0{,}766 \qquad B_1 = \frac{\sqrt{3}}{2} \cos \omega_3 = 0{,}404$$

$$A_3 = \frac{c}{a} \cdot \cos \omega_3 = 1{,}144 \qquad B_3 = \frac{c}{a} \cdot \sin \omega_3 = 2{,}165$$

$\sphericalangle\ \omega_3 = 62°6'$ ist gleich dem Neigungswinkel des Präparats zu (0001). In der

Symmetrieebene liegen die Reflexe von Flächen erster Stellung. Ausserdem tritt besonders hervor eine Zone, enthaltend die Flächen 2. Stellung, jedoch nur solche, deren letzter Index durch 3 teilbar ist. Die Zonen der gnomonischen Projektion bilden 2 Büschel mit den Scheitelpunkten (0001), bezw. $(01\bar{1}\bar{1})$. Im übrigen ist die Anordnung nach den Zonen $[1\bar{2}0]$, $[1\bar{3}0]$, $[2\bar{3}0]$ wieder deutlich ausgeprägt.

Diagramme parallel $(10\bar{1}2)$.

Die ganze Anordnung ist der vorhergehend beschriebenen sehr ähnlich. Die Konstanten der Indicesformel lauten hier, da $\omega_3 = 54^\circ 46'$ ist:

$$A_1 = 0{,}7074 \sim \frac{1}{2}\sqrt{2} \quad B_1 = 0{,}4996, \quad A_3 = 1{,}416 \sim \sqrt{2} \qquad B_3 = 2{,}004.$$

Diese Zahlen zeigen die Annäherung zum regulären System deutlich. Bei einem Würfel wäre $\sphericalangle\ \omega_3$, als Normalenwinkel zwischen (111) und (100) $54^\circ 44' 9''$. Es macht sich die Zone $[\bar{2}11]$ deutlich bemerkbar.

Diagramme 20,21 (Fig. 3).

Diese Aufnahmen wurden nach je einer Drehung eines Blättchens parallel {0001} um eine a-Achse von $19^\circ 45'$ im entgegengesetzten Sinne hergestellt, verhielten sich also wie Diagramme nach $(h\ 0\ \bar{h}\ l)$ und $(0\ h\ \bar{h}\ l)$. Sie zeigen jedoch, wie zu erwarten war, keine verschiedene Ausbildung. Die Ausmessung geschah mittels eines Ablesemikroskops, daher ist die Berechnung der Indices besonders genau. Die Indexformel hat die Konstanten

$$A_1 = 0{,}293, \quad B_1 = 0{,}815, \quad \omega_3 = 19^\circ 45' \qquad A_3 = 2{,}31, \quad B_3 = 0{,}829.$$

Auf der Aufnahme 20 (Fig. 3) treten 2 Zonenellipsen deutlich hervor, die grössere durch Punkt 9b gehend, enthält die Prismen, die kleinere durch 2 gehend, hat das Symbol [211].

In der Tabelle Nr. 1 sind alle beobachteten verschiedenen Strukturflächen des Karborunds zusammengestellt. Spalte 2 enthält die zugehörigen d-Werte, das sind die primitiven Abstände, berechnet nach Voraussetzungen, die im nächsten Abschnitt behandelt werden. Dann folgen die Häufigkeiten auf insgesamt 20 Diagrammen.

Tabelle Nr. 1.

Zusammenstellung der in den Lauediagrammen auftretenden Formen.

Indices	d × 10⁸ cm	Häufigkeit Typ I	Typ II	Typ III
Flächen I. Stellung.				
1. 0. $\bar{1}$. 18	0,840	1	—	—
1. 0. $\bar{1}$. 16	0,924	1	—	—
1. 0. $\bar{1}$. 14	1,07	2	—	—
1. 0. $\bar{1}$. 13	1,15	1	2	1
1. 0. $\bar{1}$. 12	1,24	2	2	1
2. 0. $\bar{2}$. 23	0,674	1	—	1
1. 0. $\bar{1}$. 11	1,35	4	3	1
2. 0. $\bar{2}$. 19	0,773	—	1	—
10$\bar{1}$9	1,62	4	3	1
2. 0. $\bar{2}$. 17	0,854	3	1	1
10$\bar{1}$8	1,81	4	3	1
2. 0. $\bar{2}$. 15	0,952	3	3	1
10$\bar{1}$7	2,02	4	3	1
2. 0. $\bar{2}$. 13	1,08	4	3	1
10$\bar{1}$6	2,31	2	1	1
4. 0. $\bar{4}$. 23	0,596	—	1	—
2. 0. $\bar{2}$. 11	1,24	4	3	1
4. 0. $\bar{4}$. 21	0,641	2	—	—
10$\bar{1}$5	2,66	4	3	1
20$\bar{2}$9	1,44	4	4	1
4. 0. $\bar{4}$. 17	0,749	2	—	1
10$\bar{1}$4	3,07	4	3	1
4. 0. $\bar{4}$. 15	0,813	4	3	1
20$\bar{2}$7	1,70	4	3	1
4. 0. $\bar{4}$. 13	0,886	2	2	—
10$\bar{1}$3	3,70	4	3	1
4. 0. $\bar{4}$. 11	0,970	—	2	1
20$\bar{2}$5	2,02	3	3	1
40$\bar{4}$9	1,05	1	1	1
10$\bar{1}$2	4,47	3	3	1
16. 0. $\overline{16}$. 31	0,278	—	1	—
8. 0. $\bar{8}$. 17	0,540	—	—	1
8. 0. $\bar{8}$. 15	0,562	—	2	1
40$\bar{4}$7	1,15	3	3	—
30$\bar{3}$5	1,55	—	—	1
8. 0. $\bar{8}$. 13	0,585	1	—	—
20$\bar{2}$3	2,39	2	4	1
8. 0. $\bar{8}$. 11	0,607	—	1	—
40$\bar{4}$5	1,24	2	3	—
30$\bar{3}$4	1,62	2	1	—
50$\bar{5}$6	1,00	—	1	—
50$\bar{5}$7	0,968	1	—	—
70$\bar{7}$8	0,715	2	4	—
80$\bar{8}$9	0,627	4	—	3
10. 0. $\overline{10}$. 11	0,505	—	2	—
10$\bar{1}$1	5,1	4	7	3
16. 0. $\overline{16}$. 15	0,320	4	—	3
10. 0. $\overline{10}$. 9	0,515	3	4	3
8. 0. $\bar{8}$. 7	0,573	2	3	—
70$\bar{7}$6	0,739	4	—	—
50$\bar{5}$4	1,04	4	3	—
40$\bar{4}$3	1,30	4	6	3
70$\bar{7}$5	0,749	4	2	—
50$\bar{5}$3	1,06	—	2	—
30$\bar{3}$2	1,75	—	1	—
70$\bar{7}$4	2,39	1	—	3
20$\bar{2}$1	2,66	4	4	—
90$\bar{9}$4 (?)	0,592	—	1	—
80$\bar{8}$3	0,669	—	1	3
50$\bar{5}$2	1,07	5	3	—
70$\bar{7}$2	0,767	1	—	—
40$\bar{4}$1	1,34	4	6	—
50$\bar{5}$1	1,08	4	2	—
10. 0. $\overline{10}$. 1	0,54	—	1	—
Hexagonale Prismen.				
10$\bar{1}$0	5,40	1	1	—
12$\bar{3}$0	2,04	2	—	1
13$\bar{4}$0	1,50	2	1	1
14$\bar{5}$0	1,18	4	3	1
25$\bar{7}$0	0,87	—	1	—
2. $\overline{15}$. 13. 0 (?)	0,33	—	—	1
11$\bar{2}$0	3,1	—	1	—
Flächen II. Stellung.				
1. 1. $\bar{2}$. 15	0,962	2	2	1
1. 1. $\bar{2}$. 12	1,18	4	4	1
11$\bar{2}$9	1,49	3	2	1
2. 2. $\bar{4}$. 15	0,85	—	—	1
11$\bar{2}$6	1,97	3	3	—
22$\bar{4}$9	1,15	3	3	—
11$\bar{2}$4	2,00	—	1	—
11$\bar{2}$3	2,66	2	4	—
11$\bar{2}$2	2,88	1	2	1
22$\bar{4}$3	1,49	6	6	3
11$\bar{2}$1	3,05	2	2	3
22$\bar{4}$1 (?)	1,55	—	1	—
Allgemeine Flächen.				
2. 1. $\bar{3}$. 18	0,784	—	—	1
2. 1. $\bar{3}$. 17	0,820	—	—	1
2. 1. $\bar{3}$. 16	0,865	—	—	1
2. 1. $\bar{3}$. 14	0,963	1	1	1
2. 1. $\bar{3}$. 13	1,02	1	1	1

Indices	d $\times 10^8$ cm	Häufigkeit Typ I	Typ II	Typ III	Indices	d $\times 10^8$ cm	Häufigkeit Typ I	Typ II	Typ III
2. 1. $\bar{3}$. 12	1,08	1	—	1	31$\bar{4}$4	1,39	6	7	1
4. 2. $\bar{6}$. 23	0,576	—	—	1	12. 4. $\overline{16}$. 15	0,351	3	—	3
2. 1. $\bar{3}$. 11	1,15	2	2	1	62$\bar{8}$7	0,709	6	7	—
4. 2. $\bar{6}$. 21	0,593	1	2	—	31$\bar{4}$3	1,44	—	—	4
2. 1. $\bar{3}$. 10	1,22	—	2	1	62$\bar{8}$5	0,728	3	4	—
21$\bar{3}$9	1,31	1	1	—	31$\bar{4}$2	1,46	6	6	1
4. 2. $\bar{6}$. 17	0,675	—	2	—	62$\bar{8}$3	0,741	5	6	4
21$\bar{3}$8	1,35	2	2	1	31$\bar{4}$1	1,49	7	5	—
4. 2. $\bar{6}$. 15	0,721	1	2	—	12. 4. $\overline{16}$. 3	0,373	—	1	1
21$\bar{3}$7	1,49	3	2	1	62$\bar{8}$1	0,748	3	4	—
4. 2. $\bar{6}$. 13	0,763	1	1	—	12. 4. $\overline{16}$. 13	0,22	2	—	—
4. 2. $\bar{6}$. 11	0,823	1	3	1	12. 4. $\overline{16}$. 9	0,365	4	—	3
42$\bar{6}$9	0,875	4	4	1	32$\bar{5}$9	1,03	—	1	—
8. 4. $\overline{12}$. 15	0,458	1	2	1	32$\bar{5}$8	1,04	—	1	—
42$\bar{6}$7	0,924	4	3	—	32$\bar{5}$7	1,08	1	1	—
42$\bar{6}$5	0,968	3	8	—	6. 4. $\overline{10}$. 15	0,53	1	2	—
21$\bar{3}$4	1,79	5	3	—	12. 8. $\overline{20}$. 21	0,268	1	1	—
4. 8. $\overline{12}$. 9	0,487	6	5	4	6. 4. $\overline{10}$. 9	0,575	5	6	3
4. 8. $\overline{12}$. 7	0,496	4	1	—	32$\bar{5}$5	1,15	4	7	1
21$\bar{3}$3	1,90	2	—	1	32$\bar{5}$4	1,18	5	7	3
8. 4. $\overline{12}$. 5	0,505	6	—	—	6. 4. $\overline{10}$. 7	0,596	4	5	—
42$\bar{6}$3	1,00	6	8	4	32$\bar{5}$3	1,20	—	1	3
21$\bar{3}$2	1,93	8	8	3	32$\bar{5}$2	1,22	—	—	3
21$\bar{3}$1	2,02	8	8	—	32$\bar{5}$1	1,24	—	2	—
8. 4. $\overline{12}$. 3	0,510	1	—	1	6. 4. $\overline{10}$. 1	0,60	—	1	—
42$\bar{6}$1	1,02	4	4	—	4. 1. $\bar{5}$. 15	0,771	—	—	1
3. 1. $\bar{4}$. 16	0,808	—	—	1	4. 1. $\bar{5}$. 12	0,864	—	—	1
6. 2. $\bar{8}$. 33	0,394	—	—	1	41$\bar{5}$9	0,968	—	2	1
6. 2. $\bar{8}$. 27	0,450	—	—	1	4156	1,07	1	1	1
3. 1. $\bar{4}$. 13	0,925	—	—	1	41$\bar{5}$3	1,15	4	7	4
3. 1. $\bar{4}$. 11	1,02	—	—	1	51$\bar{6}$8	0,866	1	1	—
3. 1. $\bar{4}$. 10	1,07	—	—	1	10. 2. $\overline{12}$. 15	0,439	—	—	1
31$\bar{4}$8	1,18	2	3	1	51$\bar{6}$5	0,925	—	2	1
6. 2. $\bar{8}$. 15	0,603	2	3	1	10. 2. $\overline{12}$. 9	0,466	1	3	—
31$\bar{4}$7	1,23	1	3	—	51$\bar{6}$4	0,940	—	—	1
31$\bar{4}$5	1,35	3	3	—	10. 2. $\overline{12}$. 3	0,483	—	—	1
6. 2. $\bar{8}$. 11	0,659	—	—	1	51$\bar{6}$1	0,967	—	—	1
62$\bar{8}$9	0,694	8	6	3	12. 2. $\overline{14}$. 9	0,351	—	—	1

III. Die Dimensionen des Elementarparallelepipeds.

Diese wurden aus Spektralaufnahmen nach der Drehmethode ermittelt unter Benutzung der K-Strahlung des Molybdäns ($K_\alpha = 0{,}713 \times 10^{-8}$ cm $K_\beta = 0{,}633 \times 10^{-8}$ cm).*) (Lit. 17 f.)

*) K_α und K_β wurden als einfache Linien betrachtet, da die Auflösung des Spektrographen nicht gross genug war, um sie in ihre Komponenten zu trennen.

Es ergaben sich als Röntgenperioden im Mittel $r_{0001} = 2{,}55 \times 10^{-8}$ cm*) $r_{10\bar{1}0} = 2{,}68 \times 10^{-8}$ cm, $r_{11\bar{2}0} = 1{,}55 \times 10^{-8}$ cm. Letztere Werte verhalten sich nahe wie $\sqrt{3} : 1$.

Als kleinstmögliches Elementarparallelepiped ergibt sich hieraus eine Säule, deren Basisfläche ein Rhombus mit der Kantenlänge $a = 2 \times 1{,}55 = 3{,}10 \times 10^{-8}$ cm ist, deren Höhe $c = 2{,}55 \times 10^{-8}$ cm beträgt. Als Achsenverhältnis folgt somit $a : c = 1 : 0{,}82$ d. i. $^1/_8$ des aus der äusseren Flächenausbildung angenommenen A.-V. Das Volumen des E. P. ist $V = \frac{a^2 \sqrt{3}}{2} c \sim 21{,}24 \times 10^{-24}$ ccm, entspricht genau einem Molekül Karborund C Si, da

$$V = \frac{\text{Molekulargew.}}{\text{Dichte}} = \frac{40{,}4 \,.\, 1{,}64 \,.\, 10^{-24}}{3{,}12} = 21{,}24 \times 10^{-24} \text{ ccm}$$

Berechnet man indessen mit diesen Dimensionen die Wellenlängen der Interferenzpunkte der Lauediagramme, so sind die kürzesten λ-Werte niedriger als die untere Spektralgrenze.

Erst die Annahme eines primitiven Gitters mit den Kanten $a = 6{,}2 \times 10^{-8}$ cm und $c = 15{,}3 \times 10^{-8}$ cm, das 24 Moleküle C Si enthält, führt zu völliger Uebereinstimmung mit den Beobachtungen. Dies geht aus dem Folgenden hervor.

Nach P. Niggli kann die Länge der c-Achse aus den Lauediagrammen parallel (0001) nach der Formel $c = \frac{\lambda_{min} \,.\, l_{max}}{2 \sin^2 \alpha}$ berechnet werden (Lit. 16), wobei λ_{min} = Kürzeste Wellenlänge des kontinuierlichen Spektrums, l_{max} = grösster Index einer Fläche $\{h i \bar{k} l\}$ bezüglich der c-Achse, α = Glanzwinkel.

Es ergab sich für die Flächen $12.\bar{4}.\overline{16}.9$ ($\lambda = 0{,}157$) $\bar{6}.\bar{2}.8.3$ ($\lambda = 0{,}210$) $05\bar{5}1$ ($\lambda = 0{,}152$) als kleinster Wert $c = 15 \times 10^{-8}$ cm.

Nachdem mit diesen Grundwerten jedem Reflexpunkt seine Wellenlänge zugeordnet worden war, zeigte sich tabellarisch der charakteristische Anstieg der Häufigkeiten von $0{,}15 \times 10^{-8}$ cm an. (Vgl. Lit. 17 S. 87.)

IV. Die Raumgruppe.

Wie berichtet, verhalten sich die Röntgenperioden nach $(0001) : (10\bar{1}0) : (11\bar{2}0)$ wie $\frac{d}{6} : \frac{d}{2} : \frac{d}{2}$. Es fragt sich nun, in welcher Raumgruppe diese Anordnung möglich ist (Lit. 16). Es wurden für $\mathfrak{D}_{6h}^{1-4}$, $\mathfrak{C}_{6v}^{1-4}$ sowie für $\mathfrak{D}_6^2$ (hexagonal trapezoedrisch und $\mathfrak{C}_6^2$ (hexagonal pyramidal) die Röntgenperioden im Verhältnis zu den Elementarperioden ausgerechnet; bei den letzten beiden Raumsystemen ist zwar $\frac{d}{6}$ möglich, aber die sonstige Symmetrie spricht dagegen. In $\mathfrak{C}_{6v}$ fand sich aber keine Möglichkeit, die gefundenen Röntgenperioden ohne weiteres einzuordnen. Es liegt dies daran, dass den C- und Si-Atomen ganz specielle Lagen zukommen. Am geeignetsten erscheint $\mathfrak{C}_{6v}^4$ (Fig. 4) um eine Struktur aufzustellen, die allen drei Bedingungen gleichzeitig genügt. In der Tat liess sich eine solche Struktur ausfindig machen. Die Symmetrie-Elemente von $\mathfrak{C}_{6v}^4$ sind, auf gewöhnlich hexagonales Elementarparallelepiped bezogen:

---

*) Die gleiche Röntgenperiode r_{0001} wurde auch bei den beiden anderen Typen gefunden.

Hexagonale Schraubenachsen: $[001]_{00}$
Trigonale Drehachsen: $[001]_{2/3\,1/3}$ $[001]_{1/3\,2/3}$
Digonale Schraubenachsen: $[001]_{1/2\,0}$ $[001]_{0\,1/2}$ $[001]_{1/2\,1/2}$
Spiegelebenen: $(110)_0$
Gleitspiegelebenen: $(110)_{1/2}$; $(100)_{1/2}$.

Punktlagen mit einem Freiheitsgrad: Auf den trigonalen Drehachsen ist die Zähligkeit 4, gemäss der Symmetriebedingung C_{3v}.

Die aufgestellte Struktur sei im folgenden kurz beschrieben. In Richtung der Hauptachse folgen sich in sechsfacher Wiederholung je zwei Ebenen, von denen die erste 4 C-Atome, die zweite 4 Si-Atome enthält; der Abstand beider Ebenen sei p.

Relative Koordinatenwerte (Figur 6 u. 8) (hexagonal).

C I. 000, ½ 00, 0 ½ 0, ½ ½ 0,
II. $\frac{1}{6}\,\frac{1}{3}\,\frac{1}{6}$, $\frac{1}{6}\,\frac{5}{6}\,\frac{1}{6}$, $\frac{2}{3}\,\frac{5}{6}\,\frac{1}{6}$, $\frac{2}{3}\,\frac{1}{3}\,\frac{1}{6}$,
III. $\frac{1}{3}\,\frac{1}{6}\,\frac{1}{3}$, $\frac{1}{3}\,\frac{2}{3}\,\frac{1}{3}$, $\frac{5}{6}\,\frac{1}{6}\,\frac{1}{3}$, $\frac{5}{6}\,\frac{2}{3}\,\frac{1}{3}$,
IV. $0\,0\,\frac{1}{2}$, $\frac{1}{2}\,0\,\frac{1}{2}$, $0\,\frac{1}{2}\,\frac{1}{2}$, $\frac{1}{2}\,\frac{1}{2}\,\frac{1}{2}$,
V. $\frac{1}{3}\,\frac{1}{6}\,\frac{2}{3}$, $\frac{1}{3}\,\frac{2}{3}\,\frac{2}{3}$, $\frac{5}{6}\,\frac{1}{6}\,\frac{2}{3}$, $\frac{5}{6}\,\frac{2}{3}\,\frac{2}{3}$,
VI. $\frac{1}{6}\,\frac{1}{3}\,\frac{5}{6}$, $\frac{1}{6}\,\frac{5}{6}\,\frac{5}{6}$, $\frac{2}{3}\,\frac{1}{3}\,\frac{5}{6}$, $\frac{2}{3}\,\frac{5}{6}\,\frac{5}{6}$.

$$\text{Si I}'\quad \frac{1}{3}\cdot\frac{1}{6}\cdot p,\ \frac{5}{6}\cdot\frac{1}{6}\cdot p,\ \frac{1}{3}\cdot\frac{2}{3}\cdot p,\ \frac{5}{6}\cdot\frac{2}{3}\cdot p,$$

$$\text{II}'\quad 0\cdot 0\cdot p+\frac{1}{6},\ \frac{1}{2}\cdot 0\cdot p+\frac{1}{6},\ 0\cdot\frac{1}{2}\cdot p+\frac{1}{6},\ \frac{1}{2}\cdot\frac{1}{2}\cdot p+\frac{1}{6},$$

$$\text{III}'\quad 0\cdot 0\cdot p+\frac{1}{3},\ \frac{1}{2}\cdot 0\cdot p+\frac{1}{3},\ 0\cdot\frac{1}{2}\cdot p+\frac{1}{3},\ \frac{1}{2}\cdot\frac{1}{2}\cdot p+\frac{1}{3}$$

$$\text{IV}'\quad \frac{1}{6}\cdot\frac{1}{3}\cdot p+\frac{1}{2},\ \frac{2}{3}\cdot\frac{1}{3}\cdot p+\frac{1}{2},\ \frac{1}{6}\cdot\frac{5}{6}\cdot p+\frac{1}{2},\ \frac{2}{3}\cdot\frac{5}{6}\cdot p+\frac{1}{2}$$

$$\text{V}'\quad 0\cdot 0\cdot p+\frac{2}{3},\ \frac{1}{2}\cdot 0\cdot p+\frac{2}{3},\ 0\cdot\frac{1}{2}\cdot p+\frac{2}{3},\ \frac{1}{2}\cdot\frac{1}{2}\cdot p+\frac{2}{3}$$

$$\text{VI}'\quad 0\cdot 0\cdot p+\frac{5}{6},\ \frac{1}{2}\cdot 0\cdot p+\frac{5}{6},\ 0\cdot\frac{1}{2}\cdot p+\frac{5}{6},\ \frac{1}{2}\cdot\frac{1}{2}\cdot p+\frac{5}{6}.$$

Dieselbe Struktur lässt sich auch der Raumgruppe $\mathfrak{C}_{3v}^4$ (Fig. 5) einordnen. Deren Symmetrieelemente sind:

Trigonale Drehachsen: $[001]_{00}$ $[001]_{1/3\,2/3}$ $[001]_{2/3\,1/3}$
Gleitspiegelebenen: $(100)_0$; $(100)_{1/2}$.

Der Abstand zwischen zwei C-Ebenen oder 2 Si-Ebenen ist $\frac{d}{6} = 2{,}55\times 10^{-8}$ cm, der Abstand $p = \frac{d}{9} = 1{,}70\times 10^{-8}$ cm. Das Prinzip der Anordnung ist trotz des scheinbar verwickelten Aufbaues höchst einfach; sowohl C- als Si-Atome besetzen die Ecken eines Netzes von gleichseitigen Dreiecken mit der Seite $\frac{a}{2} = 3{,}1\times 10^{-8}$ cm, bezw. zentrierte Sechseckringe, deren Seiten parallel zu den Kanten der Endfläche sind. Die aufeinander folgenden C-Ebenen sind gegeneinander in der Richtung der langen Diagonale der rhombischen Grundfläche um ⅓ dieser Diagonale verschoben. Die ½-Ebene ist mit der Null-Ebene identisch. Dieser Aufbau wiederholt sich, mit Verschiebung in entgegengesetzter Richtung. Auf diese Weise bilden die C-Atome ein Gitter, das man sich veranschaulicht (Fig. 6), indem man je ein flächenzentriertes würfelähnliches (+) und (—) Rhomboeder $(10\bar{1}2)$ so aufeinander setzt, dass ihre Polecken von Atomen der Ebenen $(001)_0$, $(001)_{1/2}$ und $(001)_1$ gebildet werden. Die Flächenzentren für sich bilden mit den Poleckenatomen die steileren

Rhomboeder $(10\bar{1}1)$. Der Kohlenstoff bildet trotzdem kein rhomboedrisches Gitter, da man nur die in der Null-Ebene und $^1/_3$-Ebene liegenden Atome zu Polecken von Rhomboedern machen kann (Fig. 6).

Am ungezwungensten hebt sich die Anordnung der C-Atome hervor, wenn man berücksichtigt, dass sie lauter pseudoreguläre Tetraeder bilden, so dass stets ein Eckpunkt der Ausgangspunkt von drei weiteren Tetraedern ist. Diese Anordnung ist durch Fig. 7 dargestellt. Die Abweichung der Pseudotetraeder von regulären Tetraedern ist sehr gering (vergl. S. 3) Die reguläre Anordnung wird durch die eingelagerten Si-Atome gestört. Diese bilden trigonale Pyramiden $(20\bar{2}1)$, die in der in Fig. 8 gezeichneten Weise ineinander gestellt sind. Man kann auch stets je 4 Si-Atome einander so zuordnen, dass sie die Ecken eines Pseudotetraeders bilden. In Fig. 9 ist die Belastung und Anordnung der wichtigsten Wachstumsflächen graphisch dargestellt.

V. Ermittelung der Struktur des II. Typs.

Die Intensität i eines Sekundärstrahles wird durch die Formel dargestellt (Lit. 18, 29):

$$i = z \cdot \frac{1 + \cos^2 2\alpha}{2} \sum_1^n \frac{\mathrm{Int}\,\frac{\lambda}{n} \cdot S^2(h, k, l)}{n^2 \cdot J^2(h, k, l)} \times \text{Absorptionsfaktor} \times \text{Wärmefaktor}.$$

wo z = Gesamtzahl der bestrahlten Atome, $\frac{1 + \cos^2 2\alpha}{2}$ proportional dem Laue- oder Zerstreuungsfaktor, Int $\frac{\lambda}{n}$ = spektrale Intensität in 1., 2., 3. Ordnung, n = Ordnungszahl des Spektrums, $J^2 = a^2 c^2 (h^2 + i^2 + ih + l^2 F^2)$, $S^2(h, k, l)$ = dem sogenannten Strukturfaktor, einer Funktion der räumlichen Anordnung der Atome. Es wurden erstens aus allen Diagrammen die Punkte $\lambda < 0{,}40 \times 10^{-8}$ cm. herausgesucht und Kombinationen mit ähnlicher Wellenlänge und Glanzwinkel miteinander verglichen*), zweitens wurden die Schwärzungen aller Punkte der Diagramme nach der Endfläche und der Platte Nr. 20 unter Zugrundelegung der bekannten Intensitätsverteilung des kontinuierlichen Spektrums berechnet (vgl. G. Aminoff, Lit. 1) und dabei eine gute Uebereinstimmung mit der Beobachtung erzielt.

2) Formel für den Strukturfaktor.

Diese Formel setzt sich zusammen aus dem Anteil der Kohlenstoffatome und dem Anteil der Si-Atome, und zwar zerfällt jede Häfte in 24 Cosinusglieder und 24 Sinusglieder, so dass die ganze Formel aus 96 Gliedern besteht**).

Die endgültige Formel des Strukturfaktors für Typ II lautet:

$$A = n_1 \Big[C (1 + \cos \pi nl) \Big(1 + 2 \cos \frac{\pi n}{3} (h-k) \cos \frac{\pi n}{3} l\Big)$$
$$+ \mathrm{Si} \Big[(1 + \cos \pi nl) \cos 2\pi npl \Big(2 \cos \frac{\pi n}{3} 1 + \cos \frac{\pi n}{3} (h-k)\Big)$$
$$- (1 - \cos \pi nl) \sin \frac{\pi n}{3} (h-k) \sin 2\pi npl\Big]$$

*) Bezüglich der Kombinationsmethode von Schiebold, die im folgenden angewendet werden soll, verweise ich auf seine Abhandlung über die Calcitstruktur (Lit. 18, 33).

**) Ihre Herleitung kann infolge Druckschwierigkeiten hier nicht wiedergegeben werden.

$$B = u_1 \Big[C\,(1 - \cos \pi nl)\, 2 \sin \frac{\pi n}{3} (h-k) \cos \frac{\pi n}{3} l \Big)$$

$$+ Si \Big((1 + \cos \pi nl) \sin 2\pi npl \,(2 \cos \frac{\pi n}{3} l + \cos \frac{\pi n}{3} (h-k)$$

$$- (1 - \cos \pi nl) \sin \frac{\pi n}{3} (h-k) \cos 2\pi npl) \Big]$$

$$u_1 = (1 + \cos \pi nh + \cos \pi nk + \cos \pi n (h + k))$$

$$S^2 = A^2 + B^2$$

Diskussion der Formel.

Man erkennt die Wichtigkeit der Grösse u_1. Bei Beschränkung auf die Reflexion erster Ordnung ist ersichtlich, dass u_1 und damit die Intensität der Reflexion stets Null wird, ausser wenn h und k gleichzeitig gerade Zahlen sind. Das zeigt mit grösster Deutlichkeit eine Tabelle, welche 109 Flächen aus den Diagrammen des II. Typs enthält, deren $\lambda \angle 0{,}40 \times 10^{-8}$ cm ist. Von diesen erfüllen 97% die Bedingung: h und k gerade. Diese Verhältnisse wurden auch durch andere Diagramme in speziellen Lagen aufs beste bestätigt gefunden, worauf hier nicht näher eingegangen werden soll.

Wir beschränken uns bei der weiteren Diskussion im wesentlichen auf die

Strukturfaktoren für Reflexion in 1. Ordnung.

In Betracht kommen nur Indices mit h und k gerade, dann muss l ungerade sein.

$$S^2 = 64 \sin^2 \frac{\pi n}{3} (h-k) \Big\{ Si^2 + 4\, C^2 \cos^2 \frac{\pi n}{3} l - 4\, Si\, C \cos \frac{\pi n}{3} l \cdot \cos 2\pi npl \Big\}$$

Für h — k durch 3 teilbar oder = 0 verschwindet die Reflexion 1. Ordnung.

1. l durch 3 teilbar (3, 9, 15, 21). Wir setzen der Reihe nach für p die wahrscheinlichen Werte p = 1/9 c, 1/18 c, 1/24 c.

$p = 1/9\,c$ $\sin^2 \frac{\pi}{3}$ (h — k) ist stets $^3/_4$, $l = 9$: $48\,(1360 + 1344) = 48 \cdot 2704 = 129772$

$= 3, 15, 21$: $48\,(1360 - {}^1/_2 \cdot 1344) = 48 \cdot 688$, also hat $l = 9$ den grössten Strukturfaktor.

$p = 1/18\,c$ $l = 9$; $48\,(1360 - 1344) = 48 \cdot 16$
$l = 3{,}15{,}21$; $48\,(1360 + 672) = 48 \cdot 2032$;

hier ist also das Verhältnis gerade umgekehrt, $l = 9$ hat einen viel zu kleinen Strukturfaktor, was den beobachteten Schwärzungen widerspricht.

$$p = 1/24\,c \quad l = 3{,}21, \ldots \; 48\,(1360 + 1344 \frac{\sqrt{2}}{2}) = 48 \cdot 2310$$

$$l = 9{,}15, \ldots \; 48\,(1360 - 1344 \frac{\sqrt{2}}{2}) = 48 \cdot 410,$$

auch hier ist für $l = 9$ der Strukturfaktor zu klein.

2. Falls l nicht durch 3 teilbar ist, gibt es verschiedene Möglichkeiten.

$$S^2 = 48\,(Si^2 + C^2 - 2\, C\, Si \cos 2\pi p l)$$

für $l = 1, 17, 19 \ldots$ $S^2 = 19870$
„ $l = 5, 13, 23, 31, \ldots$ $S^2 = 74880$
„ $l = 7{,}11 \ldots$ $S^2 = 38928$

Eine Vertauschung von C mit Si würde nur an den Werten mit l durch 3 teilbar etwas ändern; sie würden alle wachsen, da $C^2 + 4\, Si^2 = 3280$, $Si^2 + 4\, C^2$ aber nur 1360 ist. Dann würde aber für $(10\bar{1}0)$ ein zu niedriger Wert im Vergleich zu $(11\bar{2}0)$ erfolgen.

Man könnte vermuten, dass der Wert für p = 1/9 c nur ein Näherungswert sei. Jedoch spricht die Tatsache, dass die Fläche $(20\bar{2}3)$ mit dem Neigungswinkel 62°6′ ebenso häufig makroskopisch auftritt wie $(10\bar{1}1)$ (vgl. Tabelle Nr. 2), so dass man sie auch als Einheitsfläche gewählt hat, dafür, dass eine innere Begründung aus der Struktur vorhanden ist. Tatsächlich erhält man, wenn man je 3 C-Atome einer (0001) Ebene mit einem Si-Atom der nächsthöheren Ebene verbindet eine trigonale Pyramide $\{20\bar{2}3\}$, so dass also die Annahme für p genau gleich 2/3 der Röntgenperiode nach (0001) hierdurch eine starke Stütze erfährt.

Die Strukturfaktoren höherer Ordnung wurden ebenfalls berechnet (vgl. Tabelle 3), sollen indess hier nicht wiedergegeben werden.

Tabelle 2.

Indices	Nr.	λ	α	s	$1000 \cdot \frac{S^2}{J^2}$	Indices	Nr.	λ	α	s	$1000 \cdot \frac{S^2}{J^2}$
$40\bar{4}3$	5	0,228	5° 00′	7	215	8. 2. 6. 15	11	0,347	16 45	3	46
$\bar{4}403$	25b	0,205	4° 30′	3,5	215	$\bar{2}863$	42	0,351	13 45	5	69
$\bar{4}6\bar{2}3$	32	0,244	7 —	6	126	$\bar{6}249$	15	0,362	11 55	13,5	378
$\bar{2}6\bar{4}1$	40	0,260	7 20	5	79	$\bar{2}6\bar{4}1$	40	0,260	7 20	5	79
$04\bar{4}1$	44	0,243	5 10	7,5	137	$42\bar{6}3$	55	0,266	7 40	7,5	126
$\bar{8}$. 0. 8. 15	2b	0,262	13 30	1,5	40	10. 0. $\bar{10}$. 1	9	0,313	17 10	2	22
$80\bar{8}\bar{3}$	7	0,282	12 12	3	72	$\bar{8}$. 2. 6. 15	11	0,347	16 45	3	46
$\bar{10}$. 6. 4. 15	17b	0,270	14 30	1,5	35	$\bar{6}8\bar{2}9$	31	0,392	16 40	6	233
$26\bar{8}1$	50	0,285	11 —	2	42	$24\bar{6}\bar{1}$	54b	0,398	18 35	2	79
$80\bar{8}3$	7	0,282	12 12	3	72	$\bar{6}8\bar{2}9$	31	0,392	16 40	6	233
$62\bar{8}3$	66	0,284	11 5	2,5	69	$26\bar{8}1$	53	0,411	16 20	4	42
$62\bar{8}3$	66	0,284	11 5	2,5	69	$\bar{6}$. 10. $\bar{4}$. 9	36	0,33	16 30	4,5	167
$\bar{6}8\bar{2}7$	29	0,302	12 20	3	74	$\bar{8}$. 2. 6. 15	11	0,347	16 45	3	46
$\bar{6}427$	25	0,302	9 25	7,5	127	$24\bar{6}\bar{1}$	54b	0,398	18 35	2	79
10. 0. $\bar{10}$. 1	9	0,313	17 10	2	22	4. 6. $\bar{10}$. 1	58b	0,390	18 20	1,5	29
$\bar{6}$. 10. $\bar{4}$. 9	36	0,33	16 30	4,5	167						

Ein interessantes Verhalten zeigen die Flächen, für welche (h—k) durch 3 teilbar ist. Sofern nämlich gleichzeitig l durch 3 teilbar ist, reflektieren sie von der 2. Ordnung an, ist l nicht durch 3 teilbar, erst von der 6. Ordnung an. Auf diese Weise werden die Flächen mit durch 3 teilbarem letzten Index besonders bevorzugt. Man vergleiche hiermit die Flächen des allgemeinen Symbols $(4 \cdot 1 \cdot \bar{5} \cdot l)$, wo die Bestätigung bei allen 3 Typen höchst auffallend ist. Auch bei den Flächen $(11\bar{2}1)$ bekundet sich dieses Verhalten sehr deutlich. Sehr gut zeigt sich das Verschwinden der Flächen mit $h - k = 3\,n$, $l \lesssim 3\,n$ daran, dass die wichtigen Flächen $(30\bar{3}1)$ und $(30\bar{3}2)$ auf den Basisdiagrammen fehlen, obwohl die Reihe der reflektierenden Pyramiden erster Stellung von $(10\bar{1}1)$ bis $(40\bar{4}1)$ geht und für die zweite Ordnung noch eine passende Wellenlänge vorhanden wäre. Das Spektrum dritter Ordnung fällt stets weg. Die Prüfung der Struktur nach der Kombinationsmethode ist in Tabelle 2 (nach Platte 20) erfolgt.

Eine weitere Bestätigung der Struktur erhalten wir unter Heranziehung der Reflexionen höherer Ordnung in den Tabellen 3.

Die Figur 10 ist die graphische Darstellung der gemessenen und berechneten Intensitäten (Ordinaten) in leicht zu übersehender Anordnung.

Tabelle Nr. 3.

Vergleich zwischen berechneter Intensität

Indices	a	s	Intens. × Absorptionsfaktor	berechn. Intens.	λ	I. Ordnung.		
						Int. λ	$\frac{S^2}{J^2} \cdot 1000$	Int. $\lambda \frac{S^2}{J^2} \cdot 1000$
$\bar{1}012$	15° 13′	12	222 000	ca. 1000	3,32	?	0	—
$\bar{4}047$	11 45	11	7 490	497	0,47	1,1	195	214
$\bar{8}.0.8.15$	13 30	1,5	181	50	0,26	1,25	40	50
$\bar{2}023$	7 55	9	81 800	1257	0,66	0,8	716	573
$40\bar{4}\bar{3}$	5	7	5 220	268	0,23	1,25	215	268
$20\bar{2}1$	9 45	13	94 800	1173	0,90	0,6	536	322
$80\bar{8}3$	12 12	3	3 690	72	0,28	1,3	56	72
$50\bar{5}1$	14 45	5	1 340	130	0,53	1,0	0	—
$10.0.\overline{10}.1$	17 10	2	89,9	27	0,31	1,25	22	27
$10\bar{1}0$	19 45	5	682 000	> 200	3,65	?	0	—
$\bar{4}138$	18 48	3	2 510	158	0,76	0,8	0	—
$\bar{8}.2.6.15$	16 45	3,5	3 450	91	0,35	1,25	46	57
$\bar{4}137$	14 50	4	5 900	338	0,63	0,9	0	—
$\bar{6}.2.4.11$	17 10	2	1 900	245	0,48	1	100	100
$\bar{3}125$	14 35	6	6 230	189	0,85	0,6	0	—
$\bar{6}249$	11 55	13,5	4 760	549	0,36	1,25	378	472
$\bar{3}124$	9 5	9	24 200	662	0,54	1	0	—
$\bar{2}113$	14 5	8,5	146 000	1807	1,29	?	0	—
$\overline{10}.6.4.15$	14 30	1,5	144	45	0,27	1,3	35	45
$\bar{5}329$	19 15	2	1 370	120	0,65	0,8	0	—
$\bar{3}215$	17 45	7	5 870	178	1,06	0,5	0	—
$\bar{6}429$	15 10	11	4 290	497	0,46	1,1	378	415
$\bar{3}214$	12 25	13	25 200	688	0,77	0,7	0	—
$\bar{6}427$	9 25	7,5	1 540	158	0,30	1,25	127	158
$\bar{8}.6.2.15$	21 30	2,5	3 620	87	0,44	1.1	46	50
$\bar{4}317$	19 20	4	5 810	327	0,82	0,7	0	—
$\bar{4}314$	7 15	4,5	10 600	482	0,35	1,25	0	—
$\bar{5}419$	20 30	3	9 960	892	0,68	—	0	—
$\bar{2}205$	20 35	1	10 130	216	1,42	?	1170	218
$\bar{4}405$	12 50	9	5 300	304	0,53	1,0	218	39
$\overline{10}.10.0.11$	10 45	2	113	39	0,19	1,2	33	—
$\bar{1}101$	8 45	15	954 000	3144	1,55	?	0	—
$\bar{4}403$	4 30	3,5	5 020	258	0,21	1,2	215	258
$\bar{6}827$	12 20	3	528	92	0,30	1,25	74	92
$\bar{3}4\bar{1}7$	14 40	8	7 490	339	0,70	0,80	0	—
$\bar{6}8\bar{2}9$	16 40	6	1 760	328	0,39	1,2	233	279

Tabelle Nr. 3.

und Schwärzung auf Platte Nr. 20.

II. Ordnung.				IV. Ordnung.			
$\frac{\lambda}{2}$	Int. $\frac{\lambda}{2}$	$\frac{S^2}{J^2} \cdot 1000$	Int. $\frac{\lambda}{2} \cdot \frac{S^2}{J^2} \cdot 1000$	$\frac{\lambda}{4}$	Int. $\frac{\lambda}{4}$	$\frac{S^2}{J^2} \cdot 1000$	Int. $\frac{\lambda}{4} \cdot \frac{S^2}{J^2} \cdot 1000$
1,66	?	3452	—	0,83	0,7	132	92,4
0,23	1,25	227	283	—	—	—	—
—	—	—	—	—	—	—	—
0,33	1,25	490	612	0,16	1	72	72
—	—	—	—	—	—	—	—
0,45	1,1	631	694	0,22	1,20	181	217
—	—	—	—	—	—	—	—
0,26	1,25	104	130	—	—	—	—
0,155	?	26	—	—	—	—	—
1,82	?	2510	—	0,91	0,56	375	210
0,38	1,2	118	141	0,19	1,2	34	40
0,175	1,1	31	34	—	—	—	—
0,315	1,25	263	328	0,16	1	10	10
0,24	1,25	116	145	—	—	—	—
0,42	1,1	131	144	0,21	1,2	38	45
0,18	1,1	66	72	—	—	—	—
0,27	1,20	552	662	—	—	—	—
0,64	0,8	1830	1464	0,32	1,25	275	343
—	—	—	—	—	—	—	—
0,32	1,25	86	107	0,16	1	13	13
0,53	1,0	131	131	0,26	1,25	38	47
0,23	1,25	66	82	—	—	—	—
0,38	1,2	552	662	0,19	1,20	22	26
—	—	—	—	—	—	—	—
0,22	1,2	31	37	—	—	—	—
0,41	1,2	263	315	0,205	1,2	10	12
0,175	1,1	439	482	—	—	—	—
0,34	1,2	660	792	0,17	1,1	99	108
0,71	0,8	186	149	0,35	1,25	54	67
0,26	1,25	69	86	—	—	—	—
—	—	—	—	—	—	—	—
0,77	0,7	2340	1638	0,39	1,2	670	804
—	—	—	—	—	—	—	—
—	—	—	—	—	—	—	—
0,35	1,25	263	328	0,17	1,1	10	11
0,18	1,1	45	49	—	—	—	—

Tabelle Nr. 3.
(Fortsetzung.)

Indices	α	s	Intens. × Absorptionsfaktor	berechn. Intens.	λ	I. Ordnung.		
						Int. λ	$\frac{S^2}{J^2}.1000$	Int. $\lambda\frac{S^2}{J^2}.1000$
$\bar{4}6\bar{2}3$	7°	6	1 800	157	0,24	1,25	126	157
$\bar{2}3\bar{1}2$	10 20′	11	38 600	867	0,71	0,8	0	—
$\bar{4}6\bar{2}5$	13 35	6	3 860	359	0,45	1,1	280	308
$\bar{3}5\bar{2}4$	14 35	4	4 860	307	0,59	0,9	0	0
$6.\ 10.\ \bar{4}.\ 9$	16 30	4,5	1 870	482	0,33	1,25	363	453
$\bar{2}4\bar{2}3$	15 50	11	18 600	734	0,81	0,7	0	0
$\bar{2}6\bar{4}3$	14 10	7	2 670	233	0,49	1	126	126
$\bar{1}3\bar{2}1$	10 50	10	17 800	380	0,73	0,8	0	—
$\bar{2}6\bar{4}1$	7 20	5	1 150	97	0,26	1,25	78	97
$\bar{1}4\bar{3}1$	10 40	4,5	1 045	259	0,55	1	0	—
$\bar{2}8\bar{6}3$	13 45	4,5	860	137	0,35	1,25	69	86
$\bar{1}4\bar{3}2$	15 50	5	9 600	389	0,80	0,7	0	—
$04\bar{4}\bar{1}$	5 10	7,5	3 540	171	0,24	1,25	137	171
$01\bar{1}0$	9 55	12	973 000	2922	1,86	?	0	—
$05\bar{5}1$	13 50	5	1 730	130	0,52	1,0	0	—
$05\bar{5}2$	17	4 5	3 220	246	0,62	0,9	0	—
$26\bar{8}1$	11	2	345	54	0,28	1,3	42	54
$13\bar{4}0$	12 55	6	7 130	221	0,66	0,8	0	—
$26\bar{8}\bar{1}$	16 20	4	628	96	0,41	1,1	42	46
$13\bar{4}1$	19	3	6 860	270	0,97	0,5	0	—
$12\bar{3}\bar{1}$	7 40	9	17 700	475	0,54	1	0	—
$24\bar{6}\bar{1}$	11 15	5	2 420	204	0,39	1,2	78	93
$24\bar{6}1$	18 35	2,5	2 420	204	0,65	0,8	78	62
$4.\ 6.\ \overline{10}.\ 1$	18 20	1,5	324	74	0,39	1,2	29	34
$23\bar{5}1$	11 15	3	3 400	195	0,85	0,6	0	—
$11\bar{2}0$	17 10	11	880 000	7920	1,85	?	0	—
$32\bar{5}1$	13 35	3	2 960	170	0,58	0,9	0	—
$6.\ 4.\ \overline{10}.\ 1$	15 55	2	319	73	0,34	1,25	29	36
$42\bar{6}\bar{3}$	7 40	7,5	1 800	157	0,26	1,25	126	157
$21\bar{3}\bar{1}$	11 15	11	17 200	366	0,79	0,7	0	—
$42\bar{6}\bar{1}$	15	4	2 300	194	0,52	1	78	78
$62\bar{8}\bar{3}$	11 5	2,5	552	90	0,28	1,3	69	90
$31\bar{4}\bar{1}$	13 45	7	7 880	310	0,71	0,8	0	—
$62\bar{8}\bar{1}$	16 30	4	678	106	0,42	1,1	42	46
$52\bar{7}0$	19 5	1	5 820	681	0,56	1	0	—
$41\bar{5}0$	19 30	7	21 300	1340	0,79	0,7	0	—

Tabelle Nr. 3.
(Fortsetzung.)

II. Ordnung.				IV. Ordnung.			
$\frac{\lambda}{2}$	Int. $\frac{\lambda}{2}$	$\frac{S^2}{J^2} \cdot 1000$	Int. $\frac{\lambda}{2} \cdot \frac{S^2}{J^2} \cdot 1000$	$\frac{\lambda}{4}$	Int. $\frac{\lambda}{4}$	$\frac{S^2}{J^2} \cdot 1000$	Int. $\frac{\lambda}{4} \cdot \frac{S^2}{J^2} \cdot 1000$
—	—	—	—	—	—	—	—
0,355	1,25	670	837	0,18	1,15	26	30
0,225	1,2	43	51	—	—	—	—
0,29	1,3	236	307	—	—	—	—
0,165	1	29	29	—	—	—	—
0,405	1,1	577	634	0,202	1,2	87	104
0,245	1 25	86	107	—	—	—	—
0,365	1,25	365	456	0,18	1,1	105	115
—	—	—	—	—	—	—	—
0,275	1,3	199	259	—	—	—	—
0,175	1,1	47	51	—	—	—	—
0,40	1,1	371	408	0,20	1,2	15	18
—	—	—	—	—	—	—	—
0,93	0,6	2510	2106	0,46	1,1	375	412
0,26	1,25	104	130	—	—	—	—
0,31	1,25	197	246	—	—	—	—
—	—	—	—	—	—	—	—
0,33	1,25	194	242	0,16	1	29	29
0,205	1,20	50	60	—	—	—	—
0,44	1,1	199	218	0,24	1,25	57	71
0,27	1,3	365	475	—	—	—	—
0,195	1,2	93	111	—	—	—	—
0,32	1,25	93	116	0,16	1	26	26
1,195	1,2	34	40	—	—	—	—
0,425	1,1	136	149	0,21	1,2	39	46
0,925	0,6	6800	4080	0,46	1,1	1020	1120
0,29	1,25	136	170	—	—	—	—
0,17	1,1	34	37	—	—	—	—
—	—	—	—	—	—	—	—
0,39	1,2	365	438	0,20	1,2	1,1	1,2
0,26	1,25	93	116	—	—	—	—
—	—	—	—	—	—	—	—
0,35	1,25	199	248	0,18	1,1	57	62
0,21	1,2	50	60	—	—	—	—
0,28	1,3	524	681	—	—	—	—
0,39	1,2	970	1164	0,20	1,2	147	176

Die Intensitäten der einzelnen Wellenlängen des kontinuierlichen Spektrums sind aus einer photometrierten Spektralaufnahme an Steinsalz (100) entnommen worden. Der gleichartige Verlauf der beiden Kurvenzüge ist unverkennbar und spricht deutlich genug für die Wahrscheinlichkeit der Strukturannahme des II. Typs. Zu dieser Tabelle ist noch zu bemerken, dass die Unsicherheit in der Schätzung der Schwärzungen bei den niedrigsten Stufen 1—4 am grössten ist. Bei Figur 10 fallen einige wenige Werte von $\frac{S^2}{J^2} \cdot \mathrm{Int.}\,\lambda$ für die einfachsten Strukturflächen ausserhalb des Raumes der Darstellung. Bei den Flächen mit den grössten Wellenlängen war die Bestimmung der spektralen Intensität nicht möglich. Die Realität derartig grosser λ ist infolge der starken Absorption im Glas der Röntgenröhre wenig wahrscheinlich.

Anm.: Zu der Figur 10, die das Verhältnis zwischen Schwärzung und berechneter Intensität veranschaulicht, sind für $\frac{S^2}{J^2}$ nicht die Werte der Tabellen genommen worden, obwohl dieselben bereits eine recht gute Uebereinstimmung beider Kurvenzüge ergeben. Sie sind vielmehr noch mit dem Absorptionsfaktor $e^{-a J^2}$ multipliziert, der in erster Näherung durch den höchsten Wert für J^2 bestimmt wird.

Berechnung des Indicesfeldes.

Für die Reflexpunkte auf (0001) wurde das Indicesfeld konstruiert, ähnlich wie dies von R. Gross (Lit. 9, 201) und Aminoff (Lit. 1) getan wurde, jedoch mit der Abänderung, dass als Ordinate $h^2 + i^2 + hi + l^2 F^2$ abgetragen wurde.

Das Indicesfeld wird von 3 Grenzen eingeschlossen. Zunächst berücksichtigt man die kleinste wirksame Wellenlänge, aus $\lambda = 2\,r \sin\alpha = 2\frac{V}{J}\sin\alpha$ ergibt sich

$$J_0^2 = h^2 + i^2 + hi + l^2 F^2 < \frac{3\,a^2 \,.\, l}{2 \,.\, 0{,}15 \times 10^{-8}} \,.\, c = l \,.\, 25{,}12$$

Diese Grenze steigt linear mit wachsendem l. Eine weitere Grenze wird durch die Dimensionen der photographischen Platte bezw. durch den grössten und kleinsten Glanzwinkel gegeben. Es muss sein:

$$1.\quad J_0^2 < \frac{3a^2}{4c^2} \cdot \frac{l^2}{\sin^2 5^\circ} = 25{,}5\ l^2 \qquad\qquad 2.\quad J_0^2 > \frac{3a^2}{4c^2} \cdot \frac{l^2}{\sin^2 25^\circ} = 0{,}697\ l^2$$

Hiervon kommt aber die von 1) erzeugte Grenze nicht in Betracht, da sie ausserhalb der Grenze λ_{min} liegt. Die 2. Bedingung liefert eine im Verhältnis von l^2 ansteigende parabolische Begrenzung der J_0^2 nach unten. Die 3. Grenze ist durch den Lorentzfaktor gegeben bezw. durch die Fläche mit dem grössten J^2. Das ist $(8 \,.\, 4 \,.\, \bar{12} \,.\, 15)$ mit $J^2 = 240$.

An dem Indicesfeld fällt auf, dass es nicht gleichmässig bedeckt ist. Es macht sich eine der Wellenlänge $0{,}30 \times 10^{-8}$ cm angehörige Grenzlinie deutlich bemerkbar; nach den Strukturbedingungen darf keine Fläche mit gemischten Indices h und k dieselbe überschreiten, was auch der Fall ist. Die verhältnismässig starke Besetzung der Ordinate für $l = 9$ erklärt sich aus der Grösse des Strukturfaktors für $l = 9$.

Anm.: Die mit $l > 9$ möglichen Flächen fehlen wohl infolge zu geringer Intensität der Reflexion und wären vielleicht bei längerer Belichtungsdauer zu erhalten gewesen.

Ueber das Nicht-Auftreten gewisser Flächen aus Strukturgründen ist bereits ausführlich gesprochen worden, man beachte das Wegfallen von $(30\bar{3}1)$, $(30\bar{3}2)$, $(41\bar{5}2)$, $(41\bar{5}4)$, $(41\bar{5}5)$, $(50\bar{5}1)$.

Die Zwillingsbildungen am Karborund.

Das Karborund bildet Zwillinge nach 2 Gesetzen. Erstens der polaren Natur der c-Achse entsprechend, Zwillinge nach {0001}, mitunter polysynthetisch wiederholt. Zweitens treten ziemlich häufig Zwillinge auf, deren Endflächen miteinander Winkel von 70° 33′ 36″ bezw. dessen Supplement bilden. Becke (Lit. 3, 537) schreibt darüber:

„Sowohl die Halbierungsebenen des spitzen als die des stumpfen Winkels der Endflächen kommen einem rationalen Achsenschnitt sehr nahe. Aetzversuche an Zwillingen ergaben, dass an der stumpfen einspringenden Kante ungleiche Endflächen aneinander stossen. Die Individuen stehen also symmetrisch zu einer Ebene, welche den spitzen einspringenden Winkel der Endflächen halbiert. 1. Achse der Hemitropie senkrecht zur Fläche (10$\bar{1}$1) (für A.-V. 1 : 1,2, in dieser Arbeit (10$\bar{1}$2)). Die Individuen stehen unsymmetrisch zur Ebene der Hemitropie (10$\bar{1}$1), (10$\bar{1}$2), symmetrisch zu einer Normalebene von (10$\bar{1}$1), (10$\bar{1}$2), die keine mögliche Kristallfläche ist. (Fast genau (10$\bar{1}$4)) oder 2. Achse der Hemitropie parallel der Polkante von (10$\bar{1}$1), (10$\bar{1}$2) ist gleich + R. Die Individuen stehen symmetrisch zu einer Fläche (10$\bar{1}$2), (10$\bar{1}$4)."

Becke hält die erste Formulierung für richtiger. Es ist auch sehr wahrscheinlich, dass sich die merkwürdige Pseudowürfelfläche (10$\bar{1}$2) aus einem Kristall direkt in den anderen fortsetzt. (10$\bar{1}$4) hat den Neigungswinkel 35° 18′ 40″, die Verwachsungsebene 35° 16′ 48″. Mag man sich für eine der beiden Formulierungen entscheiden, so ist der Unterschied so klein, dass er zeichnerisch nicht zur Darstellung gebracht werden kann. In Figur Nr. 11 sind 2 derartig verwachsene Kristalle dargestellt. Als Grundlage dient ein Gitter von orthohexagonalen Elementarparallelepipeden, die Zeichenebene ist (12$\bar{1}$0). Die Spur der Zwillingsebene fällt entweder mit der der Normalebene auf (10$\bar{1}$2) oder mit (10$\bar{1}$4) zusammen. Auf jeden Fall erkennt man, dass sich Gitter pseudonormal zu ihr fortsetzen. Das stark ausgezogene Netz hat als Eckpunkte nur identische C-Atome. Wir erkennen aber, dass sich bereits ein viermal kleineres Gitter finden lässt, nämlich A B C D, an dessen Ecken allerdings nicht C-Atome von einerlei Stellung liegen. Dieses kleine Gitter ist dreifach primitiv, und hieraus erklärt sich die Häufigkeit der Zwillingsbildung nach diesem Gesetz, da nach Friedel (Lit. 6) das Vorhandensein von pseudonormal oder normal sich fortsetzenden Gittern geringer Zähligkeit zur Zwillingsbildung erforderlich ist. In der Figur geben die Kreise die Lage von C-Atomen, die Kreuze die Lage der Si-Atome an. Die 2 Pfeile bezeichnen die Richtungen der Hauptachsen. Die Kantenlängen des kleinen Gitters sind

$a = 6{,}2 \times 10^{-8}$ cm; $AB = 13{,}2 \times 10^{-8}$ cm; $AC = 18{,}76 \times 10^{-8}$ cm.

Bei den Zwillingen nach (0001) ist das sich fortsetzende Gitter doppelt primitiv.

Beziehungen der Karborund- zur Diamantstruktur.

Dass gewisse Beziehungen zwischen beiden Strukturen bestehen, darauf weist schon die Aehnlichkeit der Röntgenogramme von Diamant (111) und Karborund (0001) Platte 8 hin. Das würfelähnliche Rhomboeder {10$\bar{1}$2} von C Si hat als Körperdiagonale $c = 15{,}3$, seine Kantenlänge ist $8{,}83 \times 10^{-8}$ cm, sein Volumen beträgt 690×10^{-24} ccm = 32 Moleküle C Si. Ein Würfel mit halber Kantenlänge enthält also 4 Moleküle C Si, und diesen Körper kann man vergleichen mit dem Diamantwürfel mit 8 C = 4 C_2.

Diamant: Molekularvolumen = 6,8; C Si Molekularvolumen = 12,9;

$$6{,}8 : 12{,}9 = 1 : 1{,}9.$$

Die linearen Dimensionen von gleichgestalteten Räumen mit gleichviel Molekülen müssten sich verhalten wie $1 : \sqrt[3]{1{,}9} = 1 : 1{,}24$ rund $1 : 5/4$. In der Tat ist für Diamant Würfelkante $3{,}53 \times 10^{-8}$ cm; 4 C Si (10$\bar{1}$2) Kante $= 4{,}415 \times 10^{-8}$ cm.

Dementsprechend verhalten sich alle übrigen Dimensionen. Der Diamantwürfel hat als Rhomboeder aufgestellt eine Körperdiagonale von 6,12 und die a-Achse misst $2{,}50 \times 10^{-8}$ cm; beim entsprechenden Karborundwürfel betragen diese Strecken 7,6 und 3,1.

Anm.: Man kann auch ohne Rücksicht auf die Gestalt vergleichen:

$$24 \times C_2 = 269{,}7 \times 10^{-24} \text{ ccm}, \quad \text{V } 24\ C_2 = 6{,}46,$$

$$24 \times C\,Si = 509{,}8 \times 10^{-24} \text{ ccm}, \quad \text{V } 24\ C\,Si = 7{,}987,$$

so dass sich verhält 6,46 zu 7,98 = 4 : 5.

Natürlicher als die bloss formale Einbeschreibung von Würfeln ist der Vergleich der entsprechenden Tetraeder in beiden Strukturen, da man jedes C-Atom ohne Ausnahme zum gemeinsamen Eckpunkt von je 4 aneinander stossenden Tetraedern machen kann. Somit ergibt sich folgender Vergleich mit Diamant: Diamant hat 2 tetraedrische Gitter der oben beschriebenen Art (vgl. S. 13), die so ineinander gestellt sind, dass das zweite die Mittelpunkte der ersten Tetraeder bildet. Beim Karborund fällt dieses zweite Gitter weg; an seine Stelle treten trigonale Pyramiden $(2\bar{0}21)$ des Siliciums, deren Eckpunkte nicht in die Zentren der C-Tetraeder fallen.

Beziehungen zum Graphit.

Zum Graphit besteht, betreffs der a-Achse, dieselbe Beziehung wie beim Diamant; dagegen ist die c-Achse des Graphits $= 5{,}11 \times 10^{-8}$ cm $= {}^{1}/_{3}$ der c-Achse des Karborunds (Lit. 5, 291). Auch in der Graphitstruktur tritt eine trigonale Pyramide $\{20\bar{2}1\}$ auf.

Anhang:

Beiträge zur Strukturbestimmung des I. und III. Typs.

Aus den Ausführungen, die absoluten Dimensionen des Elementarparallelepipeds betreffend, ging bereits hervor, dass dieselben für alle drei Typen gleich sind. Zu den bereits angeführten Beweisen aus den Wellenlängenkurven, dem nach der Nigglischen Formel berechneten c, und der Reflexion der α-Linie des Wolframs auf Platte 5, kommen noch die Spektralaufnahmen mit während der Aufnahme gedrehtem Kristall; dabei erhielt man die Röntgenperiode für Typ I und III:
$r(0001) = 2{,}55 \times 10^{-8}$ cm, $r(10\bar{1}0) = 2{,}7 \times 10^{-8}$ cm, $r(11\bar{2}0) = 1{,}55 \times 10^{-8}$ cm.

Ueber die spez. Atomanordnung des I. Typs lässt sich noch keine bestimmte Annahme machen, doch gestattet das vorhandene Material immerhin gewisse Schlüsse. Zunächst ergibt sich aus der Röntgenperiode $\frac{d}{6}$ (0001), sowie aus der, wie beim II. Typ erfüllten Bedingung, die Flächen mit h — k durch 3 teilbar betreffend, eine Aufteilung der Struktur in 6 gleich belastete Ebenenserien parallel (0001). Es bleibt dahingestellt, ob auch hier eine Scheidung in C- und Si-Ebenen auftritt, bezw. der Abstand zwischen beiden. Bemerkenswert ist, dass $(20\bar{2}3)$ morphologisch nie entwickelt ist. Ein Hauptunterschied ist das Auftreten von $05\bar{5}1)$ in grosser Intensität trotz der kleinen Wellenlänge (0,15). Weiter ist die scharfe Unterscheidung zwischen (+) und (—) Formen hervorzuheben. Makroskopisch wird vom Typ I die Rhomboederstrukturbedingung durchaus erfüllt, dagegen röntgenographisch nicht viel besser als bei Typ II, also spricht dies für prismatische Translationsgruppe, trotz der rhomboedrischen Flächenausbildung. Wahrscheinlich bildet wenigstens eine Atomart ein rhomboedrisches Gitter. Es ist merkwürdig, dass sich die Verschiedenheit der 3 Typen um so stärker äussert, je weniger die Röntgenogramme gegen (0001) geneigt sind. Auffällig ist das Auftreten der 5 in den Indices. Es wurden eine Anzahl Strukturmöglichkeiten aus $\mathfrak{C}_{3v}^{3}$ und $\mathfrak{C}_{3v}^{4}$ durchgeprüft, ohne jedoch eine restlose Erklärung aller dieser Erscheinungen geben zu können, deshalb sei auf diese Deutungsversuche nicht näher eingegangen.

Vom III. Typ endlich lässt sich erst wenig aussagen, schon weil aus Mangel an Material nur 2 Präparate vorlagen. Auch die Entscheidung, ob hemimorph oder nicht, konnte an ihnen nicht mit Sicherheit getroffen werden, doch hat Baumhauer auch bei diesem Typ polares Verhalten beobachtet. Die Lauediagramme sind bereits besprochen. Merkwürdigerweise fehlen $(20\bar{2}1)$ und $(40\bar{4}1)$ auf (0001), trotz der noch hohen Wellenlängen; dagegen sind 6 gleichbelastete Ebenenserien parallel (0001) auch hier vorhanden.

Ueber das Verhältnis der 3 Typen zueinander lässt sich nach alledem behaupten, dass es voneinander durch die räumliche Atomanordnung sich unterscheidende Modifikationen sind, die aber in engster Beziehung zueinander stehen. Verschiedenheit der Dichte ist nicht beobachtet und auch nicht zu erwarten, da in gleich grossen Elementarkörpern die gleiche Anzahl Moleküle enthalten sind.

Tafel 2.

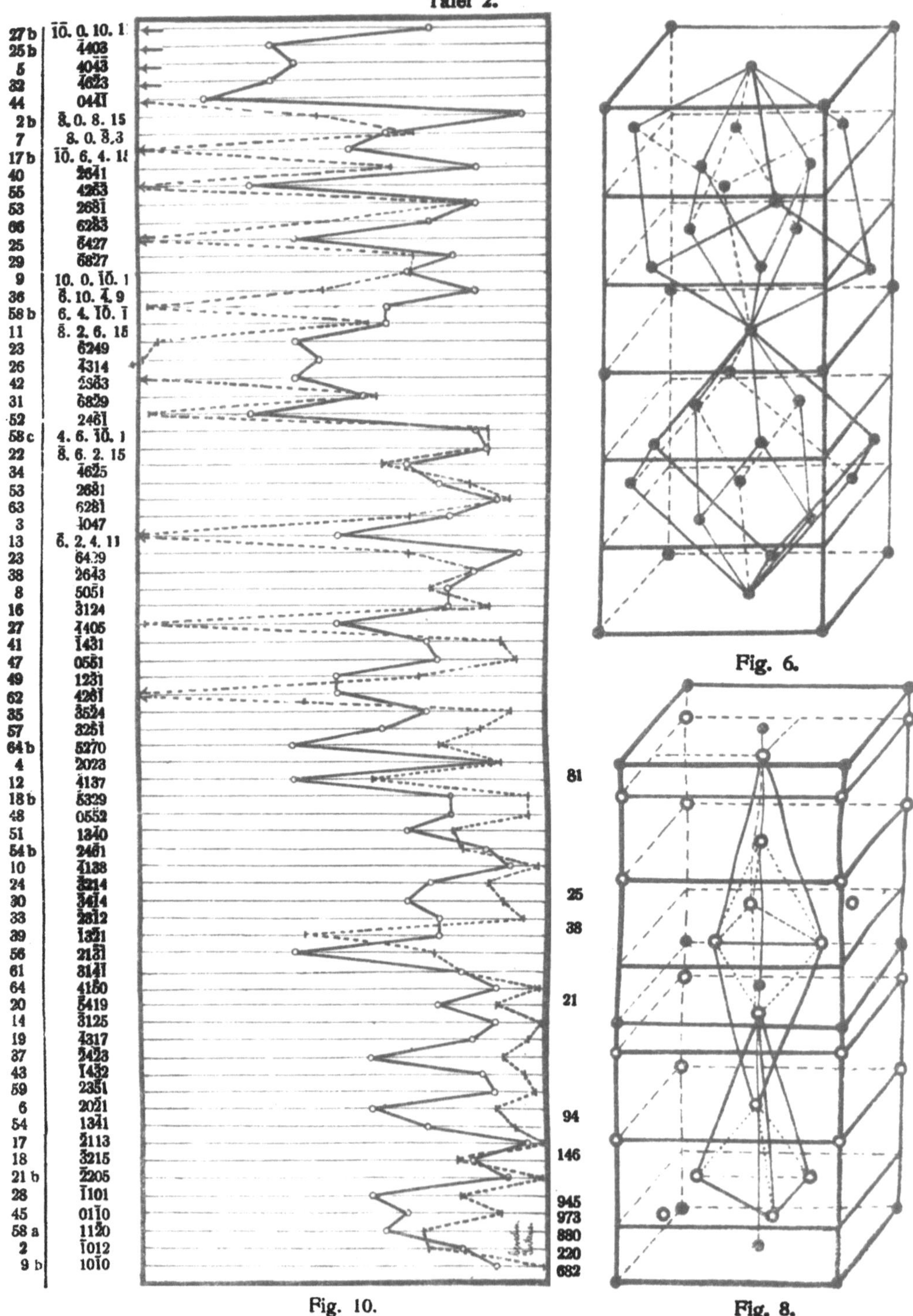

Fig. 10.

Fig. 6.

Fig. 8.

Figurenerklärung:

Fig. 6. Anordnung der C-Atome nach Pseudowürfeln $\{10\bar{1}2\}$.

Fig. 8. Anordnung der Si-Atome nach trig. Pyramiden $\{20\bar{2}1\}$.

Fig. 10. Vergleich zwischen berechneter Intensität und gemessener Schwärzung auf Pl. 20 nach Tabelle 3 S. 68.

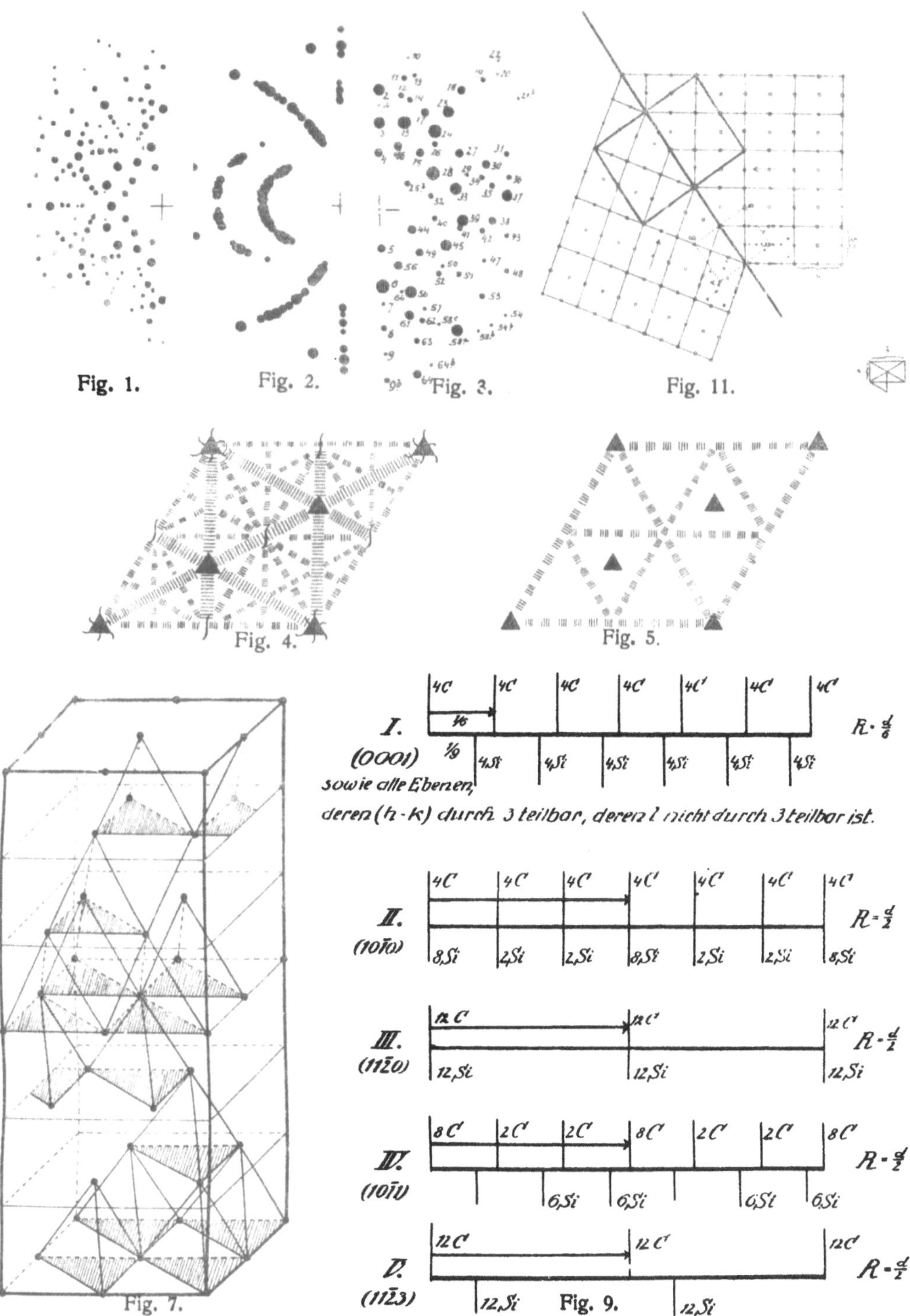

Fig. 1. Fig. 2. Fig. 3. Fig. 11. Fig. 4. Fig. 5. Fig. 7. Fig. 9.

Figurenerklärung:

Fig. 1. Lauediagramm (0001) Typ II. Fig. 2. Lauediagramm (10$\bar{1}$0) Typ II.
Fig. 3. Lauediagramm Pl. 20 Typ II.
Fig. 4. Symmetrie der Raumgruppe $\mathfrak{C}_{6v}^{4}$. Fig. 5. Symmetrie der Raumgruppe $\mathfrak{C}_{3v}^{4}$.
Fig. 7. Tetraedrische Gruppierung der C-Atome. Fig. 9. Belastungen der wichtigsten Strukturflächen von Typ II.
Fig. 6, 8, 10 s. Tafel 2. Fig. 11. Zwillingsbildungen am Karborund.

Literatur.

1. H. Aminoff: Ueber die Kristallstruktur des Pyrochroits.
2. H. Baumhauer: a) Z. f. Krist., 50, 33.
   b) Z. f. Krist. 55, 247. Ueber die verschiedenen Modifikationen des Karborund und die Erscheinung der Polytypie.
3. F. Becke: Z. f. Krist. 24, 537.
4. Bragg, W. H. und W. L.: X-Rays and Cristal Structure.
   Bragg, W. L.: Die Reflexion der Röntgenstrahlen, Zürich 1914.
5. P. Debye und P. Scherrer: Phys. Zeitschr. 1917, Bd. 28, 291.
6. G. Friedel: Étude sur les Groupements Cristallins. 1909.
7. A. Gaubert: Z. f. Krist. 42, 182.
8. B. Gossner: Kristallberechnung und Kristallzeichnung, 1914.
9. R. Gross: Zentralblatt f. Min. 1919, 201.
10. Handwörterbuch der Naturw. V, 894.
11. Hauer u. Koller: Z. f. Krist. 55, 260.
12. A. Johnsen: N. Jahrb. f. Min. 1907, B. B. 23, 285.
13. M. v. Laue: Die Interferenzerscheinungen an Röntgenstrahlen.
14. E. Marx: Handbuch der Radiologie Bd. V, 1919.
15. G. B. Negri: Z. f. Krist. 41, 269.
16. P. Niggli: Geometrische Kristallographie des Diskontinuums.
17. F. Rinne: a) Ber. d. M. Phys. Klasse d. G. d. W. Leipzig 1915, Seite 303—340.
   b) Berichte etc. 1915, S. 11—45.
   c) N. Jahrb. f. Min. 1897 Bd. II (Isotypie).
   d) Ueber die Modifikationen kristalliner Stoffe. Die Naturw. 1919, Heft 29.
   e) Jahrbuch für Min. 1916, II, 106.
   f) Einführung in die kristallogr. Formenlehre usw. Leipzig 1919. (Drehmethode von E. Schiebold S. 199.)
18. E. Schiebold: Diss. Die Verwendung der Lauediagramme zur Bestimmung der Struktur des Kalkspats. Leipzig 1919.
19. O. Weigel: Ueber einige phys. Eigenschaften des Karborunds. Nachrichten der K. Ges. der Wiss. Göttingen. 1915.

4.

ÜBER DIE KRISTALLSTRUKTUR DES TURMALINS

VON

CHARLOTTE KULASZEWSKI

MIT 10 FIGUREN

MITTEILUNG AUS DEM INSTITUT FÜR MINERALOGIE UND PETROGRAPHIE DER UNIVERSITÄT LEIPZIG*)
N. FOLGE (SEIT 1909) NR. 135

*) Leitung der Arbeit durch F. RINNE und E. SCHIEBOLD.

Die Untersuchungen, über welche im Nachstehenden berichtet werden soll, wurden an zumeist roten und einigen schwarzen Turmalinen von Wolkenburg und Penig in Sachsen ausgeführt. Die Kristalle entstammen Pegmatitgängen des Granulits. Wir verdanken das Material dem Direktor der geologischen Landesuntersuchung, Herrn Geheimen Bergrat Professor Dr. Kossmat.

I. Goniometrische Untersuchungen.

Die benutzten roten Turmaline haben eine Länge von 3,5—10,5 mm und eine Stärke von 0,5—7 mm. Fast alle Kristalle zeigen durch die Vorherrschaft des negativen trigonalen Prismas einen dreiseitigen Querschnitt mit Zuschärfungen durch das hexagonale Prisma. Einzelne Kristalle sind im Querschnitt sehr unregelmässig. Die (0001)-Fläche ist ausnahmslos matt, während die übrigen, häufig facettierten Terminalflächen meist stark glänzen. Die Prismenzone erschien bei sämtlichen Kristallen, mit Ausnahme der fast glatten $(11\bar{2}0)$-Flächen, stark gerieft.

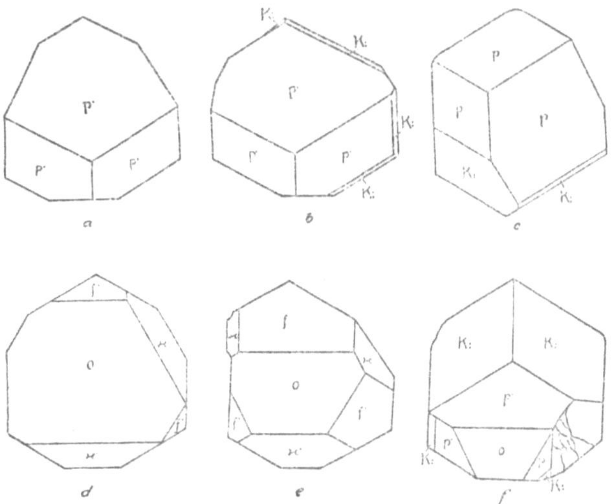

Fig. 1. Turmalin von Wolkenburg, Sachsen. Kopfbilder der Kristalle.

Formtypen: $o = (0001)$ $p^{\cdot} = (10\bar{1}1)$ $\varkappa^{\cdot} = (01\bar{1}1)$ $f^{\cdot} = (10\bar{1}2)$ $K{:} = (21\bar{3}1)$.

Das Wolkenburg-Peniger Turmalinvorkommen zeichnet sich durch grosse Einfachheit der Kombinationen aus. Es lassen sich in der Hauptsache zwei Typen unterscheiden: 1. ein prismatisch-basaler Typus: $\{0001\}$ mit $\{10\bar{1}2\}$ und $\{01\bar{1}1\}$; 2. ein prismatisch-pyramidaler Typus: a) $\{10\bar{1}1\}$ mit $\{21\bar{3}1\}$ bei roten Kristallen, b) $\{10\bar{1}1\}$ mit $\{02\bar{2}1\}$ bei schwarzen Kristallen, und zwar sind diese einzelnen Typen für die Ausbildung der beiden Pole der Turmaline charakteristisch, wie aus der folgenden Zusammenstellung ersichtlich ist:

1. Beobachtete Formen am analogen Pol nach prozentualer Häufigkeit:

$\{000\bar{1}\}$	$\{10\bar{1}1\}$	$\{01\bar{1}2\}$	$\{21\bar{3}1\}$
69,2%	74,3%	59,0%	15,4%

2. Beobachtete Formen am antilogen Pol nach prozentualer Häufigkeit:

$\{0001\}$	$\{10\bar{1}1\}$	$\{01\bar{1}2\}$	$\{02\bar{2}1\}$	$\{07\bar{7}4\}$	$\{21\bar{3}1\}$
3,45%	100%	10,3%	16,1%	2,3%	39,0%

3. Kombinationen der zweiseitig ausgebildeten Kristalle:*)

$\{0001\}$,	$\{10\bar{1}1\}$,	$\{10\bar{1}2\}$,	$\{21\bar{3}1\}$
+57%	+38,1%	+71,4%	−52,3%
	−100%		

Ein Vergleich ergibt die Vorherrschaft der Flächenausbildung am antilogen Pol. Tritt an einem Ende $\{0001\}$ auf, so herrscht diese Fläche über die anderen Terminalflächen gewöhnlich vor. Bei den Kristallen des 2. Typus findet sich am häufigsten und mit relativ grössten Flächen die trigonale Grundpyramide $\{10\bar{1}1\}$, die nur in wenigen Fällen ihre herrschende Stellung an $\{21\bar{3}1\}$ abgibt.**)

Beschreibung der Formen.

1. Pedien.

Die Fläche $\{0001\}$ wurde nur an einem Kristall in matter, gekörnelter trapezartiger Gestalt gefunden. Die Körnelung erwies sich bei mikroskopischer Beobachtung als Anhäufung winziger Hügel. Aehnliche Erscheinungen konstatierte H. Müller am brasilianischen Turmalin.

$\{000\bar{1}\}$ gibt häufig dem analogen Pol ein charakteristisches Aussehen. Die Oberfläche ist meist matt glänzend infolge feinkörneliger Beschaffenheit.

2. Positive trigonale Pyramiden. $\{10\bar{1}1\}$.

Diese am Turmalin häufigste Form herrscht auch beim Wolkenburger Vorkommen vor. Ihre Flächen sind meistens stark glänzend, aber häufig zufolge Streifung oder dachziegelartiger Ueberlagerung nicht einheitlich ausgebildet.

$\{\bar{1}01\bar{1}\}$ ist an den rosenroten Turmalinen ebenfalls ziemlich oft zu beobachten, jedoch nur mit kleinen schmalen Flächen.

3. Negative trigonale Pyramiden.

$\{01\bar{1}2\}$ wurde nur an einem schwarzen Kristall als Träger der Kombination beobachtet. Dagegen tritt $\{0\bar{1}1\bar{2}\}$ am analogen Pol ziemlich häufig auf; sie liess sich an 16 Kristallen mit schmalen kleinen Flächen mit im allgemeinen nur schwachen Reflexen feststellen.

Die Gestalt $\{02\bar{2}1\}$, nach Müller die häufigste am brasilianischen Turmalin, wurde nur an einigen Kristallen, besonders an schwarzen, mit kleinen Flächen gefunden.

$\{07\bar{7}4\}$ trat an einem Kristall mit zwei sehr kleinen matten Flächen auf.

4. Ditrigonale Pyramiden.

$\{21\bar{3}1\}$ ist eine besonders typische Form für das sächsische Vorkommen der roten Turmaline. Sie ist fast bei allen am antilogen Pol vertreten. Ihre Grösse schwankt bedeutend zwischen ganz schmalen mikroskopisch kaum sichtbaren Streifen und sehr grosser Entwicklung. An schwarzen Kristallen des Vorkommens wurde sie nicht beobachtet.

*) Der analoge und antiloge Pol sind durch (+) bezw. (—) bezeichnet.

**) An einem Kristall sind die $(10\bar{1}1)$-Flächen mit 3 sehr kleinen, $(21\bar{3}1)$ dagegen mit 2 auffallend grossen Flächen ausgebildet, wodurch er ein monoklines Aussehen erhält (Fig. 1f).

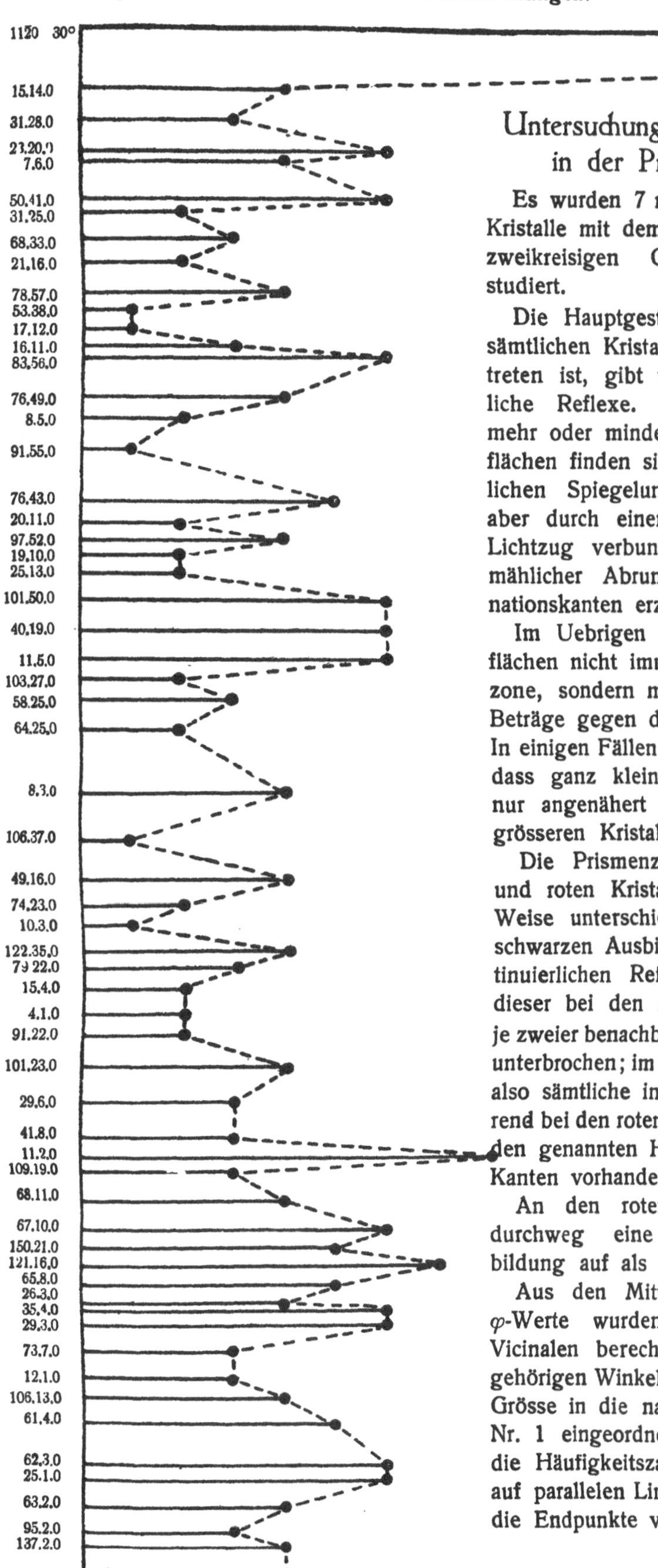

Fig. 2. Häufigkeit der Vicinalen in der Prismenzone.

Untersuchung der Vicinalen in der Prismenzone.

Es wurden 7 rote und 5 schwarze Kristalle mit dem Goldschmidtschen zweikreisigen Goniometer genau studiert.

Die Hauptgestalt $\{11\bar{2}0\}$, die an sämtlichen Kristallen vollflächig vertreten ist, gibt fast immer einheitliche Reflexe. Auch unter den mehr oder minder schmalen Vicinalflächen finden sich solche mit deutlichen Spiegelungen. Diese sind aber durch einen ununterbrochenen Lichtzug verbunden, der von allmählicher Abrundung der Kombinationskanten erzeugt wird.

Im Uebrigen liegen die Vicinalflächen nicht immer in der Prismenzone, sondern mitunter um geringe Beträge gegen die c-Achse geneigt. In einigen Fällen liess sich erkennen, dass ganz kleine Einzelkriställchen nur angenähert parallel mit einem grösseren Kristall verwachsen sind.

Die Prismenzone der schwarzen und roten Kristalle ist in folgender Weise unterschieden: Während die schwarzen Ausbildungen einen kontinuierlichen Reflexzug liefern, ist dieser bei den roten an den Orten je zweier benachbarter $\{11\bar{2}0\}$-Flächen unterbrochen; im ersteren Falle gehen also sämtliche ineinander über, während bei den roten Kristallen zwischen den genannten Hauptflächen scharfe Kanten vorhanden sind.

An den roten Turmalinen tritt durchweg eine reichere Vicinalbildung auf als bei den schwarzen.

Aus den Mitteln der einzelnen φ-Werte wurden die Indices der Vicinalen berechnet und die dazu gehörigen Winkel nach abnehmender Grösse in die nachstehende Tabelle Nr. 1 eingeordnet. In Fig. 2 sind die Häufigkeitszahlen der Vicinalen auf parallelen Linien abgetragen und die Endpunkte verbunden.

Der Ueberblick der Figur zeigt keine sonderlich herausstechenden Maxima oder Minima, wohl aber ist als Hinweis auf den Feinbau des Turmalins bemerkenswert, dass 72% der Vicinalen die „Rhomboederstrukturbedingung"*) erfüllen. Es war also zu erwarten, dass an der Kristallstruktur rhomboedrische Raumgitter wesentlichen Anteil haben (vgl. Lit. 10, 11).

Tabelle Nr. 1.

Nr.	φ	Index (Bravais)	Zahl der Kristalle		Zahl der Einzelflächen		Gesamthäufigkeit	Prozentuale Häufigkeit
			rot	schwarz	rot	schwarz		%
1	30.00	$11\bar{2}0$	7	5	42	30	72	100
2	28.51	$15.14.\overline{29}.0$	4	—	4	—	4	5,6
3*	28.19	$31.28.\overline{59}.0$	1	1	2	1	3	4,2
4*	27.41	$23.20.\overline{43}.0$	4	2	4	2	6	8,3
5	27.28	$7.6.\overline{13}.0$	2	2	2	2	4	5,6
6*	26.44	$50.41.\overline{91}.0$	6	—	6	—	6	8,3
7*	26.27	$31.25.\overline{56}.0$	1	1	1	1	2	2,8
8	25.56	$68.33.\overline{121}.0$	3	—	3	—	3	4,2
9	25.32	$21.16.\overline{37}.0$	2	—	2	—	2	2,8
10*	24.52	$78.57.\overline{135}.0$	2	1	3	1	4	5,6
11*	24.34	$53.38.\overline{91}.0$	1	—	1	—	1	1,4
12	24.15	$17.12.\overline{29}.0$	1	—	1	—	1	1,4
13	23.54	$16.11.\overline{27}.0$	1	1	2	1	3	4,2
14*	23.37	$83.56.\overline{139}.0$	3	1	4	2	6	8,3
15*	22.54	$76.49.\overline{125}.0$	3	1	3	1	4	5,6
16*	22.27	$8.5.\overline{13}.0$	1	1	1	1	2	2,8
17*	21.54	$91.55.\overline{146}.0$	1	—	1	—	1	1,4
18*	20.54	$76.43.\overline{119}.0$	4	—	5	—	5	7,0
19*	20.30	$20.11.\overline{31}.0$	1	1	1	1	2	2,8
20*	20.07	$97.52.\overline{149}.0$	3	—	4	—	4	5,6
21*	19.51	$19.10.\overline{29}.0$	2	—	2	—	2	2,8
22*	19.33	$25.13.\overline{38}.0$	2	—	2	—	2	2,8
23*	18.58	$101.50.\overline{151}.0$	4	1	5	1	6	8,3
24*	18.24	$40.19.\overline{59}.0$	4	—	6	—	6	8,3
25*	17.49	$11.5.\overline{16}.0$	5	—	6	—	6	8,3
26	17.33	$103.27.\overline{130}.0$	2	—	2	—	2	2,8
27*	17.05	$58.25.\overline{83}.0$	3	—	3	—	3	4,2
28*	16.26	$64.25.\overline{89}.0$	1	1	1	1	2	2,8
29	15.17	$8.3.\overline{11}.0$	2	2	2	2	4	5,6
30*	14.25	$106.37.\overline{143}.0$	—	1	—	1	1	1,4
31*	13.39	$49.16.\overline{65}.0$	3	1	3	1	4	5,6
32*	13.07	$74.23.\overline{97}.0$	2	—	2	—	2	2,8
33	12.44	$10.3.\overline{13}.0$	—	1	—	1	1	1,4
34*	12.15	$122.35.\overline{157}.0$	2	2	2	2	4	5,6
35	11.55	$79.22.\overline{101}.0$	3	—	3	—	3	4,2
36	11.30	$15.4.\overline{19}.0$	1	1	1	1	2	2,8
37*	11.02	$41\bar{5}0$	2	—	2	—	2	2,8
38*	10.35	$91.22.\overline{113}.0$	2	—	2	—	2	2,8
39*	10.02	$101.23.\overline{124}.0$	3	1	3	1	4	5,6

*) E. Schiebold (Lit. 12, S. 53). Ein Anzeichen für Rhomboederstruktur ist danach das häufige Vorkommen von Formen mit $h - i - l = 3p$.

Nr.	φ	Index (Bravais)	Zahl der Kristalle		Zahl der Einzelflächen		Gesamthäufigkeit	Prozentuale Häufigkeit
			rot	schwarz	rot	schwarz		%
40	9.13	$29.6.\overline{35}.0$	3	—	3	—	3	4,2
41*	8.45	$41.8.\overline{49}.0$	3	—	3	—	3	4,2
42*	8.17	$11.2.\overline{13}.0$	4	2	5	3	8	11,1
43*	7.54	$109.19.\overline{128}.0$	3	—	3	—	3	4,2
44*	7.23	$68.11.\overline{79}.0$	1	3	1	3	4	5,6
45*	6.52	$67.10.\overline{77}.0$	4	1	5	1	6	8,3
46*	6.28	$150.21.\overline{171}.0$	4	1	4	1	5	7,0
47*	6.08	$121.16.\overline{137}.0$	5	1	6	1	7	9,7
48*	5.44	$65.8.\overline{73}.0$	3	—	5	—	5	7,0
49	5.24	$26.3.\overline{29}.0$	3	1	3	1	4	5,6
50	5.21	$35.4.\overline{39}.0$	3	1	4	2	6	8,3
51	4.52	$29.3.\overline{32}.0$	2	2	3	3	6	8,3
52*	4.32	$73.7.\overline{80}.0$	2	—	3	—	3	4,7
53	3.58	$12.1.\overline{13}.0$	2	1	2	1	3	4,2
54*	3.37	$106.13.\overline{119}.0$	3	1	3	1	4	5,6
55*	3.09	$61.4.\overline{65}.0$	3	1	4	1	5	7,0
56	2.21	$62.3.\overline{65}.0$	3	3	3	3	6	8,3
57*	1.56	$25.1.\overline{26}.0$	2	3	2	4	6	8,3
58	1.33	$63.2.\overline{65}.0$	4	—	4	—	4	5,6
59*	1.02	$95.2.\overline{97}.0$	2	1	2	1	3	4,2
60*	0.43	$137.2.\overline{139}.0$	2	2	2	2	4	5,6
61	0	$10\bar{1}0$	1	2	2	2	4	5,6

Anm. Die mit * versehenen Flächen erfüllen die Rhomboederstrukturbedingung $h-i-l=3p$.

II. Röntgenographische Untersuchungen am Turmalin.

I. Auswertung der Lauediagramme.

Als Material wurden nur ganz klare rosenrote Turmaline verwendet. Die orientierten Präparate sind mittels des Wülfingschen Schleif-Apparates hergestellt, ihre Dicke betrug c. 0,8 mm. Es wurden folgende Schliffe angefertigt: (0001), $(0\bar{1}11)$, $(01\bar{1}0)$, $(11\bar{2}0)$, $(10\bar{1}1)$, $(50\bar{5}2)$ und $(10\bar{1}0)$. Die Aufnahmen geschahen mit einer Lilienfeldröhre mit Wolframantikathode.

Diagramm der Endfläche (0001) (Fig. 3a, b).

Das Diagramm zeigt der ditrigonal-pyramidalen Klasse entsprechend drei unter 120° sich einander schneidende, die Winkel der Nebenachsen halbierende Symmetrieebenen. Eine von ihnen verläuft in der Figur von vorn nach hinten.

Die Indices liessen sich aus den Mittelwerten der Polarkoordinaten α und φ (α = Glanzwinkel, φ = Azimut) nach der Formel berechnen:

$$h:i:l = \frac{a}{c}\cos(120-\varphi) \,.\, \operatorname{ctg}\alpha : \frac{a}{c} \,.\, \cos\varphi \operatorname{ctg}\alpha : 1 \quad \text{(I)}$$

$$a:c = 1:0,44805.$$

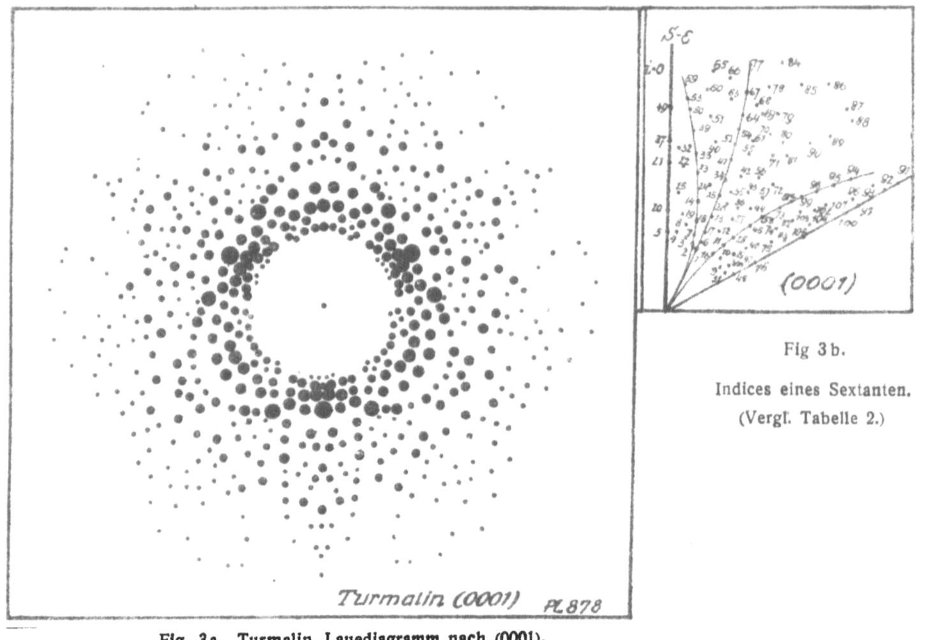

Fig 3b. Indices eines Sextanten. (Vergl. Tabelle 2.)

Fig. 3a. Turmalin, Lauediagramm nach (0001).

Zusammenstellung der gedeuteten Flächen. Tabelle Nr. 2.

Nr.	Index (Bravais)	α Grad.Min.	φ Grad.Min.	Schw.	Nr.	Index (Bravais)	α Grad.Min.	φ Grad.Min.	Schw.
1	10.10.$\overline{20}$.1	6.50	60.00	11	26	6.6.$\overline{12}$.1	11.17½	60.30	9
2	12.7.$\overline{19}$.1	7.00	69.00	11	27	11.14.$\overline{25}$.2	10.47½	57.00	3
3	13.4.$\overline{17}$.1	7.25	77.00	10	28	9.18.$\overline{27}$.2	9.40	49.30	5
4	14.1.$\overline{15}$.1	7.27½	85.30	10	29	7.22.$\overline{29}$.2	8.45	43.30	5
5	15.0.$\overline{15}$.1	7.32½	90.00	9	30	5.26.$\overline{31}$.2	7.50	38.30	7
6	10.7.$\overline{17}$.1	7.22½	65.30	8	31	3.30.$\overline{33}$.2	7.07½	34.30	12
7	11.5.$\overline{16}$.1	7.50	71.00	10	32	15.1.$\overline{16}$.2	14.15	86.30	9
8	12.3.$\overline{15}$.1	8.15	79.00	5	33	14.3.$\overline{17}$.2	14.07½	80.00	7
9	4.13.$\overline{17}$.1	7.00	41.30	12	34	12.7.$\overline{19}$.2	13.12½	67.30	11
10	5.11.$\overline{16}$.1	7.42½	46.00	8	35	11.9.$\overline{20}$.2	12.12½	62.00	12
11	6.9.$\overline{15}$.1	8.25	51.00	6	36	9.13.$\overline{22}$.2	11.30	54.00	12
12	7.7.$\overline{14}$.1	9.07½	57.45	9	37	7.0.$\overline{7}$.1	15.47½	90.00	9
13	8.5.$\overline{13}$.1	10.00	66.30	6	39	13.3.$\overline{16}$.2	15.42½	82.30	8
14	9.3.$\overline{12}$.1	10.35	75.00	6	40	12.5.$\overline{17}$.2	15.17½	74.37½	9
15	10.1.$\overline{11}$.1	10.50	85.00	5	41	11.7.$\overline{18}$.2	14.45	68.15	7
16	7.10.$\overline{17}$.1	7.22½	52.30	9	42	10.9.$\overline{19}$.2	13.47½	62.30	10
17	9.6.$\overline{15}$.1	8.32½	63.30	9	43	9.11.$\overline{20}$.2	13.07½	56.00	11
18	10.4.$\overline{14}$.1	8.57½	71.30	6	44	8.13.$\overline{21}$.2	12.20	51.45	11
19	11.2.$\overline{13}$.1	9.32½	80.30	5	45	7.15.$\overline{22}$.2	11.30	47.15	8
20	12.0.$\overline{12}$.1	9.35	90.00	3	46	4.21.$\overline{25}$.2	9.55	40.30	6
21	9.0.$\overline{9}$.1	12.57½	90.00	11	47	2.25.$\overline{27}$.2	8.52½	34.45	4
22	17.2.$\overline{19}$.2	12.50	84.00	11	48	1.27.$\overline{28}$.2	7.52½	31.00	10
23	8.2.$\overline{10}$.1	12.25	78.00	7	49	13.0.$\overline{13}$.2	16.30	90.00	9
24	15.6.$\overline{21}$.2	12.12½	72.00	10	50	12.2.$\overline{14}$.2	16.30	83.45	12
25	7.4.$\overline{11}$.1	11.50	66.45	6	51	11.4.$\overline{15}$.2	16.02½	82.30	11

Nr.	Index (Bravais)	α Grad.Min.	φ Grad.Min.	Schw.
52	$10.6.\overline{16}.2$	15.22½	68.40	12
53	$12.1.\overline{13}.2$	17.20	85.30	12
54	$5.3.\overline{8}.1$	16.00	68.30	12
55	$9.8.\overline{17}.2$	15.00	62.30	8
56	$4.5.\overline{9}.1$	14.00	54.00	10
57	$7.12.\overline{19}.1$	13.22½	51.30	10
58	$3.7.\overline{10}.1$	12.45	46.00	9
59	$23.2.\overline{25}.4$	18.40	87.30	11
60	$11.2.\overline{13}.2$	18.27½	81.45	11
61	$5.2.\overline{7}.1$	17.52½	75.15	12
63	$19.10.\overline{29}.4$	17.30	69.30	12
64	$9.6.\overline{15}.2$	17.00	67.15	12
65a	$10.2.\overline{12}.2$	19.30	80.15	11
66	$19.6.\overline{25}.4$	19.25	77.30	12
67	$9.4.\overline{13}.2$	18.55	71.00	12
68	$17.10.\overline{27}.4$	18.30	67.30	12
69	$4.3.\overline{7}.1$	18.05	64.00	12
70	$11.11.\overline{22}.3$	17.52½	60.15	12
71	$7.8.\overline{15}.2$	17.07½	55.30	12
72	$3.5.\overline{8}.1$	15.47½	51.15	10
77	$9.3.\overline{12}.1$	20.45	72.00	12
78	$8.5.\overline{13}.2$	19.30	66.30	12
79	$7.7.\overline{14}.1$	18.27½	60.00	12
80	$6.9.\overline{15}.2$	17.25	54.45	11
73	$4.13.\overline{17}.2$	15.47½	50.15	7
74	$3.15.\overline{18}.2$	14.32½	44.00	10
75	$2.17.\overline{19}.2$	13.32½	40.00	7
76	$0.10.\overline{10}.1$	12.20	31.30	1

Nr.	Index (Bravais)	α Grad.Min.	φ Grad.Min.	Schw.
81	$5.10.\overline{15}.2$	17.10	50.00	9
81a	$4.13.\overline{17}.2$	18.35	55.00	9
84	$7.5.\overline{12}.2$	21.30	64.30	12
90	$5.9.\overline{14}.2$	18.25	49.00	12
99	$3.13.\overline{16}.2$	15.35	42.15	10
82	$2.15\ \overline{17}.2$	14.17½	37.00	10
83	$1.17.\overline{18}.2$	13.00	33.15	9
85	$3.3.\overline{6}.1$	21.15	58.00	12
98	$3.12.\overline{15}.2$	16.15	40.30	10
103	$1.7.\overline{8}.1$	14.52½	37.45	10
86	$5.7.\overline{12}.2$	22.00	54.00	12
89	$4.9.\overline{13}.2$	19.35	45.00	11
95	$3.11.\overline{14}.2$	17.37½	40.30	12
101	$2.13.\overline{15}.2$	16.05	37.00	9
104	$1.15.\overline{16}.2$	14.45	32.00	10
105	$0.17.\overline{17}.2$	13.35	30.00	9
87	$3.8.\overline{11}.2$	21.35	46.00	12
94	$1.5.\overline{6}.1$	18.35	37.45	12
96	$1.6.\overline{7}.1$	17.37½	35.15	11
102	$1.13.\overline{14}.2$	15.52½	33.30	11
88	$4.13.\overline{17}.3$	21.25	44.00	12
93	$1.11.\overline{12}.1$	18.55	32.30	11
97	$0.6.\overline{6}.1$	17.35	30.00	12
92	$0.11.\overline{11}.2$	19.25	30.00	10
91	$0.5.\overline{5}.1$	20.25	30.00	11
100	$0.7.\overline{7}.1$	16.00	30.00	9

Diagramm der positiven trigonalen Pyramide (1011).

Das in Fig. 4 a, b wiedergegebene Diagramm zeigt entsprechend der Symmetrieklasse des Turmalins eine von vorn nach hinten verlaufende Symmetrieebene. Um die Prismenzone auf der unteren Hälfte und um die punktreiche Zone der ditrigonalen Pyramiden auf der oberen des Diagramms treten eigenartige „Höfe" auf. Charakteristisch sind die durch die Reflexe der Flächen ($01\bar{1}0$), ($11\bar{2}0$) und ($\bar{3}211$) laufenden Zonenscharen. Die Koordinaten wurden parallel und senkrecht zur Symmetrieebene gelegt. Es berechneten sich die Indices aus den Polarkoordinaten nach der Formel:

$$h:i:l = \left(A_1 \cdot \frac{\operatorname{tg}\alpha}{\cos\varphi} + B_1 \cdot \operatorname{tg}\varphi - \tfrac{1}{2}\right) : 1 : \left(A_2 \cdot \frac{\operatorname{tg}\alpha}{\cos\varphi} - B_2 \cdot \operatorname{tg}\varphi\right),$$

wobei

$$A_1 = \frac{\sqrt{3}\,h_0}{2\,J_0} = 0{,}398 \text{ und } J_0 = \sqrt{1 + {}^3/_4 \frac{a^2}{c^2}} = 2{,}175;$$

$$B_1 = {}^3/_4 \frac{a\,l_0}{c\,.\,J_0} = 0{,}769; \; A_2 = \frac{\sqrt{3}\,l_0}{2\,J_0} = 0{,}398 \text{ und } B_2 = \frac{c h_0}{a\,J_0} = 0{,}206 \text{ ist; } h_0 = l_0 = 1.$$

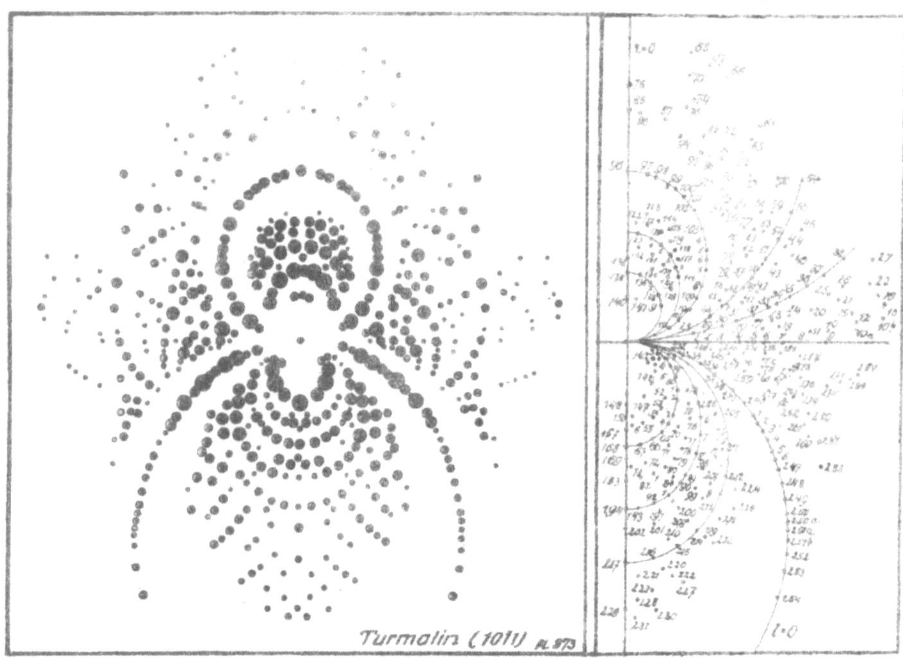

Fig. 4a. Fig. 4b.
Turmalin, Lauediagramm nach ($10\bar{1}1$).

Tabelle Nr. 3.

Nr.	Index (Bravais)	α Grad Min.	φ Grad.Min.	Schw.	Nr.	Index (Bravais)	α Grad.Min.	φ Grad.Min.	Schw.
141	$\overline{10}.2.8.3$	4.57 1/2	81.00	8	119	$\overline{15}.7.8.5$	11.00	67.30	7
140	$\bar{9}.0.9.3$	5.00	90.00	9	118	$\overline{16}.9.7.5$	10.15	62.30	12
139	$\bar{9}.7.2.2$	5.20	48.00	3	117	$\overline{17}.11.6.5$	10.02 1/2	57.30	11
138	$\bar{8}.5.3.2$	6.00	57.00	6	115	$\bar{6}.3.3.2$	11.27 1/2	66.00	12
137	$\bar{7}.3.4.2$	6.45	68.00	1	114	$\overline{16}.5.11.6$	12.05	76.15	12
136	$\bar{6}.1.5.2$	7.10	82.45	1	113	$\overline{18}.3.15.7$	12.47 1/2	82.45 1/2	12
135	$\bar{5}.0.5.1$	7.10	90.00	5	112	$\bar{7}.10.\bar{3}.1$	4.40	18.00	9
134	$\overline{16}.6.10.5$	8.15	72.22 1/2	10	111	$\bar{6}.8.\bar{2}.1$	5.50	22.00	2
133	$\overline{13}.0.13.5$	8.40	90.00	9	110	$\bar{5}.6.\bar{1}.1$	7.22 1/2	28.00	2
132	8.1.7.3	9.35	85.30	3	109	$\bar{9}.10.\bar{1}.2$	8.22 1/2	32.10	8
131	$\bar{3}.1.2.1$	9.20	75.00	4	108	$\bar{4}.4.0.1$	9.45	37.52 1/2	5
130	$\overline{10}.5.5.3$	8.50	65.15	3	107	$\overline{11}.10.1.3$	10.50	43.00	2
129	$\overline{11}.7.4.3$	8.10	57.30	7	106	$\bar{7}.6.1.2$	11.25	46.00	6
128	$\bar{4}.3.1.1$	7.30	51.00	6	105	$\overline{10}.8.2.3$	11.52 1/2	48.15	6
116	$\overline{15}.11.4.4$	8.40	51.45	7	104	$\overline{13}.10.3.4$	12.27 1/2	52.07 1/2	7
127	$\overline{14}.9.5.4$	9.15	57.06	8	103	$\bar{3}.2.1.1$	13.12 1/2	57.00	3
126	$\overline{13}.7.6.4$	9.50	63.15	5	102	$1\bar{1}.6.5.4$	14.02 1/2	64.00	6
125	$\overline{12}.5.7.4$	10.22 1/2	70.15	6	101	$\overline{21}.10.11.8$	14.37 1/2	68.45	7
124	$\overline{11}.3.8.4$	10.47 1/2	78.00	6	100	$\bar{5}.2.3.2$	14.57 1/2	71.45	7
123	$\overline{10}.1.9.4$	11.00	86.00	6	99	$\overline{19}.6.13.2$	15.07 1/2	75.30	6
122	$\overline{12}.1.11.5$	11.55	86.15	6	98	$\bar{9}.2.7.4$	15.27 1/2	80.52 1/2	6
121	$\overline{13}.3.10.5$	11.40	80.15	5	97	$\overline{13}.2.11.6$	15.35	83.45	6
120	$\overline{14}.5.9.5$	11.30	74.00	6	96	$\bar{2}.0.2.1$	15.35	90.00	5

Nr.	Index (Bravais)	α Grad.Min.	φ Grad.Min.	Schw.
94	$\bar{13}.4.9.6$	18.10	76.10	9
93	$\bar{7}.3.4.3$	17.50	70.37½	12
92	$\bar{8}.5.3.3$	16.37½	61.00	12
91	$\bar{9}.7.2.3$	15.15	53.00	11
90	$\bar{17}.13.4.6$	15.42½	52.00	10
89	$\bar{16}.11.5.6$	16.22½	56.45	12
88	$\bar{14}.7.7.6$	17.55	67.15	9
87	$\bar{12}.3.9.6$	19.05	80.00	12
86	$\bar{11}.1.10.6$	19.25	87.37½	12
85	$\bar{7}.0.7.4$	19.25	90.00	12
84	$\bar{13}.6.7.6$	19.05	70.00	9
83	$\bar{7}.4.3.3$	18.07½	63.15	11
82	$\bar{15}.10.5.6$	17.10	56.52½	10
81	$\bar{8}.6.2.3$	16.07½	51.15	12
80	$\bar{9}.8.1.3$	14.40	43.30	8
79	$\bar{15}.16.\bar{1}.4$	11.50	32.52½	11
78	$\bar{14}.15.\bar{1}.4$	12.52½	35.30	11
77	$\bar{12}.13.\bar{1}.4$	15.25	44.30	12
76	$\bar{6}.2.4.3$	20.10	76.00	12
75	$\bar{5}.0.5.3$	20.40	90.00	11
74	$\bar{8}.3.5.4$	20.40	74.22½	12
73	$\bar{5}.4.1.2$	18.07½	52.15	10
68	$\bar{16}.5.11.9$	23.02½	77.52½	11
67	$\bar{17}.7.10.9$	22.40	73.15	12
66	$\bar{2}.1.1.1$	22.10	68.37½	11
65	$\bar{7}.5.2.3$	20.07½	56.[illegible]2½	12
64	$\bar{11}.10.1.4$	16.55	43.45	12
63	$\bar{3}.3.0.1$	16.45	40.22½	12
62	$\bar{10}.11.\bar{1}.3$	14.00	35.00	4
57	$\bar{11}.13.\bar{2}.3$	12.55	30.30	9
56	$\bar{4}.5.\bar{1}.1$	11.22½	27.30	7
55	$\bar{9}.12.\bar{3}.2$	10.15	25.00	10
61	$\bar{8}.7.1.4$	21.07½	57.15	12
60	$\bar{10}.9.1.4$	18.47½	45.45	12
59	$\bar{11}.11.0.4$	17.22½	41.15	9
58	$\bar{12}.13.\bar{1}.4$	16.10	37.15	8
54	$\bar{5}.5.0.2$	20.12½	42.45	9
53	$\bar{11}.12.\bar{1}.4$	18.17½	37.30	9
52	$\bar{6}.7.\bar{1}.2$	16.42½	33.30	10
51	$\bar{13}.16.\bar{3}.4$	15.07½	30.17½	12
50	$\bar{7}.9.\bar{2}.2$	13.47½	27.15	9
49	$\bar{15}.20.\bar{5}.4$	12.42½	25.30	9
48	$\bar{8}.11.\bar{3}.2$	11.52½	23.00	5
47	$\bar{9}.13.\bar{4}.2$	10.22½	19.30	6
46	$\bar{10}.15.\bar{5}.2$	9.07½	17.45	9
45	$\bar{11}.14.\bar{3}.4$	18.17½	32.30	9
44	$\bar{12}.15.\bar{3}.4$	16.57½	29.52½	12
43	$\bar{13}.16.\bar{3}.4$	15.45	27.15	9

Nr.	Index (Bravais)	α Grad.Min	φ Grad.Min.	Schw.
42	$\bar{11}.16.\bar{5}.3$	13.37½	21.00	9
41	$\bar{4}.6.\bar{2}.1$	12.15	19.00	9
40	$\bar{3}.4.\bar{1}.1$	17.07½	27.00	9
38	$\bar{5}.8.\bar{3}.2$	20.35	20.15	12
37	$\bar{11}.18.\bar{7}.4$	18.45	18.30	12
36	$\bar{3}.5.\bar{2}.1$	17.27½	17.15	8
35	$\bar{13}.22.\bar{9}.4$	15.40	15.30	10
34	$\bar{7}.12.\bar{5}.2$	14.45	14.45	11
33	$\bar{15}.26.\bar{11}.4$	14.05	14.15	11
32	$\bar{4}.7.\bar{3}.1$	12.52½	12.45	4
31	$\bar{9}.16.\bar{7}.2$	11.22½	11.30	9
30	$\bar{5}.9.\bar{4}.1$	10.07½	10.15	9
29	$\bar{6}.11.\bar{5}.1$	8.15	8.15	2
28	$\bar{7}.13.\bar{6}.1$	7.12½	8.00	10
27	$\bar{2}.4.\bar{2}.1$	22.25	18.00	12
26	$\bar{5}.9.\bar{4}.2$	20.00	14.30	12
25	$\bar{3}.5.\bar{2}.1$	18.52½	12.30	10
23	$\bar{4}.8.\bar{4}.1$	14.15	8.00	12
24	$\bar{7}.14.\bar{7}.2$	15.45	9.00	12
20	$\bar{3}.6.\bar{3}.1$	17.22½	9.45	9
21	$\bar{5}.10.5.2$	19.17½	11.15	11
22	$\bar{9}.18.\bar{9}.4$	21.30	12.15	12
19	$\bar{5}.10.\bar{5}.1$	10.52½	5.00	9
17	$\bar{4}.9.\bar{5}.1$	13.17½	5.52½	9
18	$\bar{7}.17.\bar{10}.2$	15.02½	6.07½	12
14	$\bar{3}.8.\bar{5}.1$	17.12½	6.37½	12
15	$\bar{5}.15.\bar{10}.2$	20.10	8.00	12
16	$\bar{2}.7.\bar{5}.1$	21.55	8.30	12
11	$\bar{3}.7.\bar{4}.1$	17.12½	4.15	12
12	$\bar{7}.17.\bar{10}.3$	21.35	5.52½	12
13	$\bar{13}.32.\bar{19}.6$	21.57½	6.30	12
10	$\bar{5}.11.\bar{6}.2$	18.25	3.00	12
10a	$\bar{6}.13.\bar{7}.2$	19.55	3.30	12
10b	$\bar{7}.15.\bar{8}.2$	21.25	4.00	12
9	$\bar{4}.11.\bar{7}.1$	17.40	0.00	12
8	$\bar{3}.8.\bar{5}.1$	16.47½	0.00	9
7	$\bar{7}.18.\bar{11}.2$	14.57½	0.00	12
6	$\bar{4}.10.\bar{6}.1$	13.30	0.00	8
5	$\bar{9}.22.\bar{13}.2$	12.20	0.00	12
4	$\bar{5}.12.\bar{7}.1$	11.22½	0.00	6
3	$\bar{6}.14.\bar{8}.1$	9.45	0.00	8
2	$\bar{7}.16.\bar{9}.1$	8.30	0.00	8
1	$\bar{8}.18.\bar{10}.1$	7.35	0.00	12
142	$\bar{2}.5.\bar{7}.1$	3.00	48.00	10
143	$0.11.\bar{11}.\bar{1}$	3.30	34.00	11
144	$1.9.\bar{10}.\bar{1}$	3.55	37.00	8
145	$2.7.\bar{9}.\bar{1}$	4.22½	45.00	3
146	$3.5.\bar{8}.\bar{1}$	5.05	55.00	1

Nr.	Index (Bravais)	α Grad.Min.	φ Grad.Min.	Schw.
147	$4.3.\bar{7}.\bar{1}$	5.45	70.15	4
148	$5.0.\bar{5}.\bar{1}$	6.00	90.00	1
150	$16.1.\bar{17}.\bar{3}$	8.00	87.00	11
151	$0.23.\bar{23}.\bar{2}$	4.25	32.00	11
152	$7.9.\bar{16}.\bar{2}$	7.05	56.00	11
153	$8.7.\bar{15}.\bar{2}$	7.37½	62.45	9
154	$9.5.\bar{14}.\bar{2}$	8.02½	69.15	8
155	$10.3.\bar{13}.\bar{2}$	8.22½	77.00	9
156	$11.1.\bar{12}.\bar{2}$	8.35	85.30	7
157	$6.0.\bar{6}.\bar{1}$	9.15	90.00	11
158	$0.13.\bar{13}.\bar{1}$	5.20	31.00	12
159	$1.11.\bar{12}.\bar{1}$	6.05	33.45	7
160	$2.9.\bar{11}.\bar{1}$	6.55	39.30	7
161	$3.7.\bar{10}.\bar{1}$	7.45	47.00	5
162	$7.12.\bar{19}.\bar{2}$	8.30	52.00	12
163	$4.5.\bar{9}.\bar{1}$	9.00	55.30	6
164	$9.8.\bar{17}.\bar{2}$	9.20	61.00	9
165	$5.3.\bar{8}.\bar{1}$	9.47½	67.45	6
166	$11.4.\bar{15}.\bar{2}$	10.05	74.45	6
167	$6.1.\bar{7}.\bar{1}$	10.30	82.00	6
168	$13.0.\bar{13}.\bar{2}$	10.30	90.00	6
169	$7.0.\bar{7}.\bar{1}$	11.35	90.00	10
170	$9.11.\bar{20}.\bar{2}$	10.07½	56.30	12
171	$11.7.\bar{18}.\bar{2}$	11.05	66.30	12
172	$13.3.\bar{16}.\bar{2}$	11.55	79.45	6
173	$14.1.\bar{15}.\bar{2}$	12.05	86.45	7
174	$2.12.\bar{14}.\bar{1}$	8.17½	36.30	5
175	$3.10.\bar{13}.\bar{1}$	9.10	42.30	4
176	$4.8.\bar{12}.\bar{1}$	10.07½	48.30	4
177	$5.6.\bar{11}.\bar{1}$	11.20	57.00	3
178	$11.10.\bar{21}.\bar{2}$	11.55	61.15	8
179	$6.4.\bar{10}.\bar{1}$	12.22½	66.00	7
180	$13.6.\bar{19}.\bar{2}$	12.50	71.45	8
181	$7.2.\bar{9}.\bar{1}$	13.05	77.52½	7
182	$15.2.\bar{17}.\bar{2}$	13.25	84.00	11
183	$8.0.\bar{8}.\bar{1}$	13.30	90.00	11
184	$14.7.\bar{21}.\bar{2}$	13.37½	70.00	12
185	$3.13.\bar{16}.\bar{1}$	10.35	39.00	8
186	$4.11.\bar{15}.\bar{1}$	10.52½	43.30	5
187	$5.9.\bar{14}.\bar{1}$	11.55	49.30	5
188	$6.7.\bar{13}.\bar{1}$	13.02½	56.30	10
189	$7.5.\bar{12}.\bar{1}$	14.00	64.15	9
190	$15.8.\bar{23}.\bar{2}$	14.30	69.30	10
191	$8.3.\bar{11}.\bar{1}$	14.55	74.00	9
192	$17.4.\bar{21}.\bar{2}$	15.17½	79.00	10
193	$9.1.\bar{10}.\bar{1}$	15.27½	84.15	9
194	$9.0.\bar{9}.\bar{1}$	15.35	90.00	11
197	$17.10.\bar{27}.\bar{2}$	16.00	77.30	11
198	$7.8.\bar{15}.\bar{1}$	14.10	58.00	11
199	$15.11.\bar{26}.\bar{2}$	15.17½	64.15	12
200	$9.4.\bar{13}.\bar{1}$	16.12½	72.00	10
201	$10.2.\bar{12}.\bar{1}$	16.50	80.15	11
202	$11.0.\bar{11}.\bar{1}$	17.00	90.00	8
203	$4.17.\bar{21}.\bar{1}$	11.40	38.45	8
204	$5.15.\bar{20}.\bar{1}$	12.35	42.30	9
205	$6.13.\bar{19}.\bar{1}$	13.25	46.30	7
206	$7.11.\bar{18}.\bar{1}$	14.17½	51.15	8
207	$8.9.\bar{17}.\bar{1}$	15.17½	56.45	8
208	$9.7.\bar{16}.\bar{1}$	16.22½	63.15	9
209	$10.5.\bar{15}.\bar{1}$	17.10	70.15	9
210	$11.3.\bar{14}.\bar{1}$	17.55	77.22½	11
211	$7.14.\bar{21}.\bar{1}$	14.15	47.45	8
212	$8.12.\bar{20}.\bar{1}$	15.52½	52.07½	8
213	$10.8.\bar{18}.\bar{1}$	17.05	62.15	9
214	$11.6.\bar{17}.\bar{1}$	17.52½	68.25	9
215	$12.4.\bar{16}.\bar{1}$	18.32½	75.15	11
216	$13.2.\bar{15}.\bar{1}$	19.00	82.15	11
217	$14.0.\bar{14}.\bar{1}$	19.05	90.00	10
218	$11.9.\bar{20}.\bar{1}$	17.35	61.30	12
219	$12.7.\bar{19}.\bar{1}$	18.32½	67.37½	10
220	$14.3.\bar{17}.\bar{1}$	19.40	80.00	11
221	$15.1.\bar{16}.\bar{1}$	19.50	85.45	11
222	$17.5.\bar{22}.\bar{1}$	20.10	77.45	10
223	$16.2.\bar{18}.\bar{1}$	20.30	83.30	11
224	$10.14.\bar{24}.\bar{1}$	17.05	53.07½	12
225	$11.12.\bar{23}.\bar{1}$	17.50	56.45	9
226	$13.8.\bar{21}.\bar{1}$	19.02½	66.15	9
227	$15.4.\bar{19}.\bar{1}$	20.37½	75.52½	11
228	$16.2.\bar{18}.\bar{1}$	21.05	86.07½	11
229	$17.0.\bar{17}.\bar{1}$	21.30	90.00	11
230	$11.2.\bar{13}.\bar{3}$	21.37½	82.30	11
231	$21.1.\bar{22}.\bar{1}$	21.55	87.30	10
232	$\bar{2}.5.\bar{3}.0$	4.47½	7.30	7
233	$\bar{1}.3.\bar{2}.0$	6.00	10.30	10
234	$\bar{1}.4.\bar{3}.0$	7.00	13.30	2
235	$\bar{1}.5.\bar{4}.0$	8.22½	16.00	2
236	$\bar{1}.6.\bar{5}.0$	9.22½	18.30	6
237	$\bar{1}.7.\bar{6}.0$	10.07½	20.15	7
238	$\bar{1}.10.\bar{9}.0$	10.52½	22.15	1
239	$\bar{1}.14.\bar{13}.0$	11.40	23.45	6
240	$0.1.\bar{1}.0$	12.50	26.45	2
241	$1.16.\bar{17}.0$	13.57½	30.00	7
242	$1.12.\bar{13}.0$	14.40	31.07½	5
243	$1.6.\bar{7}.0$	15.50	33.52½	11
244	$1.5.\bar{6}.0$	16.22½	35.30	11
245	$1.4.\bar{5}.0$	17.05	37.15	9
246	$2.7.\bar{9}.0$	17.35	38.45	11

Nr	Index (Bravais)	α Grad.Min.	φ Grad.Min.	Schw.	Nr.	Index (Bravais)	α Grad.Min.	φ Grad.Min.	Schw.
247	1.3.$\bar{4}$.0	18.07½	40.15	10	264	$\bar{3}$.19.$\overline{16}$.1	15.00	15.22½	9
248	5.12.$\overline{17}$.0	18.50	42.15	10	263	$\bar{2}$.17.$\overline{15}$.1	16.32½	18.00	10
249	4.9.$\overline{13}$.0	19.27½	44.07½	10	267	$\bar{6}$.21.$\overline{15}$.1	11.35	9.15	10
250	1.2.$\bar{3}$.0	20.15	46.30	10	266	$\bar{5}$.19.$\overline{14}$.1	13.00	10.15	11
250a	3.5.$\bar{8}$.0	20.55	48.15	10	278	$\bar{4}$.17.$\overline{13}$.1	13.55	11.00	11
251a	2.3.$\bar{5}$.0	21.15	49.30	12	277	$\bar{3}$.15.$\overline{12}$.1	15.30	12.30	7
251b	3.4.$\bar{7}$.0	21.35	51.45	11	274	$\bar{2}$.9.$\bar{7}$.1	19.25	9.45	12
252	5.6.$\overline{11}$.0	22.15	54.00	11	273	$\bar{3}$.11.$\bar{8}$.1	16.02½	8.07½	10
253	1.1.$\bar{2}$.0	23.10	56.45	10	272	$\bar{4}$.13.$\bar{9}$.1	13.40	6.30	9
254	5.4.$\bar{1}$.0	23.55	61.30	9	271	$\bar{5}$.15.$\overline{10}$.1	11.55	5.45	5
260	$\bar{1}$.22.$\overline{21}$.1	18.25	27.15	9	270	$\bar{6}$.17.$\overline{11}$.1	10.32½	5.22½	6
283	$\bar{3}$.21.$\overline{18}$.1	20.20	31.15	12	269	$\bar{7}$.19.$\overline{12}$.1	9.27½	4.00	12
281	1.31.$\overline{32}$.1	19.15	26.52½	12	268	$\bar{8}$.21.$\overline{13}$.1	8.37½	4.00	12
261	0.29.$\overline{29}$.1	18.17½	24.30	9	284	$\bar{2}$.8.$\bar{6}$.1	20.25	7.30	12
262	$\bar{1}$.27.$\overline{26}$.1	17.37½	21.30	10	288	$\bar{4}$.15.$\overline{11}$.2	20.45	6.00	12
256	$\bar{2}$.25.$\overline{23}$.1	15.37½	20.07½	12	287	$\bar{3}$.10.$\bar{7}$.1	16.27½	4.30	9
257	$\bar{3}$.23.$\overline{20}$.1	14.35	19.00	12	285	$\bar{7}$.20.$\overline{13}$.2	14.52½	3.45	12
259	$\bar{5}$.23.$\overline{18}$.1	12.22½	12.45	12	286	$\bar{4}$.12.$\bar{8}$.1	13.37½	3.30	12
265	$\bar{4}$.21.$\overline{17}$.1	13.32½	13.52½	12					

Diagramm der positiven trigonalen Pyramide (50$\bar{5}$2).

Die Symmetrie dieses Diagramms (Fig 5a, b) entspricht der des vorhergehenden. Auch hier treten wieder die „Höfe“ auf. Besonders charakteristisch

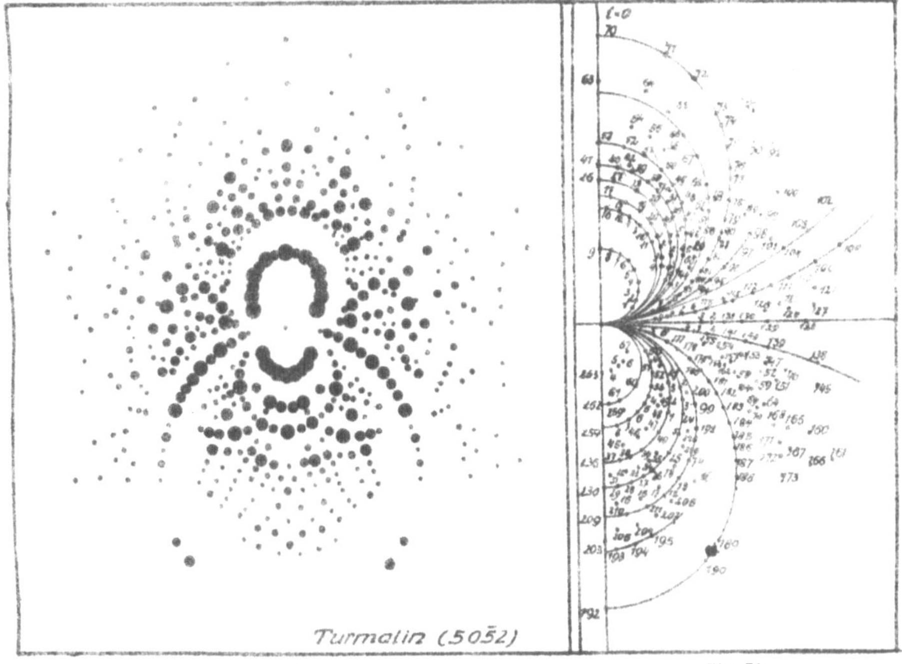

Fig. 5a. Fig. 5b.

Turmalin, Lauediagramm nach (50$\bar{5}$2).

sind die Zonenkurven durch die Reflexe von $(14\bar{5}0)$, $(\bar{1}101)$, $(\bar{2}3\bar{1}1)$. Zur Berechnung der Indices wurde die Formel (II) benutzt. Es ändern sich die Werte der Konstanten zu $A_1 = 1{,}37$; $B_1 = 1{,}06$; $A_2 = 0{,}548$; $B_2 = 0{,}709$ um.

Tabelle Nr. 4.

Nr.	Index (Bravais)	α Grad.Min.	φ Grad.Min.	Schw.
1	$3.\overline{14}.11.2$	3.25	25.00	12
2	$1.6.\bar{7}.\bar{1}$	3.50	32.00	1
3	$0.4.\bar{4}.\bar{1}$	5.00	41.00	2
4	$1.6.\bar{7}.\bar{2}$	5.47½	47.00	5
5	$1.2.\bar{3}.\bar{1}$	6.47½	59.00	1
6	$4.4.\bar{8}.\bar{3}$	7.12½	66.30	6
7	$3.2.\bar{5}.\bar{2}$	7.37½	73.30	3
8	$7.2.\bar{9}.\bar{4}$	7.50	81.30	7
9	$2.0.\bar{2}.1$	8.00	90.00	1
11	$6.11.\overline{17}.\bar{5}$	10.05	58.30	11
12	$7.9.\overline{16}.\bar{5}$	10.37½	62.30	11
13	$8.7.\overline{15}.\bar{5}$	11.05	67.30	9
14	$9.5.\overline{14}.\bar{5}$	11.27½	73.30	8
15	$10.3.\overline{13}.\bar{5}$	11.42½	79.45	6
16	$11.1.\overline{12}.\bar{5}$	11.57½	86.30	7
17	$9.1.\overline{10}.\bar{4}$	12.45	86.00	9
18	$8.3.\overline{11}.\bar{4}$	12.30	77.15	7
19	$7.5.\overline{12}.\bar{4}$	12.02½	69.30	8
20	$6.7.\overline{13}.\bar{4}$	11.27½	63.00	6
21	$5.9.\overline{14}.\bar{4}$	10.50	56.30	12
22	$4.11.\overline{15}.\bar{4}$	10.05	51.00	7
23	$3.13.\overline{16}.\bar{4}$	9.20	47.00	12
24	$2.15.\overline{17}.\bar{4}$	9.05	42.00	12
26	$5.0.\bar{5}.\bar{2}$	14.10	90.00	9
27	$7.1.\bar{8}.\bar{3}$	14.05	84.45	9
28	$2.1.\bar{3}.\bar{1}$	13.45	74.30	9
29	$5.5.\overline{10}.\bar{3}$	12.57½	64.30	5
30	$4.7.\overline{11}.\bar{3}$	12.10	56.00	8
31	$1.3.\bar{4}.\bar{1}$	11.00	49.30	4
32	$2.11.\overline{13}.\bar{3}$	10.10	43.00	11
33	$1.13.\overline{14}.\bar{3}$	9.15	38.30	12
34	$0.15.\overline{15}.\bar{3}$	9.00	30.00	10
35	$5.16.\overline{21}.\bar{5}$	11.45	48.30	11
36	$7.12.\overline{19}.\bar{5}$	12.50	55.30	12
37	$8.10.\overline{18}.\bar{5}$	13.25	60.00	12
37a	$9.8.\overline{17}.\bar{5}$	13.55	66.00	9
38	$10.6.\overline{16}.\bar{5}$	14.37½	71.30	8
39	$11.4.\overline{15}.\bar{5}$	14.57½	76.15	12
40	$12.2.\overline{14}.\bar{5}$	15.05	83.30	12
41	$13.0.\overline{13}.\bar{5}$	15.25	90.00	8
42	$7.2.\bar{9}.\bar{3}$	15.30	79.00	12
43	$1.15.\overline{16}.\bar{2}$	8.15	30.00	9
44	$0.11.\overline{11}.\bar{2}$	9.20	33.30	12

Nr.	Index (Bravais)	α Grad.Min.	φ Grad.Min.	Schw.
45	$1.9.\overline{10}.\bar{2}$	10.55	39.00	11
46	$2.7.\bar{9}.\bar{2}$	12.27½	46.30	7
47	$5.12.\overline{17}.\bar{4}$	13.15	51.00	10
48	$3.5.\bar{8}.\bar{2}$	14.10	56.00	5
49	$7.8.\overline{15}.\bar{4}$	14.57½	61.30	10
50	$4.3.\bar{7}.\bar{2}$	15.47½	68.00	5
51	$9.4.\overline{13}.\bar{4}$	16.22½	75.00	10
52	$5.1.\bar{6}.\bar{2}$	16.45	82.00	9
53	$11.0.\overline{11}.\bar{4}$	17.00	90.00	5
54	$8.2.\overline{10}.\bar{3}$	18.05	80.45	11
55	$7.3.\overline{10}.\bar{3}$	17.45	75.00	12
56	$6.4.\overline{10}.\bar{3}$	17.15	70.00	11
57	$1.4.\bar{5}.\bar{1}$	13.37½	44.30	9
58	$2.14.\overline{16}.\bar{3}$	12.37½	40.30	12
59	$1.16.\overline{17}.\bar{3}$	11.45	36.00	12
60	$0.6.\bar{6}.\bar{1}$	10.45	33.00	12
63	$3.0.\bar{3}.\bar{1}$	20.55	90.00	12
64	$11.3.\overline{14}.\bar{4}$	20.32½	78.15	12
65	$10.5.\overline{15}.\bar{4}$	19.20	72.30	12
66	$9.7.\overline{16}.\bar{4}$	18.42½	66.00	12
67	$8.9.\overline{17}.\bar{4}$	17.50	60.30	12
68	$7.11.\overline{18}.\bar{4}$	17.07½	55.00	12
69	$6.13.\overline{19}.\bar{4}$	15.57½	48.30	12
62	$5.15.\overline{20}.\bar{4}$	15.15	46.00	9
70	$7.0.\bar{7}.\bar{2}$	23.00	90.00	12
71	$3.1.\bar{4}.\bar{1}$	22.37½	76.37½	12
72	$8.5.\overline{13}.\bar{3}$	21.30	67.15	12
73	$7.7.\overline{14}.\bar{3}$	20.30	61.15	12
74	$9.10.\overline{19}.\bar{3}$	20.00	58.30	12
75	$2.3.\bar{5}.\bar{1}$	19.15	54.00	11
76	$5.11.\overline{16}.\bar{3}$	17.55	49.00	12
77	$3.8.\overline{11}.\bar{2}$	17.17½	46.37½	12
78	$4.13.\overline{17}.\bar{3}$	16.45	44.30	12
79	$1.5.\bar{6}.\bar{1}$	15.22½	40.15	11
80	$3.22.\overline{25}.\bar{4}$	14.20	36.30	10
81	$1.12.\overline{13}.\bar{2}$	13.47½	35.30	10
82	$0.7.\bar{7}.\bar{1}$	12.30	31.15	10
83	$\bar{1}.16.\overline{15}.\bar{2}$	11.25	28.00	10
84	$\bar{1}.9.\bar{8}.\bar{1}$	10.20	25.00	5
85	$\bar{2}.11.\bar{9}.\bar{1}$	8.50	21.30	6
86	$\bar{3}.13.\overline{10}.\bar{1}$	7.37½	18.00	5
87	$\bar{4}.15.\overline{11}.\bar{1}$	6.37½	15.30	10
89	$2.13.\overline{15}.\bar{2}$	16.45	37.30	12

Nr.	Index (Bravais)	α Grad.Min.	φ Grad.Min.	Schw.
90	$2.4.\bar{6}.\bar{1}$	20.20	48.52½	12
91	$7.8.\overline{15}.\bar{3}$	22.10	58.30	12
92	$2.6.\bar{8}.\bar{1}$	21.12½	44.45	12
94	$\bar{3}.16.\overline{13}.\bar{1}$	10.37½	18.00	9
95	$\bar{2}.14.\overline{12}.\bar{1}$	12.07½	20.30	5
96	$\bar{1}.12.\overline{11}.\bar{1}$	13.37½	23.30	7
97	$0.10.\overline{10}.\bar{1}$	15.47½	28.07½	8
98	$1.18.\overline{19}.\bar{2}$	17.05	30.45	12
99	$1.8.\bar{9}.\bar{1}$	18.15	33.15	12
100	$3.14.\overline{17}.\bar{2}$	20.00	35.00	12
101	$0.12.\overline{12}.\bar{7}$	17.32½	26.30	12
102	$1.22.\overline{23}.\bar{1}$	21.25	25.00	12
103	$0.20.\overline{20}.\bar{1}$	19.30	24.15	12
104	$1.18.\overline{19}.\bar{1}$	17.50	22.30	12
108	$0.2.\bar{2}.0$	22.45	20.00	12
109	$1.18.\overline{19}.0$	21.37½	18.00	12
110	$1.10.\overline{11}.0$	19.00	16.30	12
111	$1.8.\bar{9}.0$	17.35	14.30	9
112	$1.6.\bar{7}.0$	16.30	13.45	9
113	$1.5.\bar{6}.0$	15.02½	12.15	12
114	$2.9.\overline{11}.0$	13.30	10.30	4
115	$1.4.\bar{5}.0$	12.42½	9.45	10
116	$3.11.\overline{14}.0$	10.55	8.30	8
117	$3.10.\overline{13}.0$	9.42½	7.30	8
118	$1.3.\bar{4}.0$	8.37½	6.00	3
119	$3.8.\overline{11}.0$	7.05	4.00	9
121	$2.10.\overline{12}.1$	19.40	7.00	12
124	$4.16.\overline{20}.1$	18.20	6.15	12
127	$3.14.\overline{17}.1$	20.35	3.00	12
125	$4.15.\overline{19}.1$	17.32½	3.30	11
126	$5.16.\overline{21}.1$	15.35	3.30	12
128	$\bar{3}.11.\bar{8}.1$	18.27½	0.00	11
129	$\bar{4}.13.\bar{9}.1$	15.45	0.00	12
130	$\bar{5}.15.\overline{10}.1$	13.42½	0.00	7
131	$\bar{6}.17.\overline{11}.1$	12.15	0.00	7
132	$\bar{7}.19.\overline{12}.1$	11.15	0.00	11
133	$\bar{8}.21.\overline{13}.1$	10.15	0.00	11
138	$\bar{2}.6.\bar{4}.1$	19.00	9.00	12
139	$\bar{3}.8.\bar{5}.1$	16.12½	7.30	10
140	$\bar{7}.18.\overline{11}.2$	14.20	7.15	12
141	$\bar{4}.10.\bar{6}.1$	12.27½	6.00	9
142	$\bar{5}.12.\bar{7}.1$	10.50	5.30	6
143	$\bar{6}.14.\bar{8}.1$	9.20	5.00	10
144	$\bar{7}.16.\bar{9}.1$	8.17½	4.30	10
145	$\bar{6}.17.\overline{11}.3$	19.45	14.45	12
146	$\bar{7}.18.\overline{11}.3$	18.35	13.15	11
147	$\bar{8}.19.\overline{11}.3$	15.57½	11.22½	11
151	$\bar{9}.20.\overline{11}.4$	17.15	17.45	11

Nr.	Index (Bravais)	α Grad.Min.	φ Grad.Min.	Schw.
152	$\bar{5}.11.\bar{6}.2$	15.47½	16.22½	11
153	$\bar{6}.13.\bar{7}.2$	13.37½	14.00	11
154	$\bar{7}.15.\bar{8}.2$	11.55	12.30	9
155	$\bar{4}.8.\bar{4}.1$	10.32½	11.00	11
161	$\bar{4}.8.\bar{4}.3$	22.10	31.00	12
160	$\bar{5}.10.\bar{5}.3$	20.15	28.00	12
159	$\bar{7}.14.\bar{7}.3$	15.37½	21.00	12
158	$\bar{8}.16.\bar{8}.3$	13.55	18.30	8
157	$\bar{3}.6.\bar{3}.1$	12.35	17.00	8
156	$\overline{10}.20.\overline{10}.3$	11.25	15.30	11
166	$\bar{6}.11.\bar{5}.4$	21.27½	34.15	12
165	$\bar{7}.13.\bar{6}.4$	18.42½	29.45	12
164	$\bar{8}.15.\bar{7}.4$	17.00	26.52½	12
163	$\bar{9}.17.\bar{8}.4$	15.27½	23.45	12
162	$\overline{11}.21.\overline{10}.4$	12.55	20.15	10
171	$\bar{8}.14.\bar{6}.5$	19.00	35.00	12
168	$\bar{9}.16.\bar{7}.5$	77.50	31.00	10
169	$\overline{10}.18.\bar{8}.5$	16.27½	28.15	12
170	$\bar{7}.12.\bar{5}.4$	16.37½	30.30	11
172	$\overline{11}.18.\bar{7}.8$	19.52½	39.00	12
173	$\bar{5}.8.\bar{3}.4$	20.55	41.45	12
174	$\bar{6}.11.\bar{5}.1$	5.00	12.00	12
175	$\bar{5}.9.\bar{4}.1$	5.55	14.30	6
176	$\bar{4}.7.\bar{3}.1$	7.15	17.00	7
177	$\bar{7}.12.\bar{5}.2$	8.22½	19.30	2
178	$\bar{3}.5.\bar{2}.1$	9.45	23.30	7
179	$\bar{8}.13.\bar{5}.3$	11.30	28.00	3
180	$\bar{5}.8.\bar{3}.2$	12.02½	29.00	5
181	$\bar{7}.11.\bar{4}.3$	12.52½	30.30	7
182	$\overline{13}.20.\bar{7}.6$	13.42½	33.30	7
183	$\bar{2}.3.\bar{1}.1$	14.50	37.30	4
184	$\bar{9}.13.\bar{4}.5$	15.52½	40.00	12
185	$\overline{17}.24.\bar{7}.10$	16.37½	42.15	8
186	$\bar{8}.11.\bar{3}.5$	17.25	45.00	12
187	$\bar{3}.4.\bar{1}.2$	18.00	47.45	10
188	$\overline{11}.14.\bar{3}.8$	18.40	49.45	12
189	$\bar{9}.10.\bar{1}.8$	20.55	60.00	10
190	$\bar{1}.1.0.1$	21.47½	65.00	7
192	$\bar{7}.0.7.2$	23.55	90.00	12
193	$\bar{7}.1.6.10$	19.37½	87.15	12
194	$\bar{8}.3.5.10$	19.30	82.00	11
195	$\bar{9}.5.4.10$	19.12½	77.15	12
196	$\overline{13}.13.0.10$	17.05	59.07½	12
203	$\bar{3}.0.3.1$	19.15	90.00	9
205	$\bar{6}.1.5.8$	18.35	87.00	10
204	$\bar{7}.3.4.8$	18.27½	80.30	8
207	$\overline{17}.12.5.16$	17.52½	71.37½	10
206	$\bar{9}.7.2.8$	17.30	67.30	12

Nr.	Index (Bravais)	α Grad.Min.	φ Grad.Min.	Schw.
209	$\bar{5}.0.5.7$	18.00	90.00	12
210	$\bar{6}.2.4.7$	17.50	83.00	12
211	$\bar{7}.4.3.7$	17.27½	75.37½	12
212	$\bar{8}.6.2.7$	16.55	69.00	12
213	$\bar{9}.8.1.7$	16.10	63.00	11
214	$\overline{10}.10.0.7$	15.17½	57.30	11
198	$\overline{12}.14.\bar{2}.7$	13.42½	47.30	11
199	$\overline{14}.18.\bar{4}.7$	12.05	41.00	11
215	$\bar{5}.1.4.6$	16.57½	85.30	11
216	$\bar{2}.1.1.2$	16.40	77.30	12
217	$\bar{7}.5.2.6$	16.00	69.15	12
218	$\bar{8}.7.1.6$	15.10	63.00	12
219	$\bar{3}.3.0.2$	14.17½	56.30	6
220	$\overline{10}.11.\bar{1}.6$	13.30	51.00	7
200	$\overline{13}.17.\bar{4}.6$	10.52½	38.30	12
221	$\overline{12}.16.\bar{4}.5$	9.25	36.00	11
222	$\overline{11}.14.\bar{3}.5$	10.07½	40.30	11
223	$\overline{10}.12.\bar{2}.5$	11.15	44.30	12
224	$\bar{9}.10.\bar{1}.5$	12.05	49.00	7
225	$\bar{8}.8.0.5$	13.00	55.30	9
226	$\bar{7}.6.1.5$	14.15	60.00	12
227	$\overline{11}.6.5.10$	15.10	75.45	11
228	$\bar{5}.2.3.5$	15.30	80.15	12
229	$\bar{9}.2.7.10$	15.40	85.00	12
230	$\bar{4}.0.4.5$	15.45	90.00	9
231	$\bar{8}.1.7.9$	14.57½	87.30	10
232	$\bar{3}.1.2.3$	14.47½	81.30	10
233	$\overline{10}.5.5.9$	14.22½	77.00	10
234	$\overline{11}.7.4.9$	14.05	71.45	9
235	$\overline{13}.11.2.9$	13.45	64.45	9
236	$\bar{7}.0.7.8$	13.50	90.00	12
237	$\bar{4}.1.3.4$	13.50	85.00	8
238	$\bar{9}.4.5.8$	13.52½	78.30	5
239	$\bar{5}.3.2.4$	13.17½	72.45	8
240	$\bar{6}.5.1.4$	12.20	62.45	3
241	$\bar{7}.7.0.4$	11.15	53.45	5
242	$\bar{8}.9.\bar{1}.4$	10.40	47.30	8
243	$\bar{9}.11.\bar{2}.4$	9.12½	40.30	11
244	$\overline{10}.13.\bar{3}.4$	7.32½	33.00	11
245	$\bar{8}.3.5.7$	12.20	80.15	10
246	$\bar{9}.5.4.7$	12.02½	74.00	12
247	$\overline{10}.7.3.7$	11.37½	67.45	8
248	$\overline{13}.13.0.7$	10.07½	53.30	12
249	$\overline{15}.17.\bar{2}.7$	9.10	48.00	10
250	$\overline{17}.22.\bar{5}.6$	5.45	33.00	10
251	$\overline{15}.18.\bar{3}.6$	6.32½	38.00	10
252	$\overline{14}.16.\bar{2}.6$	7.22½	43.00	7
253	$\bar{2}.2.0.1$	8.30	51.30	2
254	$\overline{11}.10.1.6$	9.05	55.45	11
255	$\bar{5}.4.1.3$	9.32½	61.30	8
256	$\bar{3}.2.1.2$	10.02½	68.30	11
257	$\bar{4}.2.2.3$	10.30	75.00	5
258	$\bar{7}.2.5.3$	10.45	82.00	8
259	$\bar{1}.0.1.1$	10.55	90.00	3
260	$\bar{9}.7.2.5$	7.32½	61.30	8
261	$\bar{7}.3.4.5$	8.20	76.45	4
262	$\bar{6}.1.5.5$	8.30	85.30	6
263	$\bar{5}.0.5.4$	5.00	90.00	2
264	$\bar{6}.2.4.4$	5.00	78.00	1
265	$\bar{7}.4.3.4$	4.52½	69.30	4
266	$\bar{9}.8.1.4$	4.37½	60.00	3
267	$\overline{10}.10.0.4$	4.00	46.00	2

Diagramm der negativen trigonalen Pyramide (01$\bar{1}$1).

Das in Fig. 6 a, b wiedergegebene Diagramm weist dieselbe Symmetrie auf wie die positiven trigonalen Pyramiden. Auch hier zeigen sich wieder die „Höfe". Die Reflexe von ($\bar{1}2\bar{1}0$), ($\bar{1}100$) und ($\bar{1}\bar{2}31$) zeichnen sich als Knotenpunkte von Zonenkurven aus. Die Indices wurden nach der Formel berechnet:

$$h:i:l = \bar{1} : \left(A_1 \frac{\operatorname{tg}\alpha}{\cos\varphi} + B_1 \operatorname{tg}\varphi + {}^1/_2\right) : \left(A_2 \frac{\operatorname{tg}\alpha}{\cos\varphi} - B_2 \operatorname{tg}\varphi\right).$$

Die Konstanten der Formel berechnen sich wie auf S. 9 zu $A_1 = 0{,}398$, $B_1 = 0{,}769$, $A_2 = 0{,}398$, $B_2 = 0{,}206$.

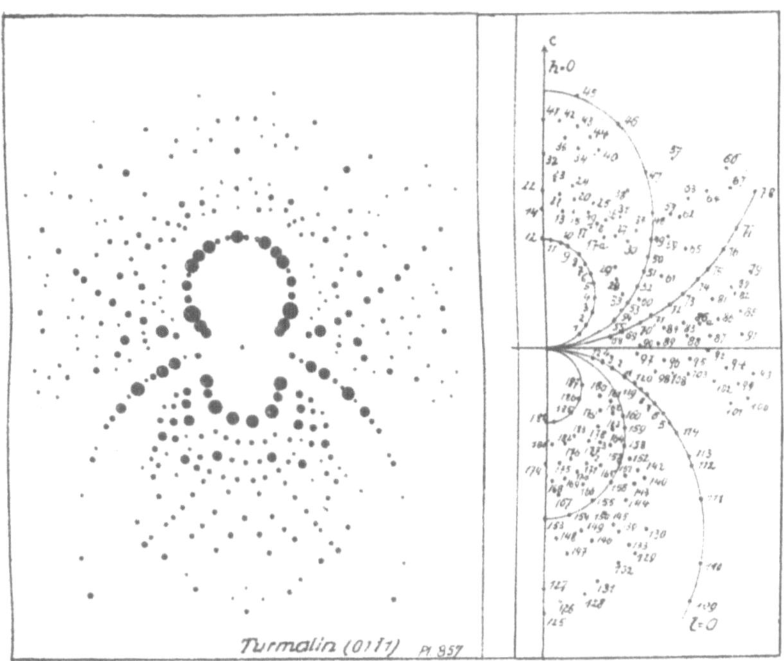

Fig. 6a. Fig. 6b.
Turmalin, Lauediagramm nach (01$\bar{1}$1).

Tabelle Nr. 5.

Nr.	Index (Bravais)	α Grad.Min.	φ Grad.Min.	Schw.
1	$\bar{9}.2.7.1$	3.47½	22.00	6
2	$\bar{7}.1.6.1$	4.40	26.00	5
3	$\bar{5}.0.5.1$	6.07½	35.00	1
4	$\bar{8}.\bar{1}.9.2$	6.52½	41.30	8
5	$\bar{3}.\bar{1}.4.1$	7.52½	49.30	6
6	$\bar{7}.\bar{4}.11.3$	8.37½	56.00	11
7	$\bar{4}.\bar{3}.7.2$	8.55	60.30	3
8	$\bar{5}.\bar{5}.10.3$	9.20	65.00	5
9	$\bar{1}.\bar{2}.3.1$	9.50	74.00	4
10	$\bar{4}.\overline{13}.17.6$	10.00	80.30	11
11	$\bar{1}.\bar{7}.8.3$	10.05	85.00	10
12	$0.\bar{5}.5.2$	10.05	90.00	4
14	$0.\bar{9}.9.4$	12.30	90.00	12
13	$\bar{4}.\overline{14}.18.7$	12.25	80.15	11
15	$\bar{6}.\overline{13}.19.7$	12.22½	75.45	12
17	$\overline{10}.\overline{11}.21.7$	11.35	65.45	11
17a	$\overline{10}.\bar{6}.16.5$	11.37½	58.15	11
18	$\bar{8}.\bar{7}.15.5$	12.12½	64.15	10
19	$\bar{6}.\bar{8}.14.5$	12.42½	69.30	11
20	$\bar{4}.\bar{9}.13.5$	13.15	76.22½	9
21	$\bar{2}.\overline{10}.12.5$	13.30	83.30	12
22	$0.\overline{11}.11.5$	13.30	90.00	10

Nr.	Index (Bravais)	α Grad.Min.	φ Grad.Min.	Schw.
23	$\bar{1}.\bar{8}.9.4$	14.27½	85.45	12
24	$\bar{3}.\bar{7}.10.4$	14.05	77.30	11
25	$\bar{5}.\bar{6}.11.4$	13.32½	68.15	9
26	$\bar{7}.\bar{5}.12.4$	12.52½	61.30	11
27	$\bar{9}.\bar{4}.13.4$	11.55	54.15	10
29	$\overline{13}.\bar{2}.15.4$	10.17½	44.00	12
28	$\overline{15}.\bar{1}.16.4$	9.35	41.00	10
30	$\bar{8}.\bar{2}.10.3$	12.20	49.15	9
33	$\overline{14}.\bar{1}.15.3$	9.02½	33.15	12
32	$0.\bar{2}.2.1$	16.15	90.00	9
31	$\bar{2}.\bar{1}.3.1$	13.30	56.30	11
34	$\bar{2}.\bar{5}.7.3$	16.40	77.45	12
35	$\bar{2}.\bar{9}.11.5$	17.00	82.45	12
37	$\bar{8}.\bar{2}.10.4$	13.20	48.30	11
38	$\bar{9}.\bar{3}.12.4$	14.15	52.30	10
40	$\bar{2}.\bar{3}.5.2$	16.52½	71.30	11
41	$0.\overline{12}.12.5$	18.15	90.00	11
42	$\bar{2}.\overline{10}.12.5$	18.10	84.15	11
43	$\bar{3}.\bar{8}.11.5$	18.00	78.45	12
44	$\bar{4}.\bar{6}.10.5$	17.37½	73.45	10
45	$\bar{1}.\bar{3}.4.2$	19.47½	80.00	12

Nr.	Index (Bravais)	α Grad.Min.	φ Grad.Min.	Schw.
46	$\bar{7}.\bar{7}.14.6$	18.35	67.22½	10
47	$\overline{11}.\bar{5}.16.6$	16.52½	56.45	9
48	$\bar{5}.\bar{1}.6.2$	15.05	48.00	10
49	$\overline{12}.\bar{1}.13.4$	13.52½	43.00	12
50	$\bar{7}.0.7.2$	12.47½	38.30	10
51	$\overline{16}.1.15.4$	11.47½	35.00	10
52	$\bar{9}.1.8.2$	10.47½	32.00	9
53	$\overline{11}.2.9.2$	9.20	27.00	12
54	$\overline{13}.3.10.2$	8.15	22.30	12
55	$0.2.\bar{2}.1$	3.45	21.00	12
57	$\overline{10}.\bar{3}.13.5$	18.07½	52.30	11
58	$\overline{14}.\bar{1}.15.5$	15.45	43.30	12
59	$\overline{16}.0.16.5$	14.42½	39.30	10
60	$\overline{17}.4.13.3$	10.20	24.30	12
61	$\overline{13}.2.11.3$	12.45	30.30	9
62	$\bar{9}.0.9.3$	16.07½	40.00	12
63	$\overline{16}.1.15.6$	17.07½	44.00	12
64	$\overline{14}.0.14.5$	17.37½	41.15	10
65	$\bar{8}.1.7.2$	14.02½	32.30	12
66	$\bar{8}.0.8.3$	19.32½	42.15	12
67	$\overline{14}.1.13.5$	19.22½	38.30	12
68	$\overline{12}.5.7.1$	6.27½	8.30	9
69	$\overline{10}.4.6.1$	7.45	11.00	5
70	$\bar{8}.3.5.1$	9.30	13.30	8
71	$\overline{14}.5.9.2$	10.45	16.00	9
72	$\bar{6}.2.4.1$	12.17½	18.30	8
73	$\overline{16}.5.11.3$	13.37½	20.30	9
74	$\overline{14}.4.10.3$	15.45	24.15	9
75	$\bar{4}.1.3.1$	17.17½	27.15	9
76	$\overline{14}.3.11.4$	18.45	29.45	11
77	$\overline{26}.5.21.8$	20.10	32.22½	11
78	$\bar{6}.1.5.2$	21.02½	33.57½	12
79	$\bar{8}.3.5.2$	18.45	20.45	12
80	$\overline{28}.11.17.6$	17.15	19.45	12
81	$\overline{12}.5.7.2$	15.15	15.00	12
82	$\bar{5}.2.3.1$	17.27½	17.00	12
83	$\overline{15}.7.8.2$	13.00	9.30	11
84	$\overline{22}.10.12.2$	11.30	9.00	12
85	$\bar{6}.3.3.1$	17.20	9.45	11
86	$\overline{20}.10.10.3$	15.45	8.15	12
86a	$\overline{22}.11.11.3$	14.30	8.00	12
91	$\bar{7}.4.3.1$	16.57½	4.15	11
87	$\overline{16}.9.7.2$	14.55	3.52½	12
88	$\bar{9}.5.4.1$	13.15	3.30	12
89	$\overline{11}.6.5.1$	11.00	2.30	7
90	$\overline{13}.7.6.1$	9.15	2.15	11
92	$\overline{20}.13.7.2$	14.45	1.45	12

Nr.	Index (Bravais)	α Grad.Min.	φ Grad.Min.	Schw.
93	$\overline{18}.13.5.2$	17.42½	6.30	12
94	$\overline{10}.7.3.1$	15.55	6.30	12
95	$\overline{12}.8.4.1$	13.20	5.00	12
96	$\overline{14}.9.5.1$	11.40	4.15	9
97	$\overline{16}.10.6.1$	10.07½	4.00	12
99	$\overline{20}.15.5.2$	17.00	9.22½	12
100	$\overline{10}.8.2.1$	17.50	13.30	12
102	$\overline{13}.10.3.1$	15.15	11.00	10
103	$\overline{16}.12.4.1$	13.25	9.45	9
108	$\overline{19}.14.5.1$	11.45	9.00	12
98	$\overline{22}.16.6.1$	10.37½	8.00	12
101	$\overline{14}.12.2.1$	16.45	16.30	11
109	$\bar{1}.2.\bar{1}.0$	22.15	57.15	11
110	$\bar{4}.7.\bar{3}.0$	21.10	52.45	12
111	$\bar{5}.7.\bar{2}.0$	18.15	43.00	12
112	$\bar{4}.5.\bar{1}.0$	16.35	38.15	11
113	$\bar{5}.6.\bar{1}.0$	15.52½	3 .17½	11
114	$\bar{9}.10.\bar{1}.0$	14.15	32.15	10
115	$\overline{14}.15.\bar{1}.0$	13.35	30.45	10
116	$\bar{1}.1.0.0$	12.32½	28.00	6
117	$\overline{20}.19.1.0$	11.20	25.30	12
118	$\overline{12}.11.1.0$	10.37½	24.00	4
119	$\bar{8}.7.1.0$	9.47½	21.30	12
120	$\overline{20}.17.3.0$	9.07½	20.15	11
121	$\bar{5}.4.1.0$	7.05	18.30	5
122	$\bar{9}.7.2.0$	6.52½	16.30	5
123	$\bar{4}.3.1.0$	5.52½	15.00	12
124	$\bar{7}.6.1.0$	4.42½	13.00	11
125	$0.15.\overline{15}.\bar{2}$	21.10	90.00	11
129	$\overline{10}.24.\overline{14}.\bar{1}$	18.30	64.00	9
129a	$\overline{11}.23.\overline{12}.\bar{1}$	13.00	60.00	12
127	$0.15.\overline{15}.\bar{1}$	20.45	90.00	12
126	$\bar{1}.15.\overline{14}.\bar{1}$	20.45	87.00	12
128	$\bar{3}.16.\overline{13}.\bar{1}$	20.00	79.00	11
131	$\bar{5}.17.\overline{12}.\bar{1}$	19.17½	75.22½	12
132	$\bar{7}.18.\overline{11}.\bar{1}$	18.50	70.00	12
133	$\bar{9}.22.\overline{13}.\bar{1}$	18.05	65.00	12
130	$\overline{10}.21.\overline{11}.\bar{1}$	17.35	60.00	10
139	$\bar{7}.18.\overline{11}.\bar{1}$	17.02½	66.45	11
140	$\overline{13}.21.\bar{8}.\bar{1}$	14.30	50.45	12
142	$\overline{12}.19.\bar{7}.\bar{1}$	13.40	50.07½	12
143	$\overline{10}.18.\bar{8}.\bar{1}$	14.37½	55.37½	11
144	$\bar{8}.17.\bar{9}.\bar{1}$	15.35	61.15	10
145	$\bar{6}.16.\overline{10}.\bar{1}$	16.22½	67.30	11
146	$\bar{4}.15.\overline{11}.\bar{1}$	17.05	74.30	11
147	$\bar{2}.14.\overline{12}.\bar{1}$	17.30	82.00	11
148	$\bar{1}.12.\overline{11}.\bar{1}$	16.35	85.15	10
149	$\bar{3}.13.\overline{10}.\bar{1}$	16.12½	77.00	11

Nr.	Index (Bravais)	α Grad.Min.	φ Grad.Min.	Schw.	Nr.	Index (Bravais)	α Grad.Min.	φ Grad.Min.	Schw.
150	$\bar{5}.14.\bar{9}.\bar{1}$	15.35	68.45	11	169	$\bar{3}.17.\bar{14}.\bar{2}$	12.07 1/2	81.00	11
151	$\bar{9}.16.\bar{7}.\bar{1}$	13.47 1/2	55.30	11	170	$\bar{5}.18.\bar{13}.\bar{2}$	11.55	74.30	11
152	$\bar{11}.17.\bar{6}.\bar{1}$	12.47 1/2	49.30	9	171	$\bar{7}.19.\bar{12}.\bar{2}$	11.35	68.45	12
153	$0.10.\bar{10}.1$	15.15	90.00	9	172	$\bar{9}.20.\bar{11}.\bar{2}$	10.45	64.30	12
154	$\bar{2}.11.\bar{9}.\bar{1}$	15.02 1/2	79.45	11	173	$\bar{11}.21.\bar{10}.\bar{2}$	10.20	60.00	12
155	$\bar{4}.12.\bar{8}.\bar{1}$	14.27 1/2	71.00	11	174	$0.7.\bar{7}.\bar{1}$	11.00	90.00	11
156	$\bar{6}.13.\bar{7}.\bar{1}$	13.35	63.00	12	175	$\bar{2}.15.\bar{13}.\bar{2}$	10.57 1/2	83.00	11
157	$\bar{8}.14.\bar{6}.\bar{1}$	12.37 1/2	55.30	12	176	$\bar{2}.8.\bar{6}.\bar{1}$	10.42 1/2	76.30	6
158	$\bar{10}.15.\bar{5}.\bar{1}$	11.37 1/2	49.15	7	177	$\bar{4}.9.\bar{5}.\bar{1}$	9.57 1/2	65.00	11
159	$\bar{12}.16.\bar{4}.\bar{1}$	10.32 1/2	44.30	9	178	$\bar{6}.10.\bar{4}.\bar{1}$	9.00	54.30	6
160	$\bar{14}.17.\bar{3}.\bar{1}$	9.42 1/2	39.30	12	179	$\bar{8}.11.\bar{3}.\bar{1}$	8.00	47.30	7
161	$\bar{13}.15.\bar{2}.\bar{1}$	8.15	38.00	11	180	$\bar{10}.12.\bar{2}.\bar{1}$	7.02 1/2	40.30	8
162	$\bar{11}.14.\bar{3}.\bar{1}$	9.05	43.00	11	181	$\bar{1}.13.\bar{12}.\bar{2}$	9.15	86.30	10
163	$\bar{9}.13.\bar{4}.\bar{1}$	9.55	47.30	8	182	$\bar{3}.14.\bar{11}.\bar{2}$	9.10	79.30	11
164	$\bar{8}.12.\bar{5}.\bar{1}$	11.00	54.45	9	183	$\bar{5}.15.\bar{10}.\bar{2}$	9.00	70.00	12
165	$\bar{5}.11.\bar{6}.\bar{1}$	12.05	63.30	7	184	$\bar{1}.6.\bar{5}.\bar{1}$	7.12 1/2	82.00	4
166	$\bar{3}.10.\bar{7}.\bar{1}$	12.55	73.15	11	185	$\bar{3}.7.\bar{4}.\bar{1}$	6.37 1/2	67.00	3
167	$\bar{1}.9.\bar{8}.\bar{1}$	13.10	84.30	11	186	$\bar{5}.8.\bar{3}.\bar{1}$	5.50	54.30	7
168	$\bar{1}.16.\bar{15}.\bar{2}$	12.15	87.00	11	187	$\bar{7}.9.\bar{2}.\bar{1}$	5.05	45.00	4

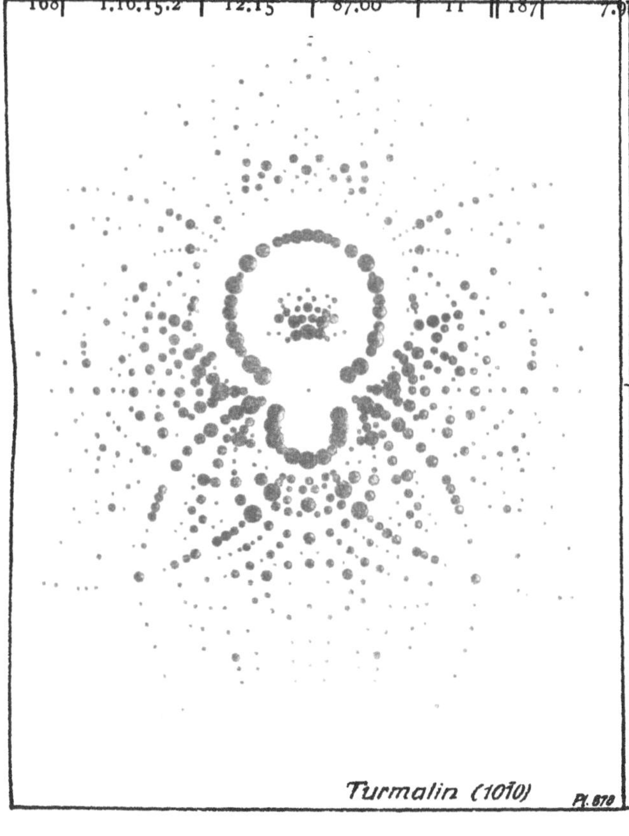

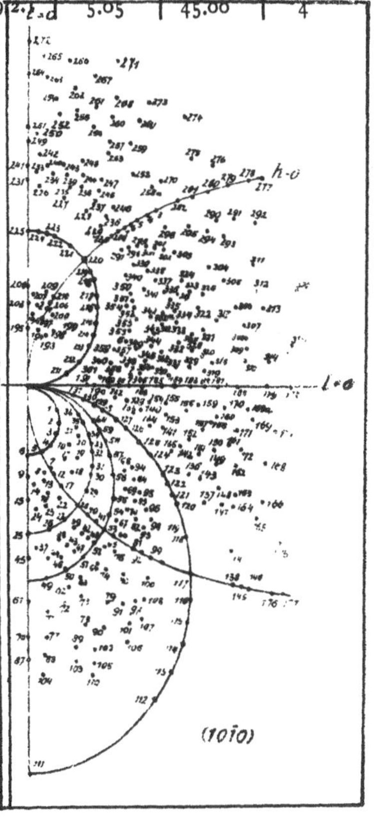

Fig. 7a. Fig. 7b.

Turmalin, Lauediagramm nach (10$\bar{1}$0).

Diagramm des trigonalen Prismas (10$\bar{1}$0).

Das Diagramm parallel (10$\bar{1}$0) (Fig. 7a, b) zeigt wieder eine von vorn nach hinten verlaufende Symmetrieebene. Es zeichnet sich besonders durch seinen grossen Punktreichtum aus. Sein charakteristisches Aussehen erhält es durch Scharen von Zonenkurven, die von den Reflexen der Rhomboeder (10$\bar{1}\bar{1}$), (02$\bar{2}\bar{1}$), (01$\bar{1}$1) ausstrahlen. Aus den Polarkoordinaten berechnen sich die Indices nach der Formel:

$$h : i : l = \frac{\sqrt{3}\,\mathrm{tg}\,\alpha - \cos\varphi}{2\cos\varphi} : 1 : -\frac{c}{a}\,\mathrm{tg}\,\varphi$$ (Lit. 12 S. 47). Formel 50a.

Tabelle Nr. 6.

Nr.	Index (Bravais)	α Grad.Min.	φ Grad.Min.	Schw.	Nr.	Index (Bravais)	α Grad.Min.	φ Grad.Min.	Schw.
1	$\bar{3}.7.\bar{4}.\bar{2}$	3.35	31.00	1	39	$2.7.\bar{9}.\overline{10}$	15.10	72.45	11
2	$\bar{2}.5.\bar{3}.\bar{2}$	4.35	39.00	1	40	$0.11.\overline{11}.\overline{10}$	14.05	64.15	9
3	$\bar{1}.3.\bar{2}.\bar{2}$	5.50	54.30	1	42	$0.8.\bar{8}.\bar{7}$	15.27$^{1}/_{2}$	68.30	12
4	$\bar{1}.4.\bar{3}.\bar{4}$	6.30	67.30	6	43	$1.6.\bar{7}.\bar{7}$	16.00	75.30	7
5	$0.1.\bar{1}.\bar{2}$	6.55	76.30	2	44	$2.4.\bar{6}.\bar{7}$	16.25	82.15	8
6	$1.0.\bar{1}.\bar{4}$	7.10	90.00	1	45	$3.2.\bar{5}.\bar{7}$	16.30	90.00	7
7	$0.2.\bar{2}.\bar{3}$	9.10	73.00	9	46	$4.5.\bar{9}.\overline{11}$	16.50	78.00	9
8	$1.4.\bar{5}.\bar{9}$	9.30	78.30	8	47	$3.7.\overline{10}.\overline{11}$	16.25	73.52$^{1}/_{2}$	11
9	$1.0.\bar{1}.\bar{3}$	9.30	90.00	8	48	$2.9.\overline{11}.\overline{11}$	15.57$^{1}/_{2}$	70.00	7
10	$\bar{4}.13.\bar{9}.\bar{7}$	7.55	49.45	11	49	$2.1.\bar{3}.\bar{4}$	17.55	83.45	12
11	$\bar{2}.9.\bar{7}.\bar{7}$	9.05	60.15	12	50	$3.4.\bar{7}.\bar{8}$	17.30	77.15	5
12	$0.5.\bar{5}.\bar{7}$	9.50	72.00	8	51	$1.3.\bar{4}.\bar{4}$	17.02$^{1}/_{2}$	71.30	7
13	$1.3.\bar{4}.\bar{7}$	10.10	78.15	10	52	$1.8.\bar{9}.\bar{8}$	16.27$^{1}/_{2}$	66.00	12
14	$2.1.\bar{3}.\bar{7}$	10.20	87.00	8	53	$0.5.\bar{5}.\bar{4}$	15.45	60.45	6
15	$2.0.\bar{2}.\bar{5}$	11.35	90.00	3	54	$\bar{1}.12.\overline{11}.\bar{8}$	15.00	56.00	12
16	$1.2.\bar{3}.\bar{5}$	11.30	79.30	8	55	$\bar{1}.7.\bar{6}.\bar{4}$	14.05	52.15	12
17	$0.4.\bar{4}.\bar{5}$	10.45	70.00	1	56	$\bar{2}.9.\bar{7}.\bar{4}$	12.47$^{1}/_{2}$	45.00	6
18	$\bar{1}.6.\bar{5}.\bar{5}$	10.10	60.30	4	57	$\bar{3}.11.\bar{8}.\bar{4}$	11.30	39.00	6
19	$\bar{2}.8.\bar{6}.\bar{5}$	9.35	53.00	12	58	$\bar{4}.13.\bar{9}.\bar{4}$	10.20	33.30	7
20	$\bar{4}.12.\bar{8}.\bar{5}$	7.57$^{1}/_{2}$	43.00	9	59	$\bar{5}.15.\overline{10}.\bar{4}$	9.27$^{1}/_{2}$	30.00	8
21	$\bar{5}.14.\bar{9}.\bar{5}$	7.15	37.45	11	60	$6.17.\overline{11}.\bar{4}$	8.37$^{1}/_{2}$	27.00	10
22	$1.5.\bar{6}.\bar{8}$	12.10	74.15	7	61	$2.0.\bar{2}.\bar{3}$	19.00	90.00	10
23	$2.3.\bar{5}.\bar{8}$	12.30	80.22$^{1}/_{2}$	8	62	$4.4.\bar{8}.\bar{9}$	18.42$^{1}/_{2}$	78.22$^{1}/_{2}$	10
24	$3.1.\bar{4}.\bar{8}$	12.35	86.37$^{1}/_{2}$	10	63	$1.2.\bar{3}.\bar{3}$	18.17$^{1}/_{2}$	73.15	10
25	$1.0.\bar{1}.\bar{2}$	14.25	90.00	4	64	$2.8.\overline{10}.\bar{9}$	17.52$^{1}/_{2}$	68.00	9
26	$1.1.\bar{2}.\bar{3}$	14.17$^{1}/_{2}$	80.37$^{1}/_{2}$	8	65	$1.10.\overline{11}.\bar{9}$	17.10	63.25	11
27	$1.4.\bar{5}.\bar{6}$	13.50	72.45	7	66	$0.4.\bar{4}.\bar{3}$	16.30	59.30	6
28	$0.1.\bar{1}.\bar{1}$	13.12$^{1}/_{2}$	65.45	1	67	$\bar{1}.14.\overline{13}.\bar{9}$	15.45	55.30	11
29	$\bar{1}.8.\bar{7}.\bar{6}$	12.30	59.30	5	68	$\bar{3}.13.\overline{10}.\bar{5}$	13.15	40.30	4
30	$\bar{1}.5.\bar{4}.\bar{3}$	11.45	52.45	5	69	$\bar{2}.11.\bar{9}.\bar{5}$	14.30	45.22$^{1}/_{2}$	7
31	$\bar{1}.4.\bar{3}.\bar{2}$	10.52$^{1}/_{2}$	47.30	10	70	$\bar{1}.9.\bar{8}.\bar{5}$	15.47$^{1}/_{2}$	51.00	8
32	$\bar{2}.7.\bar{5}.\bar{3}$	10.02$^{1}/_{2}$	43.00	12	75	$1.12.\overline{13}.\overline{10}$	17.55	61.00	11
33	$\bar{5}.16.\overline{11}.\bar{6}$	9.27$^{1}/_{2}$	39.30	12	74	$1.5.\bar{6}.\bar{5}$	18.17$^{1}/_{2}$	65.45	12
34	$\bar{1}.3.\bar{2}.\bar{1}$	8.47$^{1}/_{2}$	36.30	3	73	$2.3.\bar{5}.\bar{5}$	19.15	74.52$^{1}/_{2}$	10
35	$\bar{4}.11.\bar{7}.\bar{3}$	7.40	31.00	9	72	$5.4.\bar{9}.\overline{10}$	19.37$^{1}/_{2}$	79.20	10
36	$\bar{5}.13.\bar{8}.\bar{3}$	6.42$^{1}/_{2}$	26.30	9	71	$3.1.\bar{4}.\bar{5}$	19.55	85.00	10
37	$5.1.\bar{6}.\overline{10}$	15.50	87.30	12	76	$3.0.\bar{3}.\bar{4}$	21.15	90.00	12
38	$3.5.\bar{8}.\overline{10}$	15.27$^{1}/_{2}$	77.15	9	77	$4.1.\bar{5}.\bar{6}$	21.15	85.52$^{1}/_{2}$	11

Nr.	Index (Bravais)	α Grad.Min.	φ Grad.Min.	Schw.
78	$1.1.\bar{2}.\bar{2}$	20.57½	77.45	11
79	$2.5.\bar{7}.\bar{6}$	20.02½	69.00	12
80	$1.7.\bar{8}.\bar{6}$	19.00	62.15	10
81	$0.3.\bar{3}.\bar{2}$	17.57½	56.00	6
82	$\bar{1}.11.\overline{10}.\bar{6}$	17.07½	50.15	8
83	$\bar{2}.13.\overline{11}.\bar{6}$	15.32½	45.30	8
84	$\bar{1}.5.\bar{4}.\bar{2}$	14.25	41.30	12
87	$11.0.\overline{11}.\overline{14}$	22.15	90.00	12
88	$5.1.\bar{6}.\bar{7}$	22.05	86.05	11
89	$4.3.\bar{7}.\bar{7}$	21.50	79.00	11
90	$3.5.\bar{8}.\bar{7}$	21.12½	71.45	12
91	$2.7.\bar{9}.\bar{7}$	20.30	66.00	12
92	$0.11.\overline{11}.\bar{7}$	18.30	54.22½	8
93	$\bar{1}.13.\overline{12}.\bar{7}$	17.30	50.00	12
96	$\bar{2}.15.\overline{13}.\bar{7}$	16.57½	46.15	12
95	$\bar{3}.17.\overline{14}.\bar{7}$	15.27½	42.15	12
94	$\bar{5}.21.\overline{16}.\bar{7}$	13.22½	35.45	12
98	$\bar{1}.12.\overline{11}.\bar{6}$	17.35	46.45	12
99	$0.5.\bar{5}.\bar{3}$	19.12½	53.15	9
100	$1.13.\overline{14}.\bar{9}$	20.00	57.00	12
108	$1.8.\bar{9}.\bar{6}$	20.22½	59.30	11
101	$1.3.\bar{4}.\bar{3}$	21.35	66.00	11
105	$7.1.\bar{8}.\bar{9}$	22.40	75.30	12
104	$5.5.\overline{10}.\bar{9}$	23.20	87.00	11
103	$5.3.\bar{8}.\bar{8}$	22.30	80.00	11
102	$4.5.\bar{9}.\bar{8}$	22.07½	74.05	9
97	$2.9.\overline{11}.\bar{8}$	20.40	63.30	12
107	$3.11.\overline{14}.\overline{10}$	21.32½	63.37½	12
106	$4.9.\overline{13}.\overline{10}$	22.15	68.07½	11
110	$6.5.\overline{11}.\overline{10}$	23.15	77.15	11
111	$1.0.\bar{1}.\bar{1}$	27.20	90.00	10
112	$5.6.\overline{11}.\bar{8}$	26.07½	71.30	11
113	$1.2.\bar{3}.\bar{2}$	25.20	65.52½	12
114	$1.4.\bar{5}.\bar{3}$	23.42½	57.15	12
115	$1.10.\overline{11}.\bar{6}$	22.37½	53.15	11
116	$0.2.\bar{2}.\bar{1}$	21.10	48.15	12
117	$\bar{1}.12.\overline{11}.\bar{5}$	19.27½	42.45	5
118	$\bar{1}.10.\bar{9}.\bar{4}$	18.52½	41.00	10
119	$\bar{1}.6.\bar{5}.\bar{2}$	17.12½	36.30	12
120	$\bar{3}.16.\overline{13}.\bar{5}$	16.32½	34.45	7
121	$\bar{2}.10.\bar{8}.\bar{3}$	16.05	33.45	7
122	$\bar{1}.4.\bar{3}.\bar{1}$	14.10	28.15	7
123	$\bar{4}.14.\overline{10}.\bar{3}$	13.00	26.30	7
124	$\bar{5}.16.\overline{11}.\bar{3}$	11.15	22.00	4
125	$\bar{2}.6.\bar{4}.\bar{1}$	10.15	20.00	6
126	$\bar{5}.14.\bar{9}.\bar{2}$	9.02½	17.15	5
127	$\bar{3}.8.\bar{5}.\bar{1}$	7.52½	14.30	3
128	$\bar{4}.10.\bar{6}.\bar{1}$	6.35	11.30	7
129	$\bar{5}.12.\bar{7}.\bar{1}$	5.27½	10.30	3

Nr.	Index (Bravais)	α Grad.Min.	φ Grad.Min.	Schw.
130	$\bar{6}.14.\bar{8}.\bar{1}$	4.40	7.30	1
138	$0.7.\bar{7}.\bar{3}$	22.47½	43.45	11
145	$0.5.\bar{5}.\bar{2}$	23.20	42.00	11
144	$\bar{1}.12.\overline{11}.\bar{4}$	22.00	38.00	10
137	$\bar{1}.7.\bar{6}.\bar{2}$	19.40	32.00	12
136	$\bar{3}.16.\overline{13}.\bar{4}$	17.37½	28.00	10
134	$\bar{2}.9.\bar{7}.\bar{2}$	16.02½	26.00	12
146	$0.13.\overline{13}.\bar{5}$	23.45	40.30	12
133	$\bar{7}.25.\overline{18}.\bar{4}$	13.30	20.00	9
135	$\bar{5}.21.\overline{16}.\bar{4}$	15.45	23.15	11
143	$\bar{3}.17.\overline{14}.\bar{4}$	18.32½	27.45	11
147	$\bar{2}.15.\overline{13}.\bar{4}$	20.07½	30.45	7
142	$\bar{4}.17.\overline{13}.\bar{3}$	16.02½	21.30	7
148	$\bar{2}.13.\overline{11}.\bar{3}$	19.37½	27.22½	11
164	$\bar{3}.20.\overline{17}.\bar{6}$	20.52½	29.30	12
176	$0.3.\bar{3}.\bar{1}$	24.55	36.45	11
163	$\bar{3}.22.\overline{19}.\bar{5}$	20.40	26.45	11
165	$\bar{2}.20.\overline{18}.\bar{5}$	22.05	29.15	11
177	$0.16.\overline{16}.\bar{5}$	25.22½	35.00	11
132	$\bar{6}.19.\overline{13}.\bar{2}$	11.45	13.15	7
152	$\bar{3}.13.\overline{10}.\bar{2}$	16.32½	18.45	11
151	$\bar{5}.24.\overline{19}.\bar{4}$	17.45	20.00	12
149	$\bar{2}.11.\bar{9}.\bar{2}$	18.55	22.07½	11
175	$\bar{1}.16.\overline{15}.\bar{4}$	23.50	29 15	12
166	$\bar{1}.10.\bar{9}.\bar{2}$	22.02½	26.15	11
162	$\bar{1}.6.\bar{5}.\bar{1}$	20.57½	20.30	10
150	$\bar{4}.20.\overline{16}.\bar{3}$	18.22½	18.30	10
141	$\bar{5}.22.\overline{17}.\bar{3}$	14.32½	16.45	5
139	$\bar{5}.15.\overline{10}.\bar{1}$	10.50	8.30	4
140	$\bar{4}.13.\bar{9}.\bar{1}$	12.30	9.15	6
153	$\bar{3}.11.\bar{8}.\bar{1}$	14.32½	11.30	7
157	$\bar{2}.9.\bar{7}.\bar{1}$	17.27½	14.00	10
161	$\bar{3}.16.\overline{13}.\bar{2}$	19.22½	15.52½	8
172	$\bar{4}.23.\overline{19}.\bar{3}$	20.05	16.30	11
168	$\bar{1}.7.\bar{6}.\bar{1}$	21.37½	17.52½	12
158	$\bar{5}.23.\overline{18}.\bar{2}$	17.55	11.15	11
171	$\bar{2}.11.\bar{9}.\bar{1}$	19.22½	12.30	10
154	$\bar{6}.20.\overline{14}.\bar{1}$	13.05	6.00	9
155	$\bar{5}.18.\overline{13}.\bar{1}$	14.27½	7.10	11
156	$\bar{4}.16.\overline{12}.\bar{1}$	16.10	7.45	6
160	$\bar{3}.14.\overline{11}.\bar{1}$	18.10	9.15	12
159	$\bar{5}.21.\overline{16}.\bar{1}$	16.57½	6.00	10
170	$\bar{4}.19.\overline{15}.\bar{1}$	18.32½	6.45	10
169	$\bar{3}.17.\overline{14}.\bar{1}$	20.37½	7 37½	12
169a	$\bar{4}.23.\overline{19}.\bar{1}$	20.15	5.30	12
174	$\bar{3}.23.\overline{20}.\bar{1}$	23.10	5.45	12
191	$\bar{2}.5.\bar{3}.\bar{0}$	5.40	0.00	9

Nr.	Index (Bravais)	α Grad.Min.	φ Grad.Min.	Schw.
190	$\bar{5}.13.\bar{8}.0$	7.45	0.00	5
189	$\bar{4}.11.\bar{7}.0$	9.10	0.00	1
188	$\bar{5}.14.\bar{9}.0$	9.50	0.00	12
187	$\bar{1}.3.\bar{2}.0$	11.05	0.00	8
186	$\bar{3}.10.\bar{7}.0$	12.22½	0.00	6
185	$\bar{2}.7.\bar{5}.0$	14.02½	0.00	8
184	$\bar{4}.15.\overline{11}.0$	15.30	0.00	11
183	$\bar{1}.4.\bar{3}.0$	16.17½	0.00	6
182	$\bar{3}.13.\overline{10}.0$	17.12½	0.00	11
181	$\bar{3}.14.\overline{11}.0$	18.00	0.00	10
180	$\bar{1}.5.\bar{4}.0$	19.17½	0.00	8
179	$\bar{1}.6.\bar{5}.0$	21.12½	0.00	9
178	$\bar{1}.7.\bar{6}.0$	22.37½	0.00	12
193	$\bar{1}.4.\bar{3}.5$	6.00	69.00	10
194	$0.2.\bar{2}.5$	6.15	78.30	5
195	$1.0.\bar{1}.5$	6.25	90.00	2
196	$3.1.\bar{4}.8$	7.45	87.00	8
197	$0.1.\bar{1}.2$	7.35	77.30	4
198	$\bar{1}.2.\bar{1}.2$	7.00	62.30	11
199	$\bar{2}.7.\bar{5}.\bar{7}$	7.30	56.30	11
200	$\bar{1}.6.\bar{5}.\bar{7}$	8.12½	68.30	7
201	$0.4.\bar{4}.\bar{7}$	8.37½	76.30	8
202	$1.2.\bar{3}.\bar{7}$	8.45	83.00	10
203	$2.0.\bar{2}.\bar{7}$	8.50	90.00	7
206	$0.5.\bar{5}.\bar{8}$	9.12½	74.30	12
207	$2.1.\bar{3}.\bar{8}$	9.30	87.00	10
208	$1.0.\bar{1}.3$	10.15	90.00	11
209	$1.4.\bar{5}.9$	10.00	78.30	12
210	$0.2.\bar{2}.3$	9.47½	72.45	10
211	$\bar{3}.7.\bar{4}.1$	4.40	19.00	1
212	$\bar{2}.5.\bar{3}.1$	6.22½	25.00	1
213	$\bar{3}.8.\bar{5}.2$	7.32½	30.15	5
214	$\bar{4}.11.\bar{7}.3$	8.10	33.30	1
215	$\bar{1}.3.\bar{2}.1$	9.15	38.00	5
216	$\bar{3}.10.\bar{7}.4$	10.07½	42.00	3
217	$\bar{1}.4.\bar{3}.2$	11.27½	48.30	4
218	$\bar{3}.14.\overline{11}.8$	11.55	51.30	1
219	$\bar{1}.6.\bar{5}.4$	12.32½	56.30	9
220	$0.1.\bar{1}.1$	13.45	66.00	1
221	$1.6.\bar{7}.8$	14.15	72.00	3
222	$1.2.\bar{3}.4$	14.45	79.00	6
223	$3.2.\bar{5}.8$	15.00	83.15	6
224	$7.2.\bar{9}.16$	15.00	86.45	4
225	$1.0.\bar{1}.2$	15.00	90.00	4
226	$7.2.\bar{9}.13$	18.00	86.00	12
227	$5.6.\overline{11}.13$	17.42½	78.30	12
228	$3.10.\overline{13}.13$	17.10	71.00	12
231	$7.0.\bar{7}.11$	18.35	90.00	11
232	$5.4.\bar{9}.11$	18 25	81.00	8

Nr.	Index (Bravais)	α Grad.Min.	φ Grad.Min.	Schw.
229	$1.12.\overline{13}.11$	17.00	64.00	11
230	$0.14.\overline{14}.11$	16.30	60.07½	11
233	$5.2.\bar{7}.9$	19.00	87.15	11
234	$3.2.\bar{5}.6$	18.50	82.07½	8
235	$5.6.\overline{11}.12$	18.32½	77.15	9
236	$1.10.\overline{11}.9$	17.32½	63.45	8
288	$0.4.\bar{4}.3$	16.57½	59.37½	11
237	$2.8.\overline{10}.9$	18.12½	68.15	11
238	$1.2.\bar{3}.3$	18.35	73.30	8
239	$4.4.\bar{8}.9$	19.05	79.00	9
240	$5.2.\bar{7}.9$	19.25	84.15	12
241	$2.0.\bar{2}.3$	19.30	90.00	6
242	$5.1.\bar{6}.8$	20.00	86.45	7
243	$4.3.\bar{7}.8$	19.47½	80.30	6
244	$3.5.\bar{8}.8$	19.22½	74.30	8
245	$2.7.\bar{9}.8$	18.47½	68.30	12
287	$0.11.\overline{11}.8$	17.22½	58.45	12
297	$\bar{1}.13.\overline{12}.8$	16.20	54.07½	12
340	$\bar{3}.17.\overline{14}.8$	14.45	46.37½	12
249	$5.0.\bar{5}.7$	20.40	90.00	11
248	$3.4.\bar{7}.7$	20.07½	75.52½	8
247	$2.6.\bar{8}.7$	19.30	68.45	12
246	$1.8.\bar{9}.7$	18.32½	62.37½	11
286	$0.10.\overline{10}.7$	17.40	57.00	12
339	$\bar{2}.14.\overline{12}.7$	15.45	48.30	9
350	$\bar{4}.18.\overline{14}.7$	13.57½	41.00	8
354	$\bar{5}.20.\overline{15}.7$	13.02½	38.00	11
250	$3.0.\bar{3}.4$	21.05	88.07½	12
285	$0.3.\bar{3}.2$	18.12½	56.05	6
251	$\bar{3}.12\ \bar{9}.4$	13.52½	38.00	8
253	$2.5.\bar{7}.6$	21.00	69 45	10
254	$7.2.\bar{9}.10$	23.00	82.30	12
255	$3.2.\bar{5}.5$	22.35	79.45	12
256	$5.6.\overline{11}.10$	22.07½	75.07½	10
257	$2.4.\bar{6}.5$	21.45	70.10	12
258	$1.6.\bar{7}.5$	20.22½	61.45	12
284	$0.8.\bar{8}.5$	18.57½	54.07½	8
298	$\bar{1}.18.\overline{17}.10$	17.27½	50.30	12
299	$\bar{1}.10.\bar{9}.5$	17.07½	48.00	6
338	$\bar{2}.12.\overline{10}.5$	16.07½	43.00	10
341	$\bar{3}.14.\overline{11}.5$	14.50	39.00	7
352	$\bar{4}.16.\overline{12}.5$	13.40	35.00	7
263	$7.1.\bar{8}.9$	23.37½	87.00	12
262	$2.1.\bar{3}.3$	23.27½	81.15	12
261	$5.5.\overline{10}.9$	23.10	76.15	12
260	$4.7.\overline{11}.9$	22.35	70.45	12
259	$1.3.\bar{4}.3$	21 50	66.00	12
283	$0.5.\bar{5}.3$	19.27½	53.15	9
264	$4\ 0.\bar{4}.5$	24.00	90.00	10

Nr.	Index (Bravais)	α Grad.Min.	φ Grad.Min.	Schw.
265	$10.1.\bar{11}.12$	24.42½	87.52½	10
266	$3.1.\bar{4}.4$	24.37½	83.37½	11
267	$5.4.\bar{9}.8$	24.12½	77.30	10
268	$2.3.\bar{5}.4$	23.27½	71.30	11
269	$3.8.\bar{11}.8$	23.05	67.00	11
270	$1.12.\bar{13}.8$	20.57½	55.52½	12
296	$\bar{1}.16.\bar{15}.8$	19.00	48.07½	9
300	$\bar{2}.25.\bar{23}.12$	17.40	46.07½	12
301	$\bar{1}.9.\bar{8}.4$	17.30	44.07½	12
353	$\bar{4}.15.\bar{11}.4$	13.15	30.45	5
355	$\bar{5}.17.\bar{12}.4$	12.05	28.00	11
272	$9.0.\bar{9}.11$	25.30	90.00	10
337	$\bar{2}.11.\bar{9}.4$	16.12½	39.00	10
271	$4.5.\bar{9}.7$	25.25	73.00	12
273	$3.7.\bar{10}.7$	24.00	65.45	12
282	$0.13.\bar{13}.7$	20.35	50.07½	9
302	$\bar{2}.17.\bar{15}.7$	18.20	42.05	12
274	$1.4.\bar{5}.3$	24.20	59.00	12
275	$1.10.\bar{11}.6$	22.50	53.00	12
281	$0.2.\bar{2}.1$	21.25	48.02½	9
303	$\bar{1}.8.\bar{7}.3$	18.37½	39.30	12
336	$\bar{2}.10.\bar{8}.3$	16.30	33.30	11
342	$\bar{1}.4.\bar{3}.1$	14.30	29.15	4
276	$1.11.\bar{12}.6$	23.07½	49.45	12
280	$0.13.\bar{13}.6$	22.00	46.15	11
295	$\bar{1}.15.\bar{14}.6$	20.02½	43.45	12
356	$\bar{5}.16.\bar{11}.6$	11.37½	22.30	7
359	$\bar{5}.14.\bar{9}.1$	10.25	20.30	7
294	$\bar{1}.13.\bar{12}.5$	20.37½	40.37½	11
324	$\bar{3}.17.\bar{14}.5$	17.20	33.15	6
335	$\bar{4}.19.\bar{15}$ 5	16.20	30.07½	10
362	$\bar{5}.21.\bar{16}.5$	15.12½	28.00	8
279	$0.7.\bar{7}.3$	22.57½	43.55	12
290	$\bar{1}.21.\bar{20}.8$	21.35	41.00	11
278	$0.5.\bar{5}.2$	23.37½	41.30	10
291	$\bar{1}.22.\bar{21}.8$	22.05	38.00	12
293	$\bar{1}.12.\bar{11}.4$	21.25	36.15	10
304	$\bar{1}.7.\bar{6}.2$	19.30	32.30	9
323	$\bar{3}.16.\bar{13}.4$	17.52½	29.30	9
334	$\bar{2}.9.\bar{7}.2$	16.17½	26.15	7
362a	$\bar{5}.20.\bar{15}.4$	15.02½	24.00	7

Nr.	Index (Bravais)	α Grad.Min.	φ Grad.Min.	Schw.
343	$\bar{3}.11.\bar{8}.2$	13.50	22.00	5
348	$\bar{4}.13.\bar{9}.2$	12.10	19.15	3
357	$\bar{5}.15.\bar{10}.2$	10.37½	16.30	6
360	$\bar{6}.17.\bar{11}.2$	9.25	15.00	12
277	$0.8.\bar{8}.3$	24.15	39.52½	12
292	$\bar{1}.16.\bar{15}.5$	22.47½	34.45	10
305	$\bar{2}.13.\bar{11}.3$	19.50	27.00	12
325	$\bar{5}.28.\bar{23}.6$	18.32½	26.45	12
322	$\bar{1}.5.\bar{4}.1$	17.47½	24.00	10
333	$\bar{4}.17.\bar{13}.3$	10.12½	21.22½	9
344	$\bar{2}.7.\bar{5}.1$	13.30	17.00	9
311	$\bar{2}.17.\bar{15}.4$	22.07½	27.45	12
312	$\bar{2}.16.\bar{14}.3$	21.45	22.00	10
306	$\bar{1}.6.\bar{5}.1$	20.10	20.15	10
317	$\bar{4}.20.\bar{16}.3$	18.52½	19.00	9
321	$\bar{3}.14.\bar{11}.2$	17.50	17.55	11
327	$\bar{5}.22.\bar{17}.3$	17.12½	17.00	12
332	$\bar{2}.8.\bar{6}.1$	15.47½	15.57½	6
363	$\bar{5}.18.\bar{13}.2$	14.12½	14.00	7
345	$\bar{3}.10.\bar{7}.1$	13.40	13.30	7
349	$\bar{4}.12.\bar{8}.1$	10.55	11.00	4
358	$\bar{5}.14.\bar{9}.1$	9.30	8.15	8
361	$\bar{6}.16.\bar{10}.1$	8.15	8.00	12
316	$\bar{1}.13.\bar{12}.2$	23.35	18.35	10
313	$\bar{2}.15.\bar{13}.2$	21.40	17.30	10
307	$\bar{3}.17.\bar{14}.2$	20.07½	14.45	12
328	$\bar{5}.21.\bar{16}.2$	16.47½	12.15	12
308	$\bar{2}.11.\bar{9}.1$	20.05	11.37½	9
320	$\bar{3}.13.\bar{10}.1$	17.20	10.00	8
331	$\bar{4}.15.\bar{11}.1$	15.10	8.45	6
364	$\bar{5}.17.\bar{12}.1$	13.32½	7.45	9
346	$\bar{6}.19.\bar{13}.1$	12.45	7.30	11
347	$\bar{7}.21.\bar{14}.1$	11.00	6.15	7
315	$\bar{2}.14.\bar{12}.1$	22.20	9.15	11
309	$\bar{3}.16.\bar{13}.1$	19.55	8.22½	10
318	$\bar{4}.18.\bar{14}.1$	17.57½	6.15	12
329	$\bar{5}.20.\bar{15}.1$	16.27½	6.07½	9
330	$\bar{6}.22.\bar{16}.1$	14.52½	5.57½	12
314	$\bar{3}.19.\bar{16}.1$	21.12½	6.45	12
310	$\bar{4}.21.\bar{17}.1$	19.27½	6.00	7
319	$\bar{5}$ 23.$\bar{18}$.1	17.30	4.30	12

Diagramm parallel dem hexagonalen Prisma (11$\bar{2}$0).

Entsprechend der Symmetrie des Turmalins weist das Diagramm (Fig. 8a, b) eine digyrische Bauart auf. Die Indices berechnen sich aus der Formel:

$$h:i:l = \left(A\frac{\operatorname{tg}\alpha}{\sin\varphi} - B.\operatorname{ctg}\varphi\right) : \left(A\frac{\operatorname{tg}\alpha}{\sin\varphi} + B.\operatorname{ctg}\varphi\right) : \bar{1},$$

wobei $A = \frac{1}{2}\frac{a}{c} = 1{,}116$ und $B = \frac{\sqrt{3}}{2}\frac{a}{c} = 1{,}933$ ist.

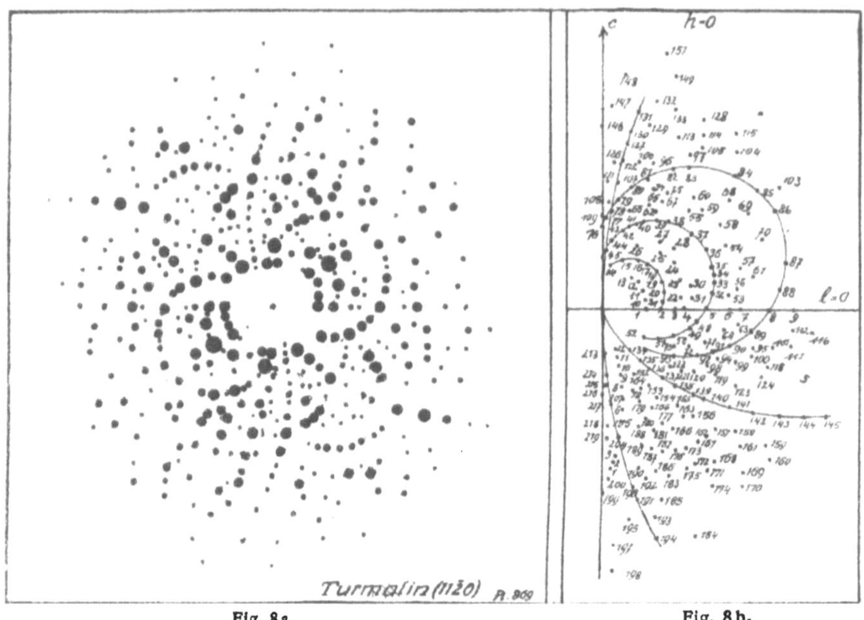

Fig. 8a. Fig. 8b.
Turmalin, Lauediagramm nach (11$\bar{2}$0).

Tabelle Nr. 7.

Nr.	Index (Bravais)	α Grad.Min.	φ Grad.Min.	Schw.	Nr.	Index (Bravais)	α Grad.Min.	φ Grad.Min.	Schw.
1	$\overline{11}.12.\overline{1}.0$	$4.47\frac{1}{2}$	0.00	5	52	$\overline{7}.8.\overline{1}.3$	$5.12\frac{1}{2}$	38.00	4
10	$9.\overline{10}.1.1$	$5.07\frac{1}{2}$	11.15	7	51	$\overline{6}.7.\overline{1}.2$	$6.37\frac{1}{2}$	30.30	6
11	$8.\overline{9}.1.2$	$5.52\frac{1}{2}$	24.00	7	50	$\overline{5}.6.\overline{1}.1$	8.30	19.30	6
12	$7.\overline{8}.1.3$	$5.12\frac{1}{2}$	37.30	5	49	$\overline{9}.11.\overline{2}.1$	$9.42\frac{1}{2}$	11.30	7
13	$5.\overline{6}.1.5$	$4.37\frac{1}{2}$	51.30	10	48	$\overline{13}.16.\overline{3}.1$	10.10	7.30	12
2	$\overline{7}.8.\overline{1}.0$	6.40	0.00	6	5	$\overline{4}.5.\overline{1}.0$	$10.52\frac{1}{2}$	0.00	6
21	$13.\overline{15}.2.1$	7.00	8.30	12	32	$15.\overline{19}.4.1$	$11.37\frac{1}{2}$	8.30	8
20	$6.\overline{7}.1.1$	$7.12\frac{1}{2}$	16.00	4	33	$7.\overline{9}.2.1$	$11.57\frac{1}{2}$	13.30	7
19	$11.\overline{13}.2.3$	$7.22\frac{1}{2}$	25.30	12	34	$10.\overline{13}.3.2$	$12.07\frac{1}{2}$	18.00	12
18	$5.\overline{6}.1.2$	7.25	35.00	1	35	$13.\overline{17}.4.3$	$12.12\frac{1}{2}$	21.00	11
17	$9.\overline{11}.2.5$	7.15	45.00	12	36	$3.\overline{4}.1.1$	12.20	28.45	7
16	$4.\overline{5}.1.3$	6.45	52.00	4	37	$11.\overline{15}.4.5$	12.05	38.30	9
15	$3.\overline{4}.1.4$	$5.52\frac{1}{2}$	66.00	10	38	$9.\overline{13}.4.7$	$11.17\frac{1}{2}$	51.30	9
14	$5.\overline{7}.2.9$	5.05	73.00	5	39	$2.\overline{3}.1.2$	$10.42\frac{1}{2}$	56.00	5
3	$\overline{11}.13.\overline{2}.0$	$8.42\frac{1}{2}$	0.00	10	40	$5.\overline{8}.3.7$	$9.47\frac{1}{2}$	64.00	12
22	$10.\overline{12}.2.1$	$8.52\frac{1}{2}$	9.30	7	41	$3.\overline{5}.2.5$	9.25	66.30	5
23	$9.\overline{11}.2.2$	9.15	20.30	12	42	$4.\overline{7}.3.8$	$9.02\frac{1}{2}$	70.30	9
24	$8.\overline{10}.2.3$	$9.17\frac{1}{2}$	32.30	5	43	$1.\overline{2}.1.3$	8.15	75.30	9
25	$7.\overline{9}.2.4$	8.50	44.15	9	44	$1.\overline{3}.2.7$	7.15	81.00	12
4	$\overline{5}.6.\overline{1}.0$	9.05	0.00	12	45	$0.\overline{1}.1.4$	$6.27\frac{1}{2}$	86.00	2
31	$14.\overline{17}.3.1$	9.35	7.00	12	53	$16.\overline{21}.5.1$	13.36	7.00	12
30	$13.\overline{16}.3.2$	$9.52\frac{1}{2}$	14.30	11	54	$10.\overline{14}.4.3$	$14.17\frac{1}{2}$	26.00	9
28	$10.\overline{13}.3.5$	9.50	39.45	9	55	$4.\overline{7}.3.5$	13.45	40.00	9
27	$3.\overline{4}.1.2$	9.05	43.00	12	6	$13.\overline{17}.4.0$	13.05	0.00	12
26	$7.\overline{10}.3.8$	7.40	62.15	11	56	$12.\overline{16}.4.1$	14.15	7.30	8

Nr.	Index (Bravais)	α Grad.Min.	φ Grad.Min.	Schw.
57	$11.\overline{15}.4.2$	14.50	16.00	9
58	$7.\overline{10}.3.3$	14.27½	34.45	12
59	$6.\bar{9}.3.4$	14.30	43.52½	8
62	$4.\bar{7}.3.6$	14.35	65.00	7
65	$2.\bar{5}.3.7$	10.32½	75.45	9
66	$1.\bar{2}.1.2$	11.50	68.00	7
75	$4.\bar{7}.3.5$	13.30	60.15	7
60	$5.\bar{8}.3.4$	14.22½	49.45	9
61	$8.\overline{11}.3.1$	15.02½	11.15	11
7	$\bar{3}.4.\bar{1}.0$	14.00	0.00	7
64	$\overline{10}.13.\bar{3}.1$	12.35	9.22½	7
71	$\overline{11}.14.\bar{3}.2$	11.17½	17.45	11
72	$\bar{4}.5.\bar{1}.1$	10.05	23.00	11
73	$\overline{13}.16.\bar{3}.4$	9.25	26.00	12
74	$4.\bar{8}.4.7$	13.05	66.30	11
93	$\bar{8}.10.\bar{2}.3$	9.17½	32.30	11
92	$\bar{7}.9.\bar{2}.2$	11.07½	25.30	5
91	$\overline{13}.17.\bar{4}.3$	12.12½	21.00	12
90	$\bar{6}.8.\bar{2}.1$	13.27½	15.15	8
89	$\overline{11}.15.\bar{4}.1$	14.47½	8.00	8
8	$\bar{5}.7.\bar{2}.0$	15.55	0.00	11
88	$14.\overline{20}.6.1$	17.02½	6.22½	11
87	$13.\overline{19}.6.2$	17.35	13.22½	11
86	$4.\bar{6}.2.1$	18.07½	28.22½	8
85	$11.\overline{17}.6.4$	17.52½	36.15	9
84	$3.\bar{5}.2.2$	17.25	44.00	10
83	$5.\bar{9}.4.5$	16.00	55.15	9
82	$2.\bar{4}.2.3$	14.50	62.00	9
81	$3.\bar{7}.4.7$	13.30	69.30	6
80	$1.\bar{3}.2.4$	12.20	75.52½	12
79	$1.\bar{5}.4.9$	11.02½	80.00	12
78	$0.\bar{2}.2.5$	10.02½	83.45	6
77	$\bar{1}.\bar{1}.2.6$	8.32½	90.00	11
76	$\bar{2}.0.2.7$	7.22½	85.30	10
96	$2.\bar{5}.3.5$	14.45	70.00	10
105	$3.\bar{6}.3.4$	17.27½	56.37½	8
104	$4.\bar{7}.3.3$	18.40	48.15	12
103	$5.\bar{8}.3.2$	19.20	33.15	12
9	$\bar{7}.10.\bar{3}.0$	16.42½	0.00	12
95	$\bar{8}.11.\bar{3}.1$	12.42½	29.45	10
94	$\overline{19}.25.\bar{6}.5$	12.50	24.00	11
108	$\bar{1}.\bar{2}.3.7$	12.32½	77.15	8
107	$0.1.\bar{1}.2$	11.00	88.00	5
106	$1.\bar{4}.3.5$	14.35	82.30	12
113	$2.\bar{5}.3.4$	17.12½	65.00	11
114	$5.\overline{11}.6.7$	18.20	59.15	11
115	$1.\bar{2}.1.1$	19.52½	52.00	9
102	$\overline{13}.19.\bar{6}.1$	18.35	6.30	10
101	$\bar{7}.10.\bar{3}.1$	17.20	12.45	12

Nr.	Index (Bravais)	α Grad.Min.	φ Grad.Min.	Schw.
100	$\bar{5}.7.\bar{2}.1$	15.27½	17.45	10
99	$\bar{8}.11.\bar{3}.2$	14.12½	22.07½	9
98	$\bar{3}.4.\bar{1}.1$	15.15	14.00	5
122	$\overline{14}.18.\bar{4}.7$	9.27½	38.00	11
121	$\overline{13}.17.\bar{4}.6$	10.22½	37.15	12
120	$\overline{12}.16.\bar{4}.5$	11.30	34.45	11
119	$\overline{11}.15.\bar{4}.4$	13.05	31.00	8
118	$\bar{9}.13.\bar{4}.2$	16.37½	19.00	12
117	$\bar{8}.12.\bar{4}.1$	18.07½	12.00	12
116	$\overline{14}.21.\bar{7}.1$	19.10	6.30	12
112	$0.3.\bar{3}.5$	14.12½	81.30	8
111	$1.\bar{2}.3.6$	12.37½	87.30	12
126	$\bar{1}.\bar{4}.5.9$	13.55	85.00	11
127	$0.\bar{5}.5.8$	15.22½	81.00	10
129	$1.\bar{6}.5.7$	17.15	75.30	8
133	$2.\bar{7}.5.6$	19.00	68.30	12
124	$\overline{11}.16.\bar{5}.3$	16.30	23.15	12
123	$\overline{12}.17.\bar{5}.4$	14.50	28.45	12
125	$\bar{4}.6.\bar{2}.1$	18.02½	21.00	10
130	$0.\bar{2}.2.3$	16.35	80.00	7
131	$0.5.\bar{5}.7$	16.57½	79.15	12
128	$7.\overline{15}.8.9$	18.57½	60.45	10
149	$\bar{1}.\bar{9}.10.8$	22.40	73.00	12
146	$\bar{1}.\bar{1}.2.3$	16.50	90.00	10
147	$\bar{3}.\bar{5}.8.11$	17.42½	88.00	12
148	$\bar{1}.\bar{3}.4.5$	19.40	84.00	12
151	$0.\bar{1}.1.1$	23.35	75.30	11
145	$\bar{3}.5.\bar{2}.1$	21.27½	25.45	12
144	$\overline{14}.23.\bar{9}.5$	20.42½	27.40	12
143	$\bar{5}.8.\bar{3}.2$	19.10	31.00	8
142	$\overline{11}.17.\bar{6}.5$	17.15	34.45	4
141	$\bar{2}.3.\bar{1}.1$	15.25	37.37½	5
140	$\bar{9}.13.\bar{4}.5$	13.25	41.15	9
139	$\bar{7}.10.\bar{3}.4$	12.45	42.30	11
138	$\bar{8}.11.\bar{3}.5$	10.55	45.00	12
137	$\bar{3}.4.\bar{1}.2$	9.30	48.00	5
136	$\overline{10}.13.\bar{3}.7$	7.57½	49.45	9
135	$\bar{4}.5.\bar{1}.3$	6.45	52.00	5
134	$\bar{9}.11.\bar{2}.7$	5.15	53.00	3
158	$\bar{8}.13.\bar{5}.5$	17.10	42.30	12
159	$\overline{10}.17.\bar{7}.6$	19.05	40.00	12
157	$\overline{10}.16.\bar{6}.7$	15.57½	46.00	11
160	$\bar{8}.14.\bar{6}.5$	20.00	41.15	12
156	$\bar{5}.8.\bar{3}.4$	14.20	49.15	12
155	$\overline{10}.15.\bar{5}.8$	12.20	51.15	12
152	$\bar{5}.7.\bar{2}.6$	7.30	63.00	12
153	$\bar{7}.10.\bar{3}.7$	9.22½	57.30	11

Nr.	Index (Bravais)	α Grad.Min.	φ Grad.Min.	Schw.
154	$\bar{9}.13.\bar{4}.8$	10.32½	55.30	12
161	$\bar{7}.12.\bar{5}.5$	17.47½	45.20	11
162	$\bar{6}.10.\bar{4}.5$	15.32½	50.30	11
163	$\bar{7}.11.\bar{4}.6$	13.22½	52.30	12
164	$\bar{4}.6.\bar{2}.5$	9.12½	63.30	12
165	$\bar{3}.5.\bar{2}.4$	11.22½	62.30	7
166	$\bar{7}.12.\bar{5}.8$	13.35	58.30	11
167	$\bar{4}.7.\bar{3}.4$	15.22½	54.30	9
168	$\bar{7}.13.\bar{6}.7$	17.30	53.00	11
169	$\bar{7}.13.\bar{6}.6$	19.02½	49.45	11
178	$\bar{3}.5.\bar{2}.5$	8.55	67.30	12
173	$\bar{6}.11.\bar{5}.7$	15.17½	58.00	9
177	$\bar{5}.9.\bar{4}.7$	12.50	62.00	12
179	$\bar{4}.7.\bar{3}.7$	10.02½	67.30	7
170	$\bar{1}.2.\bar{1}.1$	19.40	52.00	11
171	$\bar{5}.10.\bar{5}.6$	17.37½	57.22½	7
172	$\bar{3}.6.\bar{3}.4$	16.47½	59.00	12
176	$\bar{2}.4.\bar{2}.3$	14.57½	62.45	9
174	$\bar{6}.13.\bar{7}.8$	18.40	58.15	10
175	$\bar{5}.11.\bar{6}.8$	16.50	62.30	6
182	$\bar{4}.9.\bar{5}.8$	14.35	67.22½	8
181	$\bar{6}.12.\bar{6}.11$	13.00	67.00	11
180	$\bar{1}.2.\bar{1}.2$	11.57½	68.00	6
184	$\bar{4}.9.\bar{5}.7$	21.12½	64.15	12
185	$\bar{1}.4.\bar{3}.4$	17.52½	72.00	12
192	$\bar{2}.8.\bar{6}.9$	16.25	74.30	12
190	$\bar{1}.6.\bar{5}.8$	15.27½	77.15	12
183	$\bar{3}.8.\bar{5}.7$	16.42½	67.57½	11
186	$\bar{1}.3.\bar{2}.3$	15.57½	71.07½	12
187	$\bar{2}.5.\bar{3}.5$	14.17½	70.00	10

Nr.	Index (Bravais)	α Grad.Min.	φ Grad.Min.	Schw.
188	$\bar{3}.7.\bar{4}.8$	12.05	72.00	6
189	$\bar{2}.6.\bar{4}.7$	13.50	73.30	12
191	$0.5.\bar{5}.7$	17.37½	79.20	11
193	$\bar{1}.9.\bar{8}.10$	18.57½	75.30	11
196	$0.2.\bar{2}.3$	16.35	80.00	7
194	$\bar{1}.11.\bar{10}.12$	20.02½	75.30	12
194a	$0.8.\bar{8}.9$	21.45	76.30	12
195	$\bar{1}.5.\bar{4}.8$	18.37½	82.30	11
197	$3.5.\bar{8}.10$	19.52½	87.00	12
198	$3.4.\bar{7}.8$	21.35	88.00	12
199	$1.1.\bar{2}.3$	16.55	90.00	10
200	$2.3.\bar{5}.8$	15.50	88.00	10
201	$1.2.\bar{3}.5$	15.10	87.00	11
202	$1.3.\bar{4}.7$	14.17½	85.45	11
203	$1.4.\bar{5}.9$	14.00	85.00	12
204	$0.1.\bar{1}.2$	12.42½	82.30	7
205	$\bar{1}.5.\bar{4}.9$	11.15	80.15	5
206	$\bar{2}.9.\bar{7}.16$	10.55	80.00	9
207	$\bar{1}.3.\bar{2}.5$	10.00	78.15	12
208	$\bar{2}.5.\bar{3}.8$	9.27½	77.15	11
209	$\bar{1}.2.\bar{1}.3$	8.30	75.00	12
210	$\bar{3}.5.\bar{2}.7$	7.02½	74.00	12
211	$\bar{2}.3.\bar{1}.4$	6.05	71.30	10
212	$\bar{5}.7.\bar{2}.9$	4.50	71.00	12
213	$0.3.\bar{3}.11$	5.05	88.00	3
214	$0.5.\bar{5}.16$	7.10	86.00	10
215	$1.2.\bar{3}.8$	9.35	88.00	12
216	$1.1.\bar{2}.6$	8.40	90.00	9
217	$0.4.\bar{4}.15$	6.35	86.00	12
218	$1.2.\bar{3}.7$	11.00	87.45	8
219	$1.2.\bar{3}.6$	12.45	87.30	12

Die Tabelle Nr. 8 gibt eine Zusammenstellung sämtlicher in den Lauediagrammen auftretenden Formen. Es sind deren im ganzen 763. Von ihnen erfüllen 48,5% die Rhomboederstrukturbedingung h — i — l = 3 p.*)

Tabelle Nr. 8.

Nr.	Form (Bravais)	Häufigkeit	Nr.	Form (Bravais)	Häufigkeit	Nr.	Form (Bravais)	Häufigkeit	Nr.	Form (Bravais)	Häufigkeit
(+) Trigonale Pyramiden			6	$2.0.\bar{2}.1$	3	14	$4.0.\bar{4}.5$	1	22	$6.0.\bar{6}.5$	1
			7	$2.0.\bar{2}.3$	2	15*	$4.0.\bar{4}.7$	1	23*	$7.0.\bar{7}.1$	3
			8	$2.0.\bar{2}.7$	1	16*	$5.0.\bar{5}.2$	1	24	$7.0.\bar{7}.2$	1
1*	$1.0.\bar{1}.1$	4	9	$3.0.\bar{3}.1$	2	17	$5.0.\bar{5}.6$	1	25*	$7.0.\bar{7}.4$	1
2	$1.0.\bar{1}.2$	3	10	$3.0.\bar{3}.2$	2	18	$5.0.\bar{5}.7$	3	26	$7.0.\bar{7}.8$	1
3	$1.0.\bar{1}.3$	1	11	$3.0.\bar{3}.4$	1	19*	$5.0.\bar{5}.8$	1	27*	$8.0.\bar{8}.5$	1
4*	$1.0.\bar{1}.4$	2	12	$3.0.\bar{3}.5$	1	20	$6.0.\bar{6}.1$	1	28	$9.0.\bar{9}.1$	1
5	$1.0.\bar{1}.5$	1	13*	$4.0.\bar{4}.1$	1	21	$6.0.\bar{6}.2$	1	29*	$10.0.\bar{10}.1$	1

*) In der Tabelle sind die Formen, die der Bedingung genügen, mit * versehen. An späterer Stelle soll auf diese Tatsache noch näher eingegangen werden.

Nr.	Form (Bravais)	Häufigkeit
30*	$10.0.\overline{10}.4$	1
31*	$10.0.\overline{10}.7$	1
32	$11.0.\overline{11}.1$	1
33*	$11.0.\overline{11}.2$	1
34	$11.0.\overline{11}.4$	1
35*	$11.0.\overline{11}.5$	1
36	$11.0.\overline{11}.7$	1
37	$11.0.\overline{11}.10$	1
38	$12.0.\overline{12}.1$	1
39*	$13.0.\overline{13}.1$	1
40	$13.0.\overline{13}.2$	1
41*	$13.0.\overline{13}.7$	1
42	$15.0.\overline{15}.1$	2
43	$15.0.\overline{15}.2$	1
44*	$23.0.\overline{23}.2$	1

(—) Trigonale Pyramiden

Nr.	Form (Bravais)	Häufigkeit
45	$0.1.\overline{1}.1$	3
46*	$0.1.\overline{1}.2$	3
47	$0.1.\overline{1}.3$	2
48	$0.1.\overline{1}.4$	2
49	$0.1.\overline{1}.6$	1
50*	$0.2.\overline{2}.1$	2
51	$0.2.\overline{2}.3$	3
52	$0.2.\overline{2}.5$	3
53*	$0.2.\overline{2}.7$	1
54	$0.3.\overline{3}.1$	2
55	$0.3.\overline{3}.2$	1
56	$0.3.\overline{3}.11$	1
57*	$0.4.\overline{4}.2$	1
58*	$0.4.\overline{4}.5$	2
59	$0.4.\overline{4}.7$	1
60	$0.4.\overline{4}.15$	1
61*	$0.5.\overline{5}.1$	4
62	$0.5.\overline{5}.2$	3
63	$0.5.\overline{5}.3$	2
64*	$0.5.\overline{5}.4$	2
65*	$0.5.\overline{5}.7$	2
66	$0.5.\overline{5}.8$	1
67*	$0.5.\overline{5}.16$	1
68	$0.6.\overline{6}.1$	2
69	$0.7.\overline{7}.1$	2
70*	$0.7.\overline{7}.2$	1
71	$0.7.\overline{7}.4$	1
72*	$0.7.\overline{7}.8$	1
73*	$0.8.\overline{8}.1$	1
74	$0.8.\overline{8}.3$	1
75	$0.8.\overline{8}.5$	1
76	$0.8.\overline{8}.9$	1
77	$0.9.\overline{9}.1$	1
78	$0.9.\overline{9}.4$	1
79	$0.9.\overline{9}.7$	1
80	$0.10.\overline{10}.1$	2
81	$0.10.\overline{10}.7$	1
82	$0.11.\overline{11}.2$	1
83*	$0.11.\overline{11}.4$	1
84	$0.11.\overline{11}.8$	1
85	$0.12.\overline{12}.5$	1
86	$0.12.\overline{12}.7$	1
87*	$0.13.\overline{13}.2$	1
88*	$0.13.\overline{13}.5$	3
89	$0.13.\overline{13}.6$	1
90	$0.13.\overline{13}.7$	1
91*	$0.14.\overline{14}.1$	1
92*	$0.16.\overline{16}.5$	1
93*	$0.17.\overline{17}.1$	1
94	$0.17.\overline{17}.2$	1
95*	$0.20.\overline{20}.1$	1
96	$0.21.\overline{21}.2$	1

Hexagonale Pyramiden

Nr.	Form (Bravais)	Häufigkeit
97	$1.1.\overline{2}.1$	3
98	$1.1.\overline{2}.2$	5
99*	$1.1.\overline{2}.3$	6
100*	$1.1.\overline{2}.6$	3
101	$2.2.\overline{4}.1$	2
102*	$2.2.\overline{4}.3$	3
103	$3.3.\overline{6}.1$	4
104	$3.3.\overline{6}.2$	1
105	$3.3.\overline{6}.4$	2
106	$3.3.\overline{6}.5$	1
107	$4.4.\overline{8}.1$	1
108*	$4.4.\overline{8}.3$	1
109	$4.4.\overline{8}.7$	2
110*	$4.4.\overline{8}.9$	2
111	$5.5.\overline{10}.1$	1
112	$5.5.\overline{10}.2$	1
113*	$5.5.\overline{10}.3$	4
114*	$5.5.\overline{10}.6$	1
115*	$5.5.\overline{10}.9$	2
116	$6.6.\overline{12}.11$	1
117	$7.7.\overline{14}.1$	1
118	$7.7.\overline{14}.2$	3
119*	$7.7.\overline{14}.3$	2
120*	$7.7.\overline{14}.6$	1
121*	$8.8.\overline{16}.3$	1
122	$9.9.\overline{18}.4$	1
123	$10.10.\overline{20}.1$	1
124*	$10.10.\overline{20}.3$	2
125*	$11.11.\overline{22}.3$	1

(+) Ditrigonale Pyramiden

Nr.	Form (Bravais)	Häufigkeit
126	$2.1.\overline{3}.1$	6
127	$2.1.\overline{3}.2$	2
128	$2.1.\overline{3}.3$	2
129*	$2.1.\overline{3}.4$	4
130	$2.1.\overline{3}.6$	1
131*	$2.1.\overline{3}.7$	4
132	$2.1.\overline{3}.8$	1
133	$3.1.\overline{4}.1$	5
134*	$3.1.\overline{4}.2$	4
135	$3.1.\overline{4}.3$	1
136	$3.1.\overline{4}.4$	1
137*	$3.1.\overline{4}.5$	2
138	$3.1.\overline{4}.7$	1
139*	$3.1.\overline{4}.8$	1
140	$4.1.\overline{5}.1$	3
141*	$4.1.\overline{5}.3$	3
142*	$4.1.\overline{5}.6$	2
143*	$4.1.\overline{5}.9$	3
144*	$5.1.\overline{6}.1$	5
145*	$5.1.\overline{6}.4$	1
146	$5.1.\overline{6}.5$	1
147	$5.1.\overline{6}.6$	1
148*	$5.1.\overline{6}.7$	2
149	$6.1.\overline{7}.1$	1
150*	$6.1.\overline{7}.2$	3
151*	$6.1.\overline{7}.5$	1
152	$6.1.\overline{7}.9$	1
153*	$7.1.\overline{8}.3$	3
154	$7.1.\overline{8}.4$	1
155*	$7.1.\overline{8}.6$	2
156*	$7.1.\overline{8}.9$	1
157*	$8.1.\overline{9}.1$	3
158	$8.1.\overline{9}.3$	2
159*	$8.1.\overline{9}.4$	1
160	$8.1.\overline{9}.5$	1
161	$8.1.\overline{9}.6$	1
162*	$8.1.\overline{9}.7$	1
163	$8.1.\overline{9}.8$	1
164	$9.1.\overline{10}.1$	1
165*	$9.1.\overline{10}.2$	3
166	$9.1.\overline{10}.4$	2
167*	$9.1.\overline{10}.5$	1
168	$9.1.\overline{10}.7$	1
169*	$9.1.\overline{10}.8$	2
170	$10.1.\overline{11}.1$	1
171*	$10.1.\overline{11}.3$	2
172	$10.1.\overline{11}.4$	1
173*	$10.1.\overline{11}.6$	4
174*	$10.1.\overline{11}.12$	1
175*	$11.1.\overline{12}.1$	3
176*	$11.1.\overline{12}.4$	2
177*	$12.1.\overline{13}.2$	3
178	$12.1.\overline{13}.4$	1
179	$12.1.\overline{13}.7$	1
180*	$12.1.\overline{13}.11$	1
181*	$13.1.\overline{14}.3$	1
182*	$14.1.\overline{15}.1$	1
183*	$14.1.\overline{15}.4$	1
184*	$15.1.\overline{16}.2$	4
185	$15.1.\overline{16}.4$	2
186*	$16.1.\overline{17}.3$	1
187	$18.1.\overline{19}.1$	1
188	$21.1.\overline{22}.1$	1
189	$22.1.\overline{23}.1$	1
190*	$3.2.\overline{5}.1$	5
191	$3.2.\overline{5}.2$	2
192	$3.2.\overline{5}.3$	1
193*	$3.2.\overline{5}.4$	3
194	$3.2.\overline{5}.5$	3
195	$3.2.\overline{5}.6$	1
196*	$3.2.\overline{5}.7$	2
197	$3.2.\overline{5}.8$	1
198	$4.2.\overline{6}.1$	5
199*	$4.2.\overline{6}.5$	1
200	$4.2.\overline{6}.7$	1
201	$5.2.\overline{7}.1$	3
202*	$5.2.\overline{7}.3$	3
203*	$5.2.\overline{7}.6$	3
204*	$5.2.\overline{7}.9$	2
205*	$6.2.\overline{8}.1$	5
206	$6.2.\overline{8}.3$	1
207	$6.2.\overline{8}.5$	1
208*	$6.2.\overline{8}.7$	1
209	$7.2.\overline{9}.1$	2
210*	$7.2.\overline{9}.2$	5
211	$7.2.\overline{9}.3$	1
212	$7.2.\overline{9}.4$	1
213*	$7.2.\overline{9}.5$	1
214	$7.2.\overline{9}.7$	2
215	$7.2.\overline{9}.10$	2
216	$7.2.\overline{9}.13$	1
217	$8.2.\overline{10}.1$	2
218*	$8.2.\overline{10}.3$	3
219*	$8.2.\overline{10}.9$	1
220*	$9.2.\overline{11}.1$	4

Nr.	Form (Bravais)	Häufigkeit	Nr.	Form (Bravais)	Häufigkeit	Nr.	Form (Bravais)	Häufigkeit	Nr.	Form (Bravais)	Häufigkeit
221	9.2.$\overline{11}$.2	1	271	11.3.$\overline{14}$.1	1	321	12.4.$\overline{16}$.1	3	371	26.5.$\overline{31}$.2	1
222*	9.2.$\overline{11}$.4	1	272*	11.3.$\overline{14}$.2	2	322*	12.4.$\overline{16}$.5	2	372*	7.6.$\overline{13}$.1	4
223	9.2.$\overline{11}$.5	1	273	11.3.$\overline{14}$.4	1	323	13.4.$\overline{17}$.1	1	373*	7.6.$\overline{13}$.4	3
224*	9.2.$\overline{11}$.7	1	274*	11.3.$\overline{14}$.5	1	324*	13.4.$\overline{17}$.3	3	374	7.6.$\overline{13}$.6	1
225	9.2.$\overline{11}$.8	1	275	11.3.$\overline{14}$.7	1	325*	13.4.$\overline{17}$.6	4	375*	7.6.$\overline{13}$.7	1
226	9.2.$\overline{11}$.11	1	276*	11.3.$\overline{14}$.8	1	326*	14.4.$\overline{18}$.7	3	376	8.6.$\overline{14}$.1	1
227*	10.2.$\overline{12}$.5	3	277	12.3.$\overline{15}$.1	1	327*	16.4.$\overline{20}$.3	1	377*	8.6.$\overline{14}$.2	1
228	11.2.$\overline{13}$.1	1	278	12.3.$\overline{15}$.4	1	328*	17.4.$\overline{21}$.1	1	378*	8.6.$\overline{14}$.5	3
229	11.2.$\overline{13}$.2	2	279*	13.3.$\overline{16}$.1	4	329*	19.4.$\overline{23}$.3	1	379	9.6.$\overline{15}$.1	1
230*	11.2.$\overline{13}$.3	2	280	13.3.$\overline{16}$.2	2	330*	6.5.$\overline{11}$.1	4	380	9.6.$\overline{15}$.2	1
231*	11.2.$\overline{13}$.9	1	281*	13.3.$\overline{16}$.4	4	331*	6.5.$\overline{11}$.4	3	381*	10.6.$\overline{16}$.1	1
232*	12.2.$\overline{14}$.1	4	282	13 3.$\overline{16}$.5	1	332*	6.5.$\overline{11}$.7	2	382	10.6.$\overline{16}$.2	1
233*	12.2.$\overline{14}$.7	1	283	14.3.$\overline{17}$.1	1	333	6.5.$\overline{11}$.8	1	383	10.6.$\overline{16}$.5	1
234*	13.2.$\overline{15}$.2	2	284*	14.3.$\overline{17}$.2	3	334*	6.5.$\overline{11}$.10	1	384*	10.6.$\overline{16}$.7	1
235	13.2.$\overline{15}$.4	1	285	14.3.$\overline{17}$.4	1	335*	7.5.$\overline{12}$.2	3	385	11.6.$\overline{17}$.1	1
236	13.2.$\overline{15}$.7	1	286*	15.3.$\overline{18}$.3	1	336	7.5.$\overline{12}$.4	1	386*	11.6.$\overline{17}$.5	3
237*	14.2.$\overline{16}$.3	1	287*	15.3.$\overline{18}$.6	1	337*	7.5.$\overline{12}$.5	1	387*	13.6.$\overline{19}$.1	2
238	15.2.$\overline{17}$.2	1	288	17.3.$\overline{20}$.6	1	338	8.5.$\overline{13}$.1	1	388*	13.6.$\overline{19}$.4	1
239*	15.2.$\overline{17}$.4	1	289	19.3.$\overline{22}$.5	1	339	8.5.$\overline{13}$.2	1	389	14.6.$\overline{20}$.1	1
240*	15.2.$\overline{17}$.7	1	290*	22.3.$\overline{25}$.4	1	340*	8.5.$\overline{13}$.3	1	390	15.6.$\overline{21}$.2	1
241	17.2.$\overline{19}$.2	1	291*	25.3.$\overline{28}$.1	1	341	8.5.$\overline{13}$.5	2	391*	16.6.$\overline{22}$.1	1
242	23.2.$\overline{25}$.1	1	292	30.3.$\overline{33}$.2	1	342*	9.5.$\overline{14}$.1	3	392*	19.6.$\overline{25}$.4	1
243*	4.3.$\overline{7}$.1	4	293*	5.4.$\overline{9}$.1	5	343	9.5.$\overline{14}$.2	1	393	19.6.$\overline{25}$.5	1
244	4.3.$\overline{7}$.3	1	294	5.4.$\overline{9}$.2	1	344*	9.5.$\overline{14}$.4	2	394*	8.7.$\overline{15}$.1	1
245*	4.3.$\overline{7}$.4	2	295	5.4.$\overline{9}$.5	1	345	9.5.$\overline{14}$.5	1	395	8.7.$\overline{15}$.3	1
246*	4.3.$\overline{7}$.7	3	296*	5.4.$\overline{9}$.7	2	346	10.5.$\overline{15}$.1	1	396*	8.7.$\overline{15}$.4	2
247	4.3.$\overline{7}$.8	2	297	5.4.$\overline{9}$.8	2	347*	10.5.$\overline{15}$.2	2	397	8.7.$\overline{15}$.9	1
248	5.3.$\overline{8}$.1	3	298*	5.4.$\overline{9}$.10	2	348	10.5.$\overline{15}$.4	1	398*	9.7.$\overline{16}$.2	2
249*	5.3.$\overline{8}$.2	4	299	5.4.$\overline{9}$.11	2	349	10.5.$\overline{15}$.6	1	399*	9.7.$\overline{16}$.5	3
250	5.3.$\overline{8}$.3	1	300	6.4.$\overline{10}$.1	1	350*	10.5.$\overline{15}$.8	1	400	10.7.$\overline{17}$.1	1
251	5.3.$\overline{8}$.4	3	301*	6.4.$\overline{10}$.5	2	351	11.5.$\overline{16}$.1	1	401*	10.7.$\overline{17}$.6	1
252	5.3.$\overline{8}$.7	1	302	7.4.$\overline{11}$.1	1	352*	11.5.$\overline{16}$.3	4	402*	11.7.$\overline{18}$.1	2
253	5.3.$\overline{8}$.10	1	303*	7.4.$\overline{11}$.3	4	353*	11.5.$\overline{16}$.6	2	403	11.7.$\overline{18}$ 2	1
254*	5.3.$\overline{8}$.11	1	304*	7.4.$\overline{11}$.6	2	354*	12.5.$\overline{17}$.1	1	404*	11.7.$\overline{18}$.4	2
255*	7.3.$\overline{10}$.1	5	305*	7.4.$\overline{11}$.9	1	355	12.5.$\overline{17}$.2	1	405	11.7.$\overline{18}$.8	1
256	7.3.$\overline{10}$.2	1	306*	8.4.$\overline{12}$.1	4	356*	12.5.$\overline{17}$.4	2	406	12.7.$\overline{19}$.1	3
257*	7.3.$\overline{10}$.4	2	307	8.4.$\overline{12}$.5	1	357*	12.5.$\overline{17}$.16	1	407*	12.7.$\overline{19}$.2	3
258*	7.3.$\overline{10}$.7	2	308	9.4.$\overline{13}$.1	1	358˙	13.5.$\overline{18}$.1	1	408*	12.7.$\overline{19}$.5	1
259	7.3.$\overline{10}$.11	1	309*	9.4.$\overline{13}$.2	3	359*	13.5.$\overline{18}$.2	1	409	13.7.$\overline{20}$.2	1
260	8.3.$\overline{11}$.1	2	310	9.4.$\overline{13}$.4	1	360	14.5.$\overline{19}$.1	1	410*	13.7.$\overline{2}$.6	1
261*	8.3.$\overline{11}$.2	3	311*	9.4.$\overline{13}$.5	3	361*	15.5.$\overline{20}$.1	1	411*	14.7.$\overline{21}$.1	2
262	8.3.$\overline{11}$.4	1	312	9.4.$\overline{13}$.7	1	362	15.5.$\overline{20}$.2	1	412*	17.7.$\overline{24}$.10	1
263*	8.3.$\overline{11}$.5	2	313*	9.4.$\overline{13}$.8	1	363*	15.5.$\overline{20}$.4	2	413	18.7.$\overline{25}$.4	1
264	9.3.$\overline{12}$.1	1	314	9.4.$\overline{13}$.10	1	364	16.5.$\overline{21}$.1	2	414*	9.8.$\overline{17}$.1	2
265	9.3.$\overline{12}$.2	2	315	10.4.$\overline{14}$.1	1	365	16.5.$\overline{21}$.4	1	415	9.8.$\overline{17}$.2	1
266	9.3.$\overline{12}$.4	1	316*	10.4.$\overline{14}$.3	1	366*	16.5.$\overline{21}$.5	1	416*	9.8.$\overline{17}$.4	2
267*	10.3.$\overline{13}$.1	5	317	10.4.$\overline{14}$.5	1	367	16.5.$\overline{21}$.7	1	417*	10.8.$\overline{18}$.5	2
268	10,13.$\overline{3}$.2	1	318*	11.4.$\overline{15}$.1	4	368*	17.5.$\overline{22}$.3	1	418*	12.8.$\overline{20}$.1	1
269*	10.3.$\overline{13}$.4	2	319	11.4.$\overline{15}$.2	1	369*	17.5.$\overline{22}$.6	1	419	10.9.$\overline{19}$.2	1
270*	10.3.$\overline{13}$.7	1	320*	11.4.$\overline{15}$.4	3	370	19.5.$\overline{24}$.4	1	420*	10.9.$\overline{19}$.4	1

Nr.	Form (Bravais)	Häufigkeit
421*	11.9.$\overline{20}$.2	3
422*	13.9.$\overline{22}$.1	1
423*	13.9.$\overline{22}$.4	1
424*	14.9.$\overline{23}$.5	1
425*	11.10.$\overline{21}$.4	1
426*	11.10.$\overline{21}$.7	2
427*	14.10.$\overline{24}$.1	2
428*	17.10.$\overline{27}$.4	1
429*	12.11.$\overline{23}$.1	1
430*	15.11.$\overline{26}$.4	1
431*	20.8.$\overline{28}$.3	1

(—) Ditrigonale Pyramiden

Nr.	Form (Bravais)	Häufigkeit
432	1.2.$\overline{3}$.1	3
433*	1.2.$\overline{3}$.2	3
434	1.2.$\overline{3}$.3	3
435	1.2.$\overline{3}$.4	1
436*	1.2.$\overline{3}$.5	3
437	1.2.$\overline{3}$.6	1
438	1.2.$\overline{3}$.7	1
439*	1.2.$\overline{3}$.8	1
440*	1.3.$\overline{4}$.1	4
441	1.3.$\overline{4}$.2	2
442	1.3.$\overline{4}$.3	1
443*	1.3.$\overline{4}$.4	2
444	1.3.$\overline{4}$.5	2
445*	1.3.$\overline{4}$.7	2
446	1.4.$\overline{5}$.1	1
447	1.4.$\overline{5}$.2	2
448*	1.4.$\overline{5}$.3	3
449*	1.4.$\overline{5}$.6	1
450	1.4.$\overline{5}$.8	1
451*	1.4.$\overline{5}$.9	3
452	1.5.$\overline{6}$.1	2
453*	1.5.$\overline{6}$.2	4
454	1.5.$\overline{6}$.4	2
455*	1.5.$\overline{6}$.5	3
456	1.5.$\overline{6}$.7	2
457*	1.5.$\overline{6}$.8	3
458	1.5.$\overline{6}$.10	1
459*	1.6.$\overline{7}$.1	5
460	1.6.$\overline{7}$.2	1
461*	1.6.$\overline{7}$.4	1
462*	1.6.$\overline{7}$.10	1
463	1.7.$\overline{8}$.1	1
464*	1.7.$\overline{8}$.3	4
465*	1.7.$\overline{8}$.6	1
466*	1.7.$\overline{8}$.9	2
467*	1.8.$\overline{9}$.2	2
468	1.8.$\overline{9}$.4	2
469	1.8.$\overline{9}$.7	1
470*	1.9.$\overline{10}$.1	2
471*	1.9.$\overline{10}$.4	2
472	1.9.$\overline{10}$.5	1
473*	1.10.$\overline{11}$.6	2
475*	1.10.$\overline{11}$.12	1
476*	1.11.$\overline{12}$.2	2
477	1.11.$\overline{12}$.4	1
478*	1.11.$\overline{12}$.5	2
479	1.12.$\overline{13}$.2	1
480	1.12.$\overline{13}$.5	1
481	1.12.$\overline{13}$.8	2
482	1.13.$\overline{14}$.1	1
483	1.13.$\overline{14}$.2	1
484*	1.13.$\overline{14}$.3	1
485*	1.13.$\overline{14}$.9	1
486	1.14.$\overline{15}$.1	1
487*	1.14.$\overline{15}$.2	1
488	1.14.$\overline{15}$.6	1
489*	1.15.$\overline{16}$.1	1
490	1.15.$\overline{16}$.2	1
491*	1.15.$\overline{16}$.4	1
492	1.15.$\overline{16}$.5	1
493	1.15.$\overline{16}$.8	2
494*	1.16.$\overline{17}$.3	1
495*	1.16.$\overline{17}$.6	1
496*	1.17.$\overline{18}$.2	1
497	1.17.$\overline{18}$.10	1
498	1.19.$\overline{20}$.2	1
499	1.20.$\overline{21}$.1	1
500*	1.21.$\overline{22}$.1	1
501	1.26.$\overline{27}$.1	1
502	1.27.$\overline{28}$.2	1
503	2.3.$\overline{5}$.1	2
504*	2.3.$\overline{5}$.2	2
505*	2.3.$\overline{5}$.5	3
506	2.3.$\overline{5}$.7	1
507*	2.3.$\overline{5}$.8	2
508*	2.4.$\overline{6}$.1	2
509	2.4.$\overline{6}$.3	1
510	2.4.$\overline{6}$.5	1
511*	2.4.$\overline{6}$.7	2
512	2.5.$\overline{7}$.1	2
513*	2.5.$\overline{7}$.3	1
514	2.5.$\overline{7}$.5	1
515*	2.5.$\overline{7}$.6	1
516	2.5.$\overline{7}$.7	1
517*	2.5.$\overline{7}$.9	1
518	2.6.$\overline{8}$.1	2
519	2.6.$\overline{8}$.7	1
520	2.6.$\overline{8}$.9	1
521*	2.7.$\overline{9}$.1	5
522	2.7.$\overline{9}$.2	1
523	2.7.$\overline{9}$.3	1
524*	2.7.$\overline{9}$.4	3
525	2.7.$\overline{9}$.8	2
526*	2.7.$\overline{9}$.10	1
527*	2.7.$\overline{9}$.16	1
528*	2.8.$\overline{10}$.3	4
529*	2.8.$\overline{10}$.9	1
530	2.9.$\overline{11}$.1	1
531*	2.9.$\overline{11}$.2	1
532	2.9.$\overline{11}$.4	1
533*	2.9.$\overline{11}$.5	2
534*	2.10.$\overline{12}$.1	4
535	2.10.$\overline{12}$.2	1
536	2.10.$\overline{12}$.5	1
537*	2.11.$\overline{13}$.3	3
538*	2.11.$\overline{13}$.6	1
539*	2.12.$\overline{14}$.2	1
540*	2.12.$\overline{14}$.5	1
541*	2.13.$\overline{15}$.1	3
542	2.13.$\overline{15}$.2	2
543*	2.13.$\overline{15}$.4	1
544	2.15.$\overline{17}$.1	1
545*	2.15.$\overline{17}$.2	2
546	2.15.$\overline{17}$.7	1
547*	2.16.$\overline{18}$.1	1
548	2.16.$\overline{18}$.2	1
549	2.16.$\overline{18}$.3	1
550	2.23.$\overline{25}$.1	1
551	2.25.$\overline{27}$.2	1
552	3.4.$\overline{7}$.1	4
553*	3.4.$\overline{7}$.2	2
554*	3.4.$\overline{7}$.5	2
555	3.4.$\overline{7}$.6	1
556	3.4.$\overline{7}$.7	2
557*	3.4.$\overline{7}$.8	4
558*	3.5.$\overline{8}$.1	4
559	3.5.$\overline{8}$.2	2
560*	3.5.$\overline{8}$.4	2
561*	3.5.$\overline{8}$.7	3
562	3.5.$\overline{8}$.8	1
563*	3.5.$\overline{8}$.10	2
564	3.6.$\overline{9}$.4	1
565	3.7.$\overline{10}$.1	2
566	3.7.$\overline{10}$.3	2
567	3.7.$\overline{10}$.7	1
568*	3.7.$\overline{10}$.8	1
569*	3.8.$\overline{11}$.1	4
570	3.8.$\overline{11}$.2	2
571*	3.8.$\overline{11}$.4	2
572	3.8.$\overline{11}$.8	1
573*	3.9.$\overline{12}$.6	1
574	3.10.$\overline{13}$.1	1
575*	3.10.$\overline{13}$.2	2
576*	3.10.$\overline{13}$.5	3
577	3.10.$\overline{13}$.13	1
578*	3.11.$\overline{14}$.1	2
579	3.11.$\overline{14}$.2	2
580*	3.11.$\overline{14}$.4	1
581	3.11.$\overline{14}$.5	1
582	3.11.$\overline{14}$.8	1
583	3.12.$\overline{15}$.1	2
584	3.12.$\overline{15}$.2	1
585	3.13.$\overline{16}$.1	1
586*	3.13.$\overline{16}$.2	3
587	3.13.$\overline{16}$.4	1
588*	3.14.$\overline{17}$.1	4
589	3.14.$\overline{17}$.2	1
590	3.14.$\overline{17}$.5	1
591	3.14.$\overline{17}$.8	1
592	3.15.$\overline{18}$.2	1
593	3.15.$\overline{18}$.4	1
594	3.15.$\overline{18}$.7	1
595	3.16.$\overline{19}$.1	2
596*	3.16.$\overline{19}$.2	1
597*	3.20.$\overline{23}$.1	1
598	3.30.$\overline{33}$.2	1
599	4.5.$\overline{9}$.1	2
600*	4.5.$\overline{9}$.2	1
601	4.5.$\overline{9}$.7	1
602*	4.5.$\overline{9}$.8	2
603*	4.6.$\overline{10}$.1	3
604	4.6.$\overline{10}$.3	1
605	4.7.$\overline{11}$.1	1
606*	4.7.$\overline{11}$.3	2
607*	4.7.$\overline{11}$.9	1
608	4.8.$\overline{12}$.1	2
609*	4.9.$\overline{13}$.1	4
610	4.9.$\overline{13}$.2	2
611*	4.9.$\overline{13}$.4	2
612	4.9.$\overline{13}$.6	1
613*	4.9.$\overline{13}$.7	1
614*	4.10.$\overline{14}$.3	1
615	4.11.$\overline{15}$.1	1
616*	4.11.$\overline{15}$.2	3
617	4.11.$\overline{15}$.4	1
618*	4.11.$\overline{15}$.5	2

Nr.	Form (Bravais)	Häufigkeit	Nr.	Form (Bravais)	Häufigkeit	Nr.	Form (Bravais)	Häufigkeit	Nr.	Form (Bravais)	Häufigkeit
619*	4.12.$\overline{16}$.1	2	657	5.15.$\overline{20}$.1	1	695*	7.12.$\overline{19}$.1	4	730*	5.2.$\overline{7}$.0	2
620	4.12.$\overline{16}$.5	1	658	5.15.$\overline{20}$.4	1	696	7.12.$\overline{19}$.2	1	731	7.2.$\overline{9}$.0	1
621	4.13.$\overline{17}$.1	2	659	5.15.$\overline{20}$.7	1	697	7.13.$\overline{20}$.2	1	732	4.3.$\overline{7}$.0	1
622	4.13.$\overline{17}$.2	1	660*	5.16.$\overline{21}$.1	2	698	7.14.$\overline{21}$.1	1	733	7.3.$\overline{10}$.0	1
623*	4.13.$\overline{17}$.3	3	661	5.16.$\overline{21}$.2	1	699*	7.14.$\overline{21}$.2	1	734*	11.2.$\overline{13}$.0	1
624	4.14.$\overline{18}$.1	1	662	5.16.$\overline{21}$.5	1	700	7.15.$\overline{22}$.2	1	735	17.3.$\overline{20}$.0	1
625	4.14.$\overline{18}$.7	1	663	5.17.$\overline{22}$.1	1	701*	8.9.$\overline{17}$.2	1	736*	19.1.$\overline{20}$ 0	1
626*	4.15.$\overline{19}$.1	3	664*	5.17.$\overline{22}$.3	1	702*	8.9.$\overline{17}$.5	1			
627	4.15.$\overline{19}$.5	1	665	5.18.$\overline{23}$.1	1	703*	8.10.$\overline{18}$.1	2		(—) Prismen	
628	4.16.$\overline{20}$.1	1	666*	6.7.$\overline{13}$.2	2	704*	8.11.$\overline{19}$.3	1			
629*	4.16.$\overline{20}$.3	1	667	6.7.$\overline{13}$.6	1	705*	8.13.$\overline{21}$.1	4	737	0.1.$\overline{1}$.0	2
630	4.17.$\overline{21}$.1	2	668*	6.8.$\overline{14}$.1	1	706	8.13.$\overline{21}$.2	1	738	1.2.$\overline{3}$.0	2
631*	4.17.$\overline{21}$.2	1	669	6.9.$\overline{15}$.1	1	707*	8.15.$\overline{23}$.2	1	739	1.3.$\overline{4}$.0	3
632	4.21.$\overline{25}$.2	1	670	6.9.$\overline{15}$.2	1	708*	8.20.$\overline{28}$.3	1	740*	1.4.$\overline{5}$.0	5
633	5.6.$\overline{11}$.1	2	671	6.10.$\overline{16}$.1	1	709*	9.11.$\overline{20}$.1	1	741	1.5.$\overline{6}$.0	3
634*	5.6.$\overline{11}$.2	4	672*	6.10.$\overline{16}$.2	1	710	9.11.$\overline{20}$.2	1	742	1.6.$\overline{7}$.0	3
635*	5.6.$\overline{11}$.8	2	673*	6.10.$\overline{16}$.5	2	711*	9 11.$\overline{20}$.4	1	743*	1.7.$\overline{8}$.0	1
636	5.6.$\overline{11}$.10	1	674*	6.11.$\overline{17}$.1	4	712*	9.13.$\overline{22}$.2	1	744	1.12.$\overline{13}$.0	1
637	5.6.$\overline{11}$.12	1	675	6.11.$\overline{17}$.2	1	713	9.18.$\overline{27}$.2	1	745*	1.13.$\overline{14}$.0	1
638	5.6.$\overline{11}$.13	1	676	6.11.$\overline{17}$.3	1	714*	10.11.$\overline{21}$.2	2	746*	1.16.$\overline{17}$.0	1
639*	5.7.$\overline{12}$.1	3	677*	6.11.$\overline{17}$.4	2	715*	10.17.$\overline{27}$.2	1	747	2.3.$\overline{5}$.0	3
640	5.7.$\overline{12}$.2	1	678	6.11.$\overline{17}$.6	1	716	10.19.$\overline{29}$.4	1	748*	2.5.$\overline{7}$.0	1
641*	5.7.$\overline{12}$.4	3	679*	6.13.$\overline{19}$.2	2	717	11.14.$\overline{25}$.2	1	749	2.7.$\overline{9}$.0	1
642	5.8.$\overline{13}$.1	1	680*	6.13.$\overline{19}$.5	1	718*	11.15.$\overline{26}$.2	1	750	3.4.$\overline{7}$.0	1
643*	5.8.$\overline{13}$.3	1	681*	6.13.$\overline{19}$.8	1	719*	11.22.$\overline{23}$.4	1	751	3.5.$\overline{8}$.0	1
644	5.9.$\overline{14}$.1	1	682*	6.14.$\overline{20}$.1	1				752	3.7.$\overline{10}$.0	1
645	5.9.$\overline{14}$.2	2	683*	6.14.$\overline{20}$.7	1		(+) Prismen		753	3.8.$\overline{11}$.0	1
646*	5.9.$\overline{14}$.5	2	684	6.15.$\overline{21}$.1	1				754	3.10.$\overline{13}$.0	2
647*	5.10.$\overline{15}$.1	3	685	6.16.$\overline{22}$.1	1	720*	1.1.$\overline{2}$.0	2	755	3.11.$\overline{14}$.0	2
648	5.10.$\overline{15}$.2	3	686*	7.8.$\overline{15}$.2	4	721	1.0.$\overline{1}$.0	1	756*	4.7.$\overline{11}$.0	1
649*	5.10.$\overline{15}$.4	1	687*	7.8.$\overline{15}$.5	2	722	3.1.$\overline{4}$.0	2	757	4.9.$\overline{13}$.0	1
650	5.11.$\overline{16}$.1	1	688*	7.9.$\overline{16}$.1	3	723*	4.1.$\overline{5}$.0	2	758	4.11.$\overline{15}$.0	1
651*	5.11.$\overline{16}$.3	1	689*	7.9.$\overline{16}$.4	1	724	5.1.$\overline{6}$.0	2	759*	4.13.$\overline{17}$.0	1
652*	5.11.$\overline{16}$.6	1	690	7.10.$\overline{17}$.2	1	725	6.1.$\overline{7}$.0	1	760*	5.6.$\overline{11}$.0	1
653*	5.11.$\overline{16}$.9	1	691*	7.10.$\overline{17}$.3	1	726*	7.1.$\overline{8}$.0	1	761*	5.8.$\overline{13}$.0	1
654	5.12.$\overline{17}$.4	1	692*	7.10.$\overline{17}$.9	1	727	9.1.$\overline{10}$.0	1	762	5.9.$\overline{14}$.0	1
655	5.13.$\overline{18}$.2	1	693*	7.11.$\overline{18}$.2	2	728	11.1.$\overline{12}$.0	2	763	5 12.$\overline{17}$.0	1
656	5.14.$\overline{19}$.1	1	694	7.11.$\overline{18}$.3	1	729	14.1.$\overline{15}$.0	1			

Zur weiteren Uebersicht wurden noch für die Flächen $(10\bar{1}0)$, $(11\bar{2}0)$ und (0001) die Indicesfelder konstruiert.

Als Ordinaten sind die Inhalte der Elementarparallelogramme, berechnet nach der Formel: $J = \sqrt{h^2 + i^2 + i\,h + {}^3/_4 \frac{a^2}{c^2}}$ aufgetragen, als Abszissen im Indicesfeld von $(10\bar{1}0)$ die $(2h+i)$-Werte, von $(11\bar{2}0)$ die $(h+i)$ und von (0001) die l-Werte Auf die Folgerungen soll später eingegangen werden.

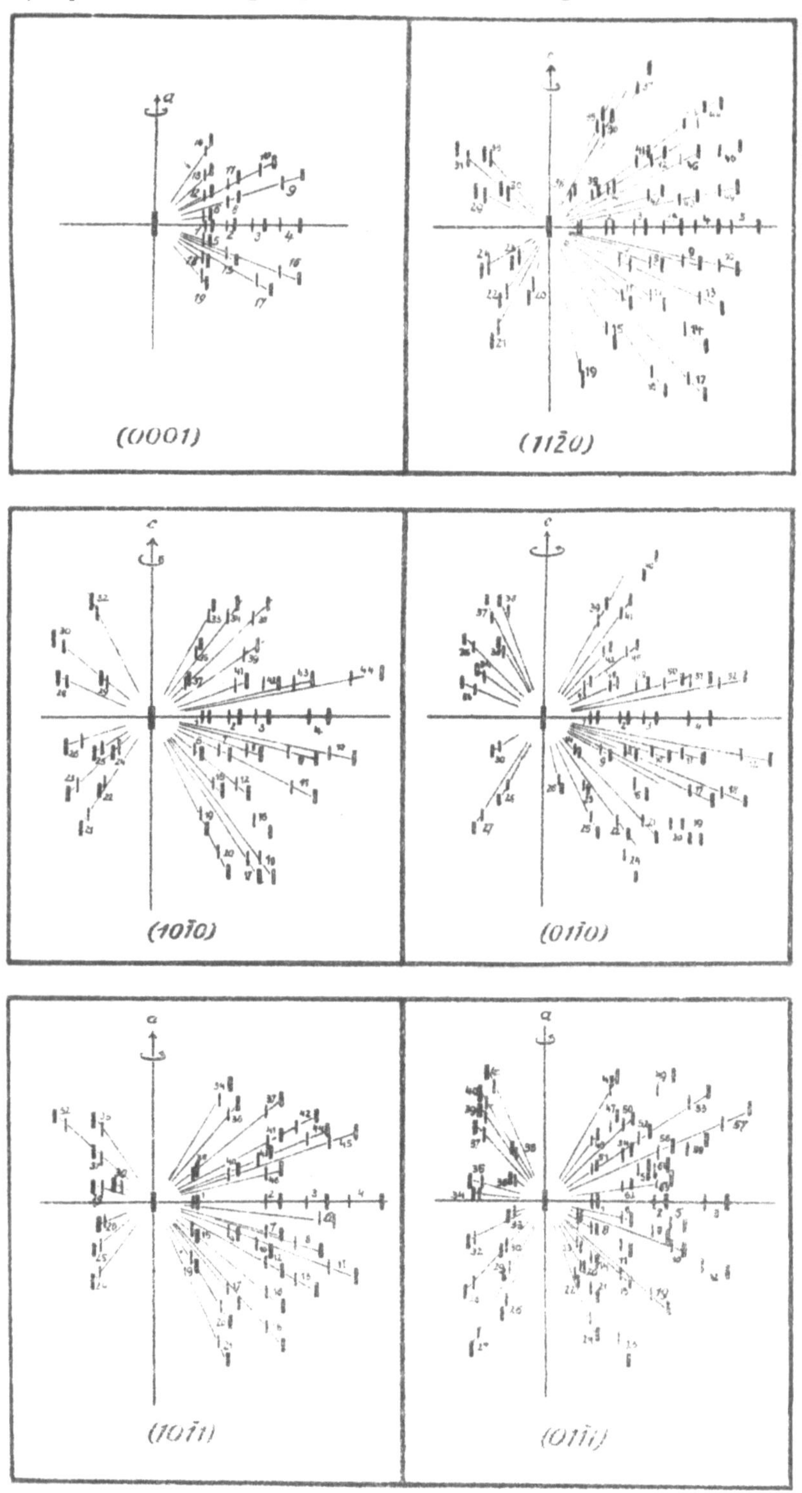

Fig. 9. Drehspektrogramme vom Turmalin.

2. Auswertung der Spektrogramme.

a) Hauptspektren.

Zu den Aufnahmen der Spektrogramme wurden dieselben Schliffe wie für die Lauediagramme verwendet. Die Spektren wurden erzeugt durch die K-Strahlung einer Lilienfeldröhre mit Molybdänantikathode. Es wurden Aufnahmen parallel (0001), $(01\bar{1}1)$, $(10\bar{1}1)$, (0110), $(10\bar{1}0)$ und $(11\bar{2}0)$ hergestellt (Fig. 9).

Zunächst sei in der folgenden Tabelle eine Uebersicht über die Röntgenperioden*) an den Hauptflächen gegeben.

Tabelle Nr. 9.

Struktur-ebene	Gemessene r der Spektren in den Ordn. I—VI						Mittel r gem.	d ber.	Verhältnis der r-Werte	r/d
	I	II	III	IV	V	VI				
0001	2,37	1,215	—	—	—	—	2,40	2,424	$^2/_3 \frac{c}{a} = 0{,}299$	$^1/_3$
$10\bar{1}0$	4,73	2,315	1,565	—	—	—	4,685	4,690	$^1/_3 \sqrt{3} = 0{,}577$	$^1/_3$
$11\bar{2}0$	15,80	8,06	5,41	4,06	3,25	2,70	16,21	16,21	1	1
$10\bar{1}1$	6,25	—	2,135	1,60	1,29	—	6,576	6,459		1
$01\bar{1}1$	—	—	2,165	—	—	—	6,495	6,459		1

b) Nebenspektren.

Ihre Deutung geschah mit Benutzung bisher noch nicht veröffentlichten Materials von E. Schiebold folgendermassen: Es wurden die bei Drehung um die a- bezw. c-Achse möglichen Flächen in bestimmter Zonenfolge aufgestellt und ihre Koordinaten berechnet. Als Kontrolle diente der Vergleich der gemessenen und berechneten Röntgenperioden.**)

Tabelle Nr. 10.

Form (Bravais)	r gem.	d ber.	Δ = r gem. — d ber.	Spektrogramme:						Rhomb. bed.
				(0001)	$(10\bar{1}0)$	$(01\bar{1}0)$	$(11\bar{2}0)$	$(10\bar{1}1)$	$(01\bar{1}1)$	
Trigonale Pyramiden.										
0.0.0.1	7,20	7,272	— 0,072	2.4	—	—	—	—	—	—
$1.0.\bar{1}.1$	6,51	6,459	+ 0,051	—	{19.20 32}	{25.29 36}	—	{1.2.3. 4.30}	{1.2.7. 33.36}	+
$1.0.\bar{1}.2$	3,49	3,571	— 0,081	1.3.5.6	—	26	20	—	35	—
$2.0.\bar{2}.1$	5,037	5,053	— 0,016	—	{16.24 27.38}	14.21	—	15.32	—	—
$2.0.\bar{2}.3$	2,292	2,291	+ 0,001	—	—	38	—	—	58	—
$3.0.\bar{3}.1$	4,115	3,939	+ 0,176	—	25	—	—	—	—	—
$3.0.\bar{3}.2$	2,80	2,873	— 0,073	—	18	41	—	—	—	—
$3.0.\bar{3}.3$	2,16	2,104	+ 0,056	—	—	—	—	10	—	—

*) Bekanntlich ist r = Röntgenperiode = kleinster Abstand paralleler gleichbelasteter Strukturebenen d = Identitätsperiode = kleinster Abstand paralleler identischer Strukturebenen.

**) Die auf allen Spektrogrammen gedeuteten Formen sind in folgender Tabelle zusammengestellt: In der ersten Spalte sind die Formen angegeben, in der zweiten die gemessenen Röntgenperioden, in der dritten die berechneten und in der vierten Spalte schliesslich die Differenzen zwischen den gemessenen und berechneten Röntgenperioden. In der fünften Spalte sind die Nummern der einzelnen Spektren entsprechend den Zeichnungen für jede Fläche besonders eingetragen. In der sechsten Rubrik ist die Erfüllung der Rhomboeder-Bedingung angegeben.

Form (Bravais)	r gem.	d ber.	Δ = r gem. — d ber.	Spektrogramme: (0001)	(10$\bar{1}$0)	(01$\bar{1}$0)	(11$\bar{2}$0)	(10$\bar{1}$1)	(01$\bar{1}$1)	Rhomb. bed.
$4.0.\bar{4}.1$	3,165	3,164	+0,001	—	7	33.48	29	—	14.46	+
$5.0.\bar{5}.1$	2,643	2,622	+0,021	—	28.41	8.18	—	33.24	—	—
$5.0.\bar{5}.2$	2,194	2,224	+0,030	—	12.30	45	—	—	15.50	+
$5.0.\bar{5}.4$	1,515	1,527	−0,012	—	—	24	—	13.42	3	—
$6.0.\bar{6}.3$	1,685	1,683	+0,002	—	—	—	—	16.37	19	+
$6.0.\bar{6}.4$	1,42	1,43	−0,01	—	—	—	—	—	53	—
$7.0.\bar{7}.1$	2,03	1,936	+0,094	—	42	10	—	—	—	+
$7.0.\bar{7}.3$	1,545	1,546	−0,001	—	—	—	—		49	—
$8.0.\bar{8}.1$	1,775	1,712	+0,063	—	9.43	11.51	—	—	—	—
$8.0.\bar{8}.3$	1,435	1,582	−0,147	—	14	19	—	—	—	—
$10.0.\overline{10}.1$	1,365	1,38	−0,015	—	10	52	—	—	—	+
$11.0.\overline{11}.1$	1,237	1,259	−0,022	—	44	12	—	—	—	—
			Hexagonale Pyramiden.							
$1.1.\bar{2}.1$	5,30	5,416	−0,116	—	—	—	23.38	26	—	—
$2.2.\bar{4}.2$	2,72	2,708	+0,012	—	—	{35.37 39}	33	—	—	—
$2.2.\bar{4}.3$	2,00	2,08	−0,08	11	21.33	—	{15.21 36}	7.46	{9.52 61}	+
$2.2.\bar{4}.5$	1,30	1,369	−0,069	9.16	—	—	—	—	—	—
$3.3.\bar{6}.2$	2,13	2,171	−0,041	—	—	—	41	—	—	—
$3.3.\bar{6}.3$	1,825	1,805	+0,020	—	—	—	—	—	10	+
$3.3.\bar{6}.4$	1,470	1,509	−0,039	10.17	—	—	—	—	—	—
$4.4.\bar{8}.4$	1,34	1,354	−0,014	—	—	—	—	11.45	—	—
$5.5.\overline{10}.2$	1,50	1,482	+0,018	—	—	—	13	—	—	—
$5.5.\overline{10}.3$	1,355	1,348	+0,007	—	—	—	44	—	—	+
			Ditrigonale Pyramiden.							
$2.1.\bar{3}.1$	4,28	4,29	−0,01	—	6.29	30.43	30.39	29	{8.13 30.38 51}	+
$2.1.\bar{3}.2$	3,01	3,00	+0,01	12.18	22.35	23	22.37	9.40	6.32.62	—
$2.1.\bar{3}.3$	2,14	2,205	−0,065	8.15	—	—	35	—	—	—
$2.1.\bar{3}.4$	1,80	1,681	+0,119	—	—	—	19	—	—	+
$3.1.\bar{4}.1$	3,43	3,436	−0,006	—	—	9	24.40	{19.25 31}	20	—
$3.1.\bar{4}.2$	2,653	2,659	−0,006	—	15	—	—	—	{11.37 54}	+
$3.1.\bar{4}.3$	2,12	2,058	+0,062	—	33	27	—	43	63	—
$3.1.\bar{4}.4$	1,68	1,648	+0,032	—	—	—	—	8	59	—
$4.1.\bar{5}.2$	2,298	2,345	−0,050	—	—	—	31	—	—	—
$4.1.\bar{5}.3$	1,885	1,902	−0,017	—	34	22.42	—	12.41	5	+
$4.1.\bar{5}.4$	1,57	1,564	+0,006	—	—	—	—	6	—	—
$5.1.\bar{6}.1$	2,355	2,385	−0,030	—	8	49	—	—	21	+
$5.1.\bar{6}.2$	2,085	2,074	+0,011	—	39	15	—	{17.32 36}	—	—
$5.1.\bar{6}.4$	1,47	1,476	−0,006	—	17	—	—	—	—	+
$7.1.\bar{8}.3$	1,457	1,477	−0,020	—	—	20	—	18	—	+
$8.1.\bar{9}.2$	1,445	1,504	−0,059	—	—	17	—	—	—	—
$3.2.\bar{5}.1$	3,065	2,948	+0,117	—	26	—	7	—	22.29	+
$3.2.\bar{5}.2$	2,40	2,413	−0,013	13.19	23	—	11	—	39.47	—

Form (Bravais)	r gem.	d ber.	Δ = r gem. — d ber.	Spektrogramme:						Rhomb. bed.
				(0001)	(1010)	(0110)	(1120)	(1011)	(0111)	
$3.2.\bar{5}.3$	1,945	1,932	+ 0,013	—	—	—	—	—	—	—
$4.2.\bar{6}.2$	2,145	2,146	— 0,001	—	—	—	—	—	—	+
$4.2.\bar{6}.4$	1,49	1,501	- 0,011	—	—	—	—	44	—	—
$5.2.\bar{7}.1$	2,225	2,150	+ 0,075	—	—	—	—	—	26	—
$5.2.\bar{7}.2$	1,855	1,915	+ 0,060	—	—	—	—	20.34	45	—
$6.2.\bar{8}.1$	1,857	1,884	— 0,027	—	—	50	—	—	24	+
$7.2.\bar{9}.2$	1,57	1,553	+ 0,017	—	11	—	—	—	23	+
$8.2.\overline{10}.1$	1,445	1,502	— 0,007	—	—	—	10	—	—	—
$4.3.\bar{7}.1$	2,21	2,203	+ 0,008	—	—	—	8.47	—	—	+
$4.3.\bar{7}.2$	1,95	1,952	— 0,002	14	—	—	12.42	—	41	—
$4.3.\bar{7}.4$	1,43	1,429	+ 0,001	—	—	—	16	—	12	+
$6.3.\bar{9}.2$	1,630	1,593	+ 0,037	—	—	—	—	21	27	—
$5.4.\bar{9}.1$	1,760	1,742	+ 0,018	—	—	—	9.48	—	57	+
$5.4.\bar{9}.2$	1,625	1,613	+ 0,012	—	—	—	45	—	—	—
$5.4.\bar{9}.3$	1,455	1,445	+ 0,010	—	—	—	14.43	—	—	—
$5.4.\bar{9}.4$	1,28	1,293	— 0,013	—	—	—	17	—	—	+
$6.5.\overline{11}.1$	1,45	1,512	— 0,062	—	—	—	49	—	—	+
$6.5.\overline{11}.2$	1,365	1,366	— 0,001	—	—	—	46	—	—	—
Prismen.										
$1.0.\bar{1}.0$	13,98	14,06	— 0,08	—	1.3.4	1.3.4	—	—	—	—
$1.1.\bar{2}.0$	8,07	8,114	— 0,107	—	—	—	1.2.3 3a.4.5	—	—	+
$4.1.\bar{5}.0$	3,075	3,065	+ 0,010	—	2	2	—	—	—	+

c) Dimensionen des Elementarparallelepipeds.

Auf Grund der in den Tabellen (9) und (10) niedergelegten Beobachtungen ist als Elementarparallelepiped ein Prisma mit rhombischer Grundfläche und 120° Kantenwinkel anzunehmen. Für die Kantenlänge des Rhombus ergibt sich als Mittelwert $a = 16{,}23 \times 10^{-8}$ cm, die Höhe c berechnet sich aus dem A.-V. $a : c = 1 : 0{,}44805$ zu $7{,}26 \times 10^{-8}$ cm.*) Ueber die Anzahl der Mole Turmalin im Elementarparallelepiped kann zurzeit wegen Fehlens genauer Analysen nichts ausgesagt werden.

d) Raumgruppe des Turmalins.

Da der mittlere Fehler einer Messung in Tabelle (10) mit den Differenzen r gem. — d ber. von derselben Größenordnung (ca. 2%) ist, also alle Strukturebenen eindeutig festgelegt sind, folgt aus der Tabelle, d a s s m i t A u s n a h m e v o n (0001) u n d $(10\bar{1}0)$ a l l e S t r u k t u r e b e n e n n o r m a l e R ö n t g e n p e r i o d e n (d. i. $r = d$) l i e f e r n. Für die beiden erstgenannten Flächen fand sich $r = {}^1/_3$ d. Auf Grund dieser Tatsachen soll nun die Raumgruppe bestimmt werden.

Bekanntlich sind der ditrigonal-pyramidalen Klasse die 6 Raumgruppen $\mathfrak{C}_{3v}^1 - \mathfrak{C}_{3v}^6$, $\mathfrak{C}_{3v}^1 - \mathfrak{C}_{3v}^4$ mit prismatischer, $\mathfrak{C}_{3v}^5$ u. $\mathfrak{C}_{3v}^6$ mit rhomboedrischer Translationsgruppe zugeordnet. (Lit. 9.)

1) Bei Annahme einer rhomboedrischen Translationsgruppe müsste die Rhomboederstrukturbedingung für alle Strukturebenen gelten, d. h. falls $h - i - l = 3p$

*) Die gemessene Röntgenperiode r_{0001} ist $^1/_3$ c, was durch besondere Kontrollaufnahmen bestätigt wurde.

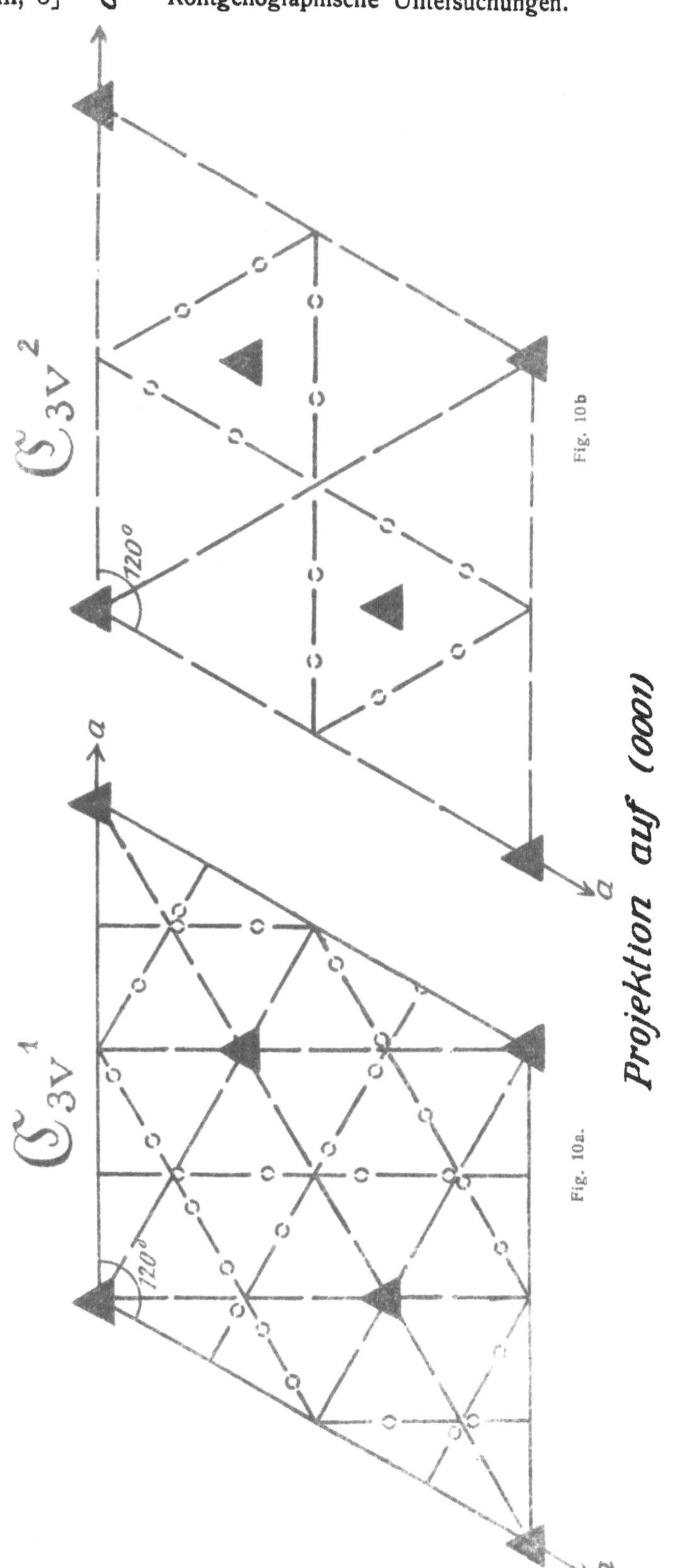

Fig. 10a.

Fig. 10b

Fig. 10. Projektion der Raumgruppen $\mathfrak{C}_{3v}^{1}$ und $\mathfrak{C}_{3v}^{2}$ auf die Endfläche (0001)

wäre $r = d$, in allen übrigen Fällen $r = {}^1/_3\, d$. Dies trifft durchaus nicht zu. Wie aus Tabelle (10) ersichtlich, genügen nur 41% dieser Bedingung. Auch aus den Lauediagrammen und Indicesfeldern geht dies Verhalten mit grosser Wahrscheinlichkeit hervor. (Vgl. Tabelle (8) mit 48,5% derartigen Strukturflächen!) Es kommen demgemäss für Turmalin die Raumgruppen $\mathfrak{C}_3 v^5$ und $\mathfrak{C}_3 v^6$ nicht in Betracht.

2) Mit prismatischer Translation treten die 4 Gruppen $\mathfrak{C}_3 v^1 - \mathfrak{C}_3 v^4$ auf. In $\mathfrak{C}_3 v^1$ (Fig. 10a) liegen die Achsen des Elementarparallelepipeds wie gewöhnlich und die Symmetrie- und Gleitspiegelebenen verlaufen in den Richtungen der Zwischenachsen. Ferner sind 3 Arten trigonaler Drehungsachsen vorhanden: $[001]_{00}$; $[001]_{{}^2/_3\,{}^1/_3}$ und $[001]_{{}^1/_3\,{}^2/_3}$. Die allgemeine Punktlage enthält folgende 6 Punkte (Koordinaten auf das übliche hexagonale Achsenkreuz unter Fortlassung der dritten Koordinate bezogen): 1) x, y, p; 2) $x, x-y, p$; 3) $-x+y, -x, p$; 4) $-y, -x, p$; 5) $-y, x-y, p$; 6) $-x+y, y, p$. Die Zähligkeit ist auf den trigonalen Flächen $= 1$, auf den Spiegelebenen $= 3$ und in allgemeiner Lage $= 6$. Es sind alle $r = d$, insbesondere gilt dies für die Endfläche (0001).

$\mathfrak{C}_3 v^2$ (Fig. 10b) besitzt dieselben Symmetrieelemente wie $\mathfrak{C}_3 v^1$, nur werden die Symmetrieebenen bei gewöhnlicher Aufstellung in die Nebenachsen gelegt. Ausserdem ist die Zähligkeit auf den trigonalen Achsen verschieden, nämlich auf den Achsen $[001]_{{}^1/_3\,{}^2/_3}$ und $[001]_{{}^2/_3\,{}^1/_3} = 2$, auf $[001]_{00} = 1$. Auf den Symmetrieebenen liegen dreizählige und in allgemeiner Lage sechszählige Punkte.

Die allgemeine Punktlage ist gegeben durch die Koordinaten: 1) x, y, p; 2) $x-y, -y, p$; 3) $-x+y, -x, p$; 4) $-x, -x+y, p$; 5) $-y, x-y, p$; 6) y, x, p. Es sind hier wieder alle $r = d$.

$\mathfrak{C}_3 v^3$ und $\mathfrak{C}_3 v^4$ besitzen ebenfalls trigonale Drehungsachsen entsprechend $\mathfrak{C}_3 v^1$ bezw. $\mathfrak{C}_3 v^2$, und ausserdem nur Gleitspiegelebenen. Bei beiden Gruppen ist die Röntgenperiode an (0001) $r = {}^1/_2\, d$, bei allen übrigen Flächen $r = d$,

3) Vergleich mit der Beobachtung. Auf den ersten Blick scheint es, als ob keine der angegebenen Raumgruppen $\mathfrak{C}_3 v^1 - \mathfrak{C}_3 v^4$ auf den Turmalin anwendbar ist, da an (0001) nicht $r = d$ bezw. $r = {}^1/_2\, d$, sondern $r = {}^1/_3\, d$ gefunden wurde. Dieser Widerspruch ist nur scheinbar. Es müssen im Turmalin parallel (0001) und (10$\bar{1}$0) infolge spezieller Atomanordnung schon in ${}^1/_3$ und ${}^2/_3$ des primitiven Abstandes gleichbelastete Massenebenen vorhanden sein, was nur in $\mathfrak{C}_3 v^1$ und $\mathfrak{C}_3 v^2$ möglich ist, da man bei $\mathfrak{C}_3 v^3$ und $\mathfrak{C}_3 v^4$ in diesem Falle $r = {}^1/_6\, d$ hätte finden müssen. Eine Entscheidung, ob $\mathfrak{C}_3 v^1$ vorliegt oder $\mathfrak{C}_3 v^2$, kann vorläufig nicht getroffen werden.

Literatur=Verzeichnis.

1. Beckenkamp, J. Die vicinalen Flächen und das Rationalitätsgesetz. Zeitschr. f. Krist. etc. 36 (1902), 111—116.

2. Boeke, H. E. Eine Anwendung mehrdimensionaler Geometrie auf chem. min. Fragen, die Zusammensetzung des Turmalins. N. Jahrb. f. Min. etc. 1916, Bd. II.

3. Bragg, W. H. u. W. L. X-rays and Crystal structure. London 1915.

4. Credner, H. Die granitischen Gänge des sächs. Granulitgeb. Zeitschr. d. D. Geol. Ges. 27 (1875), 104—223.

5. Doelter, C. Handbuch der Mineralchemie, II. Bd. 2. H.

6. Goldschmidt, V. Index der Kristallformen der Mineralien. 3. Bd., Berlin 1891.

7. Goldschmidt, V. Winkeltabellen.

8. Müller, H. Krist. Untersuchungen am Turmalin aus Brasilien, Würzburg 1912.

9. Niggli, P. Geometr. Kristallographie des Diskontinuums, 1919.

10. Niggli, P. Beziehungen zwischen Wachstumsformen und Struktur der Kristalle. Zeitschr. f. anorg. u. allgem. Chemie, Bd. 110 Heft 1 und 2.

11. Rinne, F. Die Kristalle als Vorbilder des feinbaulichen Wesens der Materie. Berlin, Gebr. Borntraeger 1921.

12. Schiebold, E. Die Verwendung der Lauediagramme zur Bestimmung der Struktur des Kalkspats. Leipzig 1919.

13. Westergård, A. H. Ueber Turmalin von Minas Geraes in Brasilien. Zeitschr. f. Krist. etc. 42 (1907).

14. v. Worobieff, V. Kristallogr. Studien über Turmalin von Ceylon und einigen andern Vorkommen. Zeitschr. f. Krist. etc. 33 (1900), 263—454.

15. Wülfing, G. A. Ueber einige kristallogr. Konstanten des Turmalins und ihre Abhängigkeit von seiner chem. Zusammensetzung. Zeitschr. f. Krist. etc. 36 (1902).

XIII. BAND. (22. Bd.) 1887. brosch. Preis ℳ 30.—

G. T. FECHNER, Über die Frage des Weberschen Gesetzes u. Periodizitätsgesetzes im Gebiete des Zeitsinnes. 1884. ℳ 2.80.

—— Über die Methode der richtigen und falschen Fälle in Anwendung auf die Maßbestimmungen der Feinheit oder extensiven Empfindlichkeit des Raumsinnes. 1884. ℳ 7.—

W. BRAUNE u. O. FISCHER, Die bei der Untersuchung v. Gelenkbewegungen anzuwendende Methode, erläut am Gelenkmechanismus des Vorderarmes beim Menschen. Mit 4 Taf. 1885. ℳ 2.—

F. KLEIN, Über die elliptischen Normalkurven der n^{ten} Ordnung und zugehörige Modulfunktionen der n^{ten} Stufe 1885. ℳ 1.80.

C. NEUMANN, Über die Kugelfunktionen P_n und Q_n, insbesondere über die Entwicklung der Ausdrücke $P_n\,(zz_1 + \sqrt{1-z^2}\,\sqrt{1-z_1^2}\,\cos\Phi)$ und $Q_n\,(zz_1 + \sqrt{1-z}\,\sqrt{1-z_1^2}\,\cos\Phi)$. 1886. ℳ 2.40.

W. HIS, Zur Geschichte des menschlichen Rückenmarkes und der Nervenwurzeln. Mit 1 Tafel und 10 Holzschnitten 1886. ℳ 2.—

H. BRUNS, Über eine Aufg. der Ausgleichungsrechnung. 1886. ℳ 2.—

R. LEUCKART, Neue Beiträge zur Kenntnis des Baues und der Lebensgeschichte der Nematoden. Mit 3 Tafeln. 1887. ℳ 7.—

C. NEUMANN, Über die Methode des arithmetischen Mittels 1. Abhdlg. Mit 11 Holzschnitten. 1887. ℳ 3.20

XIV. BAND. (24. Bd.) 1888. brosch. Preis ℳ 42.—

J. WISLICENUS, Über die räuml. Anordnung d. Atome in organisch. Molekülen u. ihre Bestimmung in geometr.-isomeren ungesättigten Verbindungen. Mit 186 Figuren. 2. Abdruck. 1889. ℳ 4.—

W. BRAUNE und O. FISCHER, Untersuchungen über die Gelenke des menschlichen Armes. 1. T.: Das Ellenbogengelenk v. O. Fischer. 2. T.: Das Handgelenk von W. Braune und O. Fischer. Mit 12 Holzschnitten und 15 Tafeln. 1887. ℳ 5.—

J. P. MALL, Die Blut- und Lymphwege im Dünndarm des Hundes. Mit 6 Tafeln. 1887. ℳ 5.—

W. BRAUNE und O. FISCHER, Das Gesetz der Bewegungen in den Gelenken an der Basis der mittleren Finger und im Handgelenk des Menschen. Mit 2 Holzschnitten. 1887. ℳ 1.—

O. DRASCH, Untersuchung über die papillae foliatae et circumvallatae d. Kaninchens u. Feldhasen. Mit 8 Tafeln. 1887. ℳ 4.—

W. G. HANKEL, Elektrische Untersuchungen. 18. Abhdlg.: Fortsetzung der Versuche über das elektrische Verhalten der Quarz- und der Boracitkrystalle. Mit 3 Tafeln. 1887. ℳ 2.—

W. HIS, Zur Geschichte des Gehirns, sowie der zentralen u. peripherischen Nervenbahnen. Mit 3 Taf. u. 27 Holzschn. 1888. ℳ 3.—

W. BRAUNE und O. FISCHER, Über den Anteil, den die einzelnen Gelenke des Schultergürtels an der Beweglichkeit des menschlichen Humerus haben. Mit 3 Tafeln. 1888. ℳ 1.60.

G. HEINRICIUS und H. KRONECKER, Beiträge zur Kenntnis des Einflusses der Respirationsbewegungen auf den Blutlauf im Aortensysteme. Mit 5 Tafeln. 1888. ℳ 1.80.

J. WALTHER, Die Korallenriffe der Sinaihalbinsel. Mit 1 geologischen Karte, 7 lithogr. Taf., 1 Lichtdrucktaf. u. 34 Zinkotyp. 1888. ℳ 6.—

W. SPALTEHOLZ, Die Verteilung der Blutgefäße im Muskel. Mit 3 Tafeln. 1888. ℳ 1.80.

S. LIE, Zur Theorie der Berührungstransformationen. 1888. ℳ 1.—

C. NEUMANN, Über die Methode des arithmetischen Mittels. 2. Abhdlg. Mit 19 Holzschnitten. 1888. ℳ 6.—

XV. BAND. (26. Bd.) 1890. brosch. Preis ℳ 35.—

B. PETER, Monographie der Sternhaufen G. C. 4460 u. G. C. 1440, sowie e. Sterngruppe bei o Piscium. Mit 2 Taf. u. 2 Holzschn. 1889. ℳ 4.—

W. OSTWALD, Über die Affinitätsgrößen organischer Säuren u. ihre Beziehung zur Zusammensetz. u. Konstitution ders. 1889. ℳ 5.—

W. BRAUNE und O. FISCHER, Die Rotationsmomente der Beugemuskeln am Ellbogengelenk des Menschen. Mit 5 Tafeln und 6 Holzschnitten. 1889. ℳ 3.—

W. HIS, Die Neuroblasten und deren Entstehung im embryonalen Mark. Mit 4 Tafeln. 1889. ℳ 3.—

W. PFEFFER, Beiträge zur Kenntnis der Oxydationsvorgänge in lebenden Zellen. 1889. ℳ 5.—

A. SCHENK, Über Medullosa Cotta und Tubicaulis Cotta. Mit 3 Tafeln. 1889. ℳ 2.—

W. BRAUNE und O. FISCHER, Über den Schwerpunkt des menschlichen Körpers mit Rücksicht auf die Ausrüstung des deutschen Infanteristen. Mit 17 Tafeln und 18 Figuren. 1889. ℳ 8.—

W. HIS, Die Formentwicklung des menschlichen Vorderhirns vom Ende des 1. bis zum Beginn des 3. Monats. Mit 1 Taf. 1889. ℳ 2.80.

J. GAULE, Zahl und Verteilung der markhaltigen Fasern im Froschrückenmark. Mit 10 Tafeln. 1889. ℳ 3.—

XVI. BAND. (27. Bd.) 1891. brosch. Preis ℳ 21.—

P. STARKE, Arbeitsleistung u. Wärmeentwickelung bei der verzögerten Muskelzuckung. Mit 9 Tafeln u. 3 Holzschnitten. 1890. ℳ 6.—

W. PFEFFER, I. Über Aufnahme und Ausgabe ungelöster Körper. — II. Zur Kenntnis der Plasmahaut und der Vacuolen nebst Bemerkungen über den Aggregatzustand des Protoplasmas und über osmotische Vorgänge. Mit 2 Tafeln und 1 Holzschn. 1890. ℳ 7.—

J. WALTHER, Die Denudation in der Wüste und ihre geologische Bedeutung. Untersuchungen über die Bildung der Sedimente in den ägyptischen Wüsten Mit 8 Tafeln und 99 Zinkätzungen. 1891. ℳ 8.—

XVII. BAND. (29. Bd.) 1891. brosch. Preis ℳ 33.—

W. HIS, Die Entwicklung des menschlichen Rautenhirns vom Ende des 1. bis zu Beginn des 3. Monats. I. Verläng. Mark. Mit 4 Tafeln und 18 Holzschnitten. 1891. ℳ 4.—

W. BRAUNE und O. FISCHER, Die Bewegung des Kniegelenks, nach einer neuen Methode am lebenden Menschen gemessen. Mit 19 Tafeln und 6 Figuren. 1891. ℳ 5.—

R. HAHN, Mikrometrische Vermessung des Sternhaufens Σ762 ausgeführt am zwölffüßigen Äquatoreal der Leipziger Sternwarte. Mit 1 Tafel. 1891. ℳ 6.—

F. MALL, Das retikulierte Gewebe und seine Beziehungen zu den Bindegewebsfibrillen. Mit 11 Tafeln. 1891. ℳ 5.—

L. KREHL, Beiträge zur Kenntnis der Füllung und Entleerung des Herzens. Mit 7 Tafeln. 1891. ℳ 5.—

J. HARTMANN, Die Vergrößerung des Erdschattens bei Mondfinsternissen. Mit 1 lithogr. Tafel u. 3 Textfiguren. 1891. ℳ 8.—

XVIII. BAND. (31. Bd.) 1893. brosch. Preis ℳ 24.—

W. HIS jun., Die Entwickelung des Herznervensystems bei Wirbeltieren. Mit 4 Tafeln. 1891. ℳ 5.—

C. NEUMANN, Über einen eigentümlichen Fall elektrodynamischer Induction. Mit 1 Holzschnitt. 1892. ℳ 3.—

W. PFEFFER, Studien zur Energetik der Pflanze. 1892. ℳ 4.—

W. OSTWALD, Über die Farbe der Ionen. Mit 7 Taf. 1892. ℳ 2.—

O. EICHLER, Anatom. Untersuchungen über die Wege des Blutstromes im menschl. Ohrlabyrinth. Mit 4 Taf. u. 3 Holzschn. 1892. ℳ 3.—

H. HELD, Die Beziehungen des Vorderseitenstranges zu Mittel- und Hinterhirn. Mit 3 Tafeln. 1892. ℳ 1.20.

W. G. HANKEL und H. LINDENBERG, Elektrische Untersuchungen. 19. Abhdlg.: Über die thermo- und piëzoelektrischen Eigenschaften der Krystalle des chlorsauren Natrons, des unterschwefelsauren Kalis, des Seignettesalzes, des Resorcins, des Milchzuckers und des dichromsauren Kalis. Mit 3 Tafeln. 1892. ℳ 1.80.

W. BRAUNE u. O. FISCHER, Best. d. Trägheitsmomente d. menschl. Körpers u. seiner Glieder. Mit 5 Taf. u. 7 Figur. 1892. ℳ 4.—

XIX. BAND. (32. Bd.) 1893. brosch. Preis ℳ 12.—

J. T. STERZEL, Die Flora des Rotliegenden im Plauenschen Grunde bei Dresden. Mit 13 Tafeln. 1893 ℳ 12.—

XX. BAND. (33 Bd.) 1893. brosch. Preis ℳ 21.—

O. FISCHER, Die Arbeit der Muskeln und die lebendige Kraft des menschlichen Körpers. Mit 2 Tafeln u. 11 Figuren 1893. ℳ 4.—

E. STUDY, Sphärische Trigonometrie, orthogonale Substitutionen und elliptische Funktionen. Mit 16 Figuren. 1893. ℳ 5.—

W. PFEFFER, Druck- und Arbeitsleistung durch wachsende Pflanzen. Mit 14 Holzschnitten. 1893. ℳ 8.—

H. CREDNER, Zur Histologie der Faltenzähne paläozoischer Stegocephalen. Mit 4 Tafeln und 5 Textfiguren. 1893 ℳ 4.—

XXI. BAND. (35. Bd.) 1895. brosch. Preis ℳ 27.—

O. EICHLER, Die Wege des Blutstromes durch den Vorhof und die Bogengänge des Menschen. Mit 1 Doppeltafel. 1894. ℳ 1.—

W. G. HANKEL und H. LINDENBERG, Elektrische Untersuchungen. 20. Abhdlg.: Über die thermo- und piëzoelektrischen Eigenschaften der Krystalle des brom- und überjodsauren Natrons, des Asparagins, des Chlor- und Brombaryums, sowie des unterschwefelsauren Baryts und Strontians. Mit 2 Tafeln. 1894. ℳ 1.60.

S. LIE, Untersuch. üb. unendl. kontinuierliche Gruppen. 1895. ℳ 5.—

W. BRAUNE u. O. FISCHER, Der Gang des Menschen. I. T.: Versuch am unbelast. u. bel. Mensch. M. 14 Taf. u. 26 Textfig. 1895. ℳ 12.—

H. BRUNS, Das Eikonal. 1895. ℳ 5.—

J. THOMAE, Untersuchungen über zwei-zweideutige Verwandtschaften und einige Erzeugnisse derselben. 1895. ℳ 3.—

XXII. BAND. (37. Bd.) 1895. brosch. Preis ℳ 20.—

H. CREDNER, Die Phosphoritknollen des Leipziger Mitteloligocäns und der norddeutschen Phosphoritzonen. Mit 1 Tafel. 1895. ℳ 2.—

O. FISCHER, Beiträge zu einer Muskeldynamik. 1. Abhdlg.: Über die Wirkungsweise eingelenk. Musk. M. 8 Taf. u. 13 Textfig. 1895. ℳ 9.—

R. BOEHM, Das südamerikanische Pfeilgift Curare in chemischer und pharmakol. Bezieh. I. T.: Das Tubo-Curare. Mit 1 Taf. 1895. ℳ 1.80.

B. PETER, Beobachtungen am sechszölligen Repsoldschen Heliometer der Leipziger Sternwarte. Mit 4 Textfig. u. 1 Doppeltaf. 1895. ℳ 6.—

W. HIS, Anatom. Forschungen über Joh. Seb. Bach's Gebeine u. Antlitz nebst Bemerk. üb. dessen Bilder. Mit 15 Textfig. u. 1 Taf. 1895. ℳ 2 —

XXIII. BAND. (40. Bd.) 1897. brosch. Preis ℳ 29.—

P. DRUDE, Über die anomale elektrische Dispersion von Flüssigkeiten. Mit 1 Tafel und 2 Textfiguren. 1896. ℳ 2.—

—— Zur Theorie stehender elektr. Drahtwellen. M. 1 Tzf. 1896. ℳ 5.—

M. v. FREY, Untersuchungen über die Sinnesfunktionen der menschl. Haut. 1. Abh.: Druckempfind. u. Schmerz. M. 16 Textfig. 1896. ℳ 5.—

O. FISCHER, Beiträge zur Muskelstatik. 1. Abhandlg.: Über das Gleichgewicht zwischen Schwere und Muskeln am zweigliedrigen System. Mit 7 Tafeln und 21 Textfiguren. 1896. ℳ 6.—

J. HARTMANN, Die Beob. d. Mondfinstern. M. 4 Textfig. 1896. ℳ 5.—

O. FISCHER, Beiträge zu einer Muskeldynamik. 2. Abhdlg.: Über die Wirkung der Schwere und beliebiger Muskeln auf das zweigliedrige System.. Mit 4 Taf. und 12 Textfig. 1897. ℳ 6.—

XXIV. BAND. (42. Bd.) 1898. brosch. Preis ℳ 23.50.

R. BOEHM, Das südamerikanische Pfeilgift Curare in chemischer und pharmakologischer Beziehung. II. Teil (Schluß): I. Das Calebassencurare. II. Das Topfcurare. III. Über einige Curarerinden. Mit 4 Tafeln und 1 Textfigur. 1897. ℳ 3.—

W. WUNDT, Die geometrisch-optischen Täuschungen. Mit 65 Textfiguren. 1898. (Vergr.) ℳ 5 —

B. PETER, Beobachtungen am sechszöll. Repsoldschen Heliometer der Leipz. Sternwarte. 2. Abhdlg. Mit 2 Textfig. u. 1 Taf. 1898. ℳ 5.—

H. CREDNER, Die Sächsischen Erdbeben während der Jahre 1889 bis 1897. Mit 5 Taf. u. 2 in d. Text gedruckt. Kärtch. 1898. ℳ 4.50.

W. HIS, Über Zellen- und Syncytenbildung. Studien am Salmonidenkeim. Mit 14 Figuren im Text. 1898. ℳ 4.—

W. G. HANKEL, Elektrische Untersuchungen. 21. Abhdlg.: Über die thermo- und piëzo-elektrischen Eigenschaften der Krystalle des ameisensauren Baryts, Bleioxyds, Strontians und Kalkes, des salpetersauren Baryts und Bleioxyds, des schwefelsauren Kalis, des Glycocolls, Taurins und Quercits. Mit 2 Tafeln. 1899. ℳ 2.—

XXV. BAND. (43. Bd.) 1900. brosch. Preis ℳ 26.30.

O. FISCHER, Der Gang des Menschen. II. T.: Die Bewegung des Gesammtschwerpunktes und die äußeren Kräfte Mit 12 Tafeln und 5 Textfiguren. 1899. ℳ 8.—

W. SCHEIBNER, Über die Differentialgleichungen der Mondbewegung. 1899. ℳ 1.50.

W. HIS, Protoplasmastudien am Salmonidenkeim. Mit 3 Tafeln und 21 Textfiguren. 1899. ℳ 5.—

W. OSTWALD, Periodische Erscheinungen bei der Auflösung des Chroms in Säuren. Erste Mitteilung. Mit 6 Tafeln. 1899. ℳ 3.—